ちくま学芸文庫

メディアの生成

アメリカ・ラジオの動態史

水越 伸

筑摩書房

【目次】メディアの生成——アメリカ・ラジオの動態史

メディアの生成——アメリカ・ラジオの動態史

FORMATION OF MEDIA.

DYNAMIC HISTORY OF AMERICAN BROAD CASTING.

序章

メディア史の構図

二〇世紀の幕が開けたころ、ラジオはマス・メディアではなかった。多くの人々は、ラジオという言葉じたいを知らなかった。電波を用いたコミュニケーションの領域は、無線と呼ばれていた。無線は、最新のニュー・メディアだった。無線、すなわち「ワイヤレス（wireless）」という用語は、有線＝「ワイヤード（wired）」から回線をなくすという技術的様態を指し示している。回線をとりさることができたことは、技術の進歩を意味していた。同時に、回線はなくても、その機能は「ワイヤード」に準ずることが前提とされていた。

無線は、電信・電話のような有線テレ・コミュニケーションの一部となった。情報の媒体は、銅線ではなく、電波だった。だが、大半の人間にとって、電磁波理論はむずかしすぎた。人々は、エーテルという古代的で、オカルト的な仮想媒体を思いだした。人々は、無線のメッセージが、エーテルを伝わってくるのだと思いはじめた。古くから、エーテルを伝わって聞こえてくるのは神の声だとされてきた。このために無線は、神秘的なメディアだとみなされるようになる。

人々は、メッセージを受けるだけではなく、積極的に送りもした。無線は、電話と同じような双方向のコミュニケーション・メディアだった。ただし、パーソナルな会話ではなくて、電波がとどく範囲内でチューニングができている人々は、みなおしゃべりに加わることができた。アマチュア無線家たちが続々と現われた。彼らは、電磁波理論の知識をマスターし、自分で無線機を組みたて、遠くの仲間と交信した。無線は、夢と冒険に満ちあふれていた。それはちょうど、一九八〇年代なかばまでのパソコン通信のように、マニアたちの好奇心と想像力によって成り立っていた。

第一次世界大戦後、エーテルを往き来するメッセージのなかに、音楽や簡単なユーモア・トークが混じるようになる。そのころ無線の世界にとびこんだ人々は、そんな音楽やおしゃべりを聴くことが楽しみだった。アマチュア無線家は、それを妻や子供、近所の人たちにも聴かせるようになった。はじめ彼らは、銅線もないのに音が聞こえてくることにびっくりして、腰を抜かしてしまう。だが、そのうち音声の中身、バイオリンの音色、ソプラノの調べ、コントの面白さなどに惹かれるようになる。うちでもこの機械を手に入れよう、なにしろ、リビングにいながらにしてコンサートやボードビル・ショーが楽しめるのだから——人々はこう思うようになった。

一九二〇年前後になると、こうした楽しみのための無線は、だんだんとラジオと呼ばれるようになった。無線機からは送信機能がとり除かれ、ウエスティングハウスというメーカーが、無線機をひとつの商品として売りだすことを思いついた。そのための販売促進手段として、劇場やコンサートと同じようにプログラムが定められた。毎日のプログラムをこなすための主体は、徐々に電話局のような複数の人間が働く組織として肥大化した。こうして、無線の送信活動と、受信活動は分化し、送り手はプロフェッショナルへ、受け手は大衆へと固定化されていった。

そして一九二〇年代前半、ラジオは歴史上かつてない爆発的な普及をみせた。ラジオは、テレ・コミュニケーションの範疇からはずれ、「ブロードキャスティング(broadcasting)」と呼ばれるようになった。それまで、主に農業の領域で、種を広くばらまく・散布することを意味していたにすぎないこの言葉は、エーテルを舞台にした巨大なマス・コミュニケーション領域を意味するようになった。

メディアの地殻変動

それから半世紀以上の月日を経て、一九八〇年代以降、新しいコミュニケーション・テクノロジーの発達と、それにともなうメディアの展開は、「高度情報化社会論」、「ニュー・メディア論」といったかたちでさかんに喧伝されてきた。情報ネットワークは世界的に伸張し、高品位テレビが商品化され、多チャンネルのケーブル・テレビが展開する。一方で、ビデオテックス、テレビ電話、テレテキストなど、多くの「ニュー・メディア」は、予想外の低普及率にあえぎながら一〇年が過ぎていった。

ほぼ同じころに、テレビ・ゲーム、カラオケなども出現した。それらは、当初まともなメディアとはみなされず、それほど重要視もされていなかった。ところが、いまでは著しく普及しており、もはやたんなるオモチャや暇つぶしの道具としてすまされることはない。しかも、マルチ・メディア、ハイパー・メディアが社会化するさいの、機器やインターフェイスのありようを先取りしたものとしてとらえられるようになった。官庁や企業もまじめにとりくみはじめている。また、電子手帳、携帯電話、ノート型パソコンといったビジネス情報機器も著しい普及をみせた。それらは個人向け商品でありながら、企業内情報化の一端を担うまでになってきている(1)。

そして、私たちの生活文化をとり囲む情報メディア機器の端末の数は、急速に増えつつある。テレビやラジオ、電話に加えて、ビデオ、ワープロ、パソコン、テレビ・ゲーム、多機能電話……。それらはリビングから個室へ、個室の延長としての自動車のなかへと浸透していく。電車や飛行機、自動車などの移動メディア、都市空間にもブラウン管は遍在し、環境化している。ケーブル・テレビや衛星放送の出現によって、大量のチャンネルを楽しめるようにもなった。

ハードウエアのメーカーが、情報の中身にも興味を示しはじめた。視聴者を満足させるソフトウエアを手に入れた者が、既存のメディア事業に関係あるなしにかかわらずメディアのヘゲモニーを握ることがはっきりしてきた。このために、ハリウッドを中心とする国際的な映像ソフトの産業的攻防がクローズアップされるようになった(2)。

そして、情報ネットワークの網の目は、世界を覆いつくした。

天安門事件、東欧民主化、ペレストロイカとソビエト連邦の崩壊、湾岸戦争、ユーゴスラビアの紛争……。世界中の無数のブラウン管が一九八〇年代後半からほんの数年のうちに起こったこれらの国際的大事件の数々を映しだしたとき、誰の目にもそのことがはっきりした。かつて、サミュエル・モールスやグラハム・ベル、デービッド・サーノフが夢見、アーサー・C・クラークやマーシャル・マクルーハンが予言したグローバル・コミュニケーションの実現である。しかし一方で、テクノロジーの進化は、言論・表現の自由がきわめて巧妙に抑圧され、操作されうる危険性をも、同時に生みだしたのであった。

私たちは現在、情報化とメディアの急激な変化のなかを生きている。生きていると同時に、生きているのだという言説を共有し、その言説のなかに棲んでもいる。

こうしたメディアの地殻変動とでも呼ぶべき状況は、どのような動きとしてとらえうるのだろうか。メディアは、本当に変化しているのだろうか。また、それは今日突然はじまった変化なのだろうか。これまで多くの情報化社会論、メディア論は、急速な技術の発達にともなって変化が起こってきたということを前提として議論を進めてきた。たしかにテレ・コミュニケーションとマイクロエレクトロニクス技術は、ここ一〇年あまりのあいだ、たがいに融合しあいながら著しく進展してきている。しかし、本当にそうした新しい技術的、工学的要因だけで、社会は変化してきたのだろうか。(3)

この本の目的は、これまでメディアが存立してきた地殻構造ができあがる以前の古層にまでさかのぼり、現代のメディアの地殻変動を歴史社会的にとらえなおすことにある。今日の変化の底流は、少なくとも一九世紀末にまでさかのぼるくらいの、メディアと現代社会の存立そのものにかかわるくらいの深度にあるのではないだろうか。(4)

一九世紀後半から二〇世紀前半にかけての数十年間、今日では当たり前の道具と思われてその地位が確立しているラジオ、電話、蓄音機などのメディアは、はっきりした輪郭をもたないまま胎動していた。いわばエレクトリック・メディアの黎明期だった。その時代状況からは、現代的だとされる「ニュー・メディア」の萌芽をみてとることができる。そのうえ、メディアが社会に定着するばあいに作用する、さまざまな社会的要因をとらえることもできるだろう。さらにいえば、「高度情報化社会論」、「ニュー・メディア論」に備わった政治経済的なイデオロギーを問いなおすきっかけを見いだすこともできるかもしれない。

ラジオ放送の誕生の場へ

この本では、渾然一体となっていたエレクトリック・メディアのなかから、のちにラジオとして社会に定着し、やがてテレビを生みだすことになる系譜を選びだし、たどってみたい。すなわち二〇世紀前半のアメリカにおいて、ラジオ無線が、ラジオ放送というかたちで社会に姿を現わし、「ニュー・メディア」としてとらえられ、やがて社会に定着し、産業的に発展していく過程を再検討していく。

アメリカの放送には、エレクトリック・メディアの歴史のなかで、つぎのような特徴を見いだすことができる。

まず、世界で最初にラジオ放送がはじまったということである。一九二〇年、ペンシルバニア州のＫＤＫＡという局が定時放送をはじめた。毎週、ある曜日の決まった時間に一定の周波数で番組を流しはじめたのだ。後に検討するように、そのばあいに放送とは何かということが問題となってくる。実際、第一次世界大戦前から欧米の各地で、少なからぬ発明家たちが無線による音声の送受信の実験をおこなっていた。しかし、アメリカで最初に実体化した「定時放送」というマス・メディア的な様式は、ラジオの発展に決定的な影響を与えた。こうした重大な出来事が生起した順序は大きな意味をもつ。わずか数年の差ではあるが、アメリカの放送は、一九二二年に放送を開始したイギリス、フランス、ソビエト連邦、二三年のドイツ、二四年のイタリア、二五年の日本などにたいして、先行事例として大きな規定力をもつことになった。

第二に、アメリカのラジオの形成期が、大量生産・大量消費を特徴とする両大戦間の経済社会体制の形成期と重なりあっていたという点である。ラジオは、大衆消費社会に現われたのだ。一九二〇年代のアメリカでは、機械テクノロジーが、自動車、家庭電化製品、そしてラジオというかたちをとって、はじめて普通の人々の生活文化のなかに浸透していった。このことが、放送以前のテレ・コミュニケーション・メディアであった電信・電話との違いであった。電信・電話は、ラジオ放送の誕生当時、すでに欧米各国において国家的、国際的なネットワークを展開し、工場やオフィスに定着しつつあった。しかし、生活文化に密着し、商品として立ち現われた最初のメディアは、ラジオだった。

さらに、無線技術が、ラジオ放送というマス・メディアとして一般化するまでのあいだに、もっとも多くのオルターナティブが構想され、混沌とした状況が展開されたのがアメリカだった。この国では、無線がラジオ放送のようなかたちをとらない可能性も十分にあった。また、放送という展開の道筋がはっきりした後も、その社会的様態はすぐさまきっちり定まったわけではなかった。当時の主要国は、ほとんど迷うことなくラジオ放送を国家的に運営した。ところがアメリカにおいては、さまざまな運営主体が同時並存し、それらのせめぎあいのなかからコマーシャル（商業）放送が結果として台頭することになった。その過程には、今日のメディアの融合のもとでの制度的規律や、マルチ・メディア状況がはらむ問題の多くが、驚くほど同じ姿で存在している。

メディアの近未来を予兆するために、私たちがラジオから学ぶことは多い。

テクノロジー・メディア・社会

いくつかの前提となる認識枠組みを提示しておく。

第一に、メディアは社会的に生成されるということに力点をおいておきたい[5]。

コミュニケーション・テクノロジーとメディアというコトバは、ともすれば類似した概念としてあいまいに使われがちである。しかもその傾向は、ニュー・メディアの登場以後、とくに顕著になってきている。たとえば、衛星通信やISDN（総合デジタル通信網）によって、オフィスから家庭にいたる社会のあらゆる領域に情報ネットワークがはりめぐらされていくことが、ニュー・メディアの登場としてとらえられたり、高品位テレビの技術的進歩がメディアの動向として語られたりしている。

もちろん、最近では、テクノロジーの発達がそのまま新しいメディアの成立にむすびつくといったような、素朴な技術決定論は影をひそめつつある。しかし、コミュニケーション・テクノロジーとメディアをほぼ似たような事柄としてあいまいに考える傾向は、依然根強い。こうした傾向が、メディアと社会の関係をとらえる視点を、狭めることになってはいないだろうか。今日、一般的な社会科学者が、コミュニケーション・テクノロジーの、複雑に細分化し階層化した総体像を把握することは、ほとんど不可能である。したがって、テクノロジーの革新性や、社会的インパクトを、必要以上に評価したり、技術者たちのスローガンをナイーブに信じてしまいやすい。そうしたことが、テクノロジーを動かしがたい前提要因として考える姿勢や、固定的で硬い機械の塊が柔らかく有機的な社会に挿入されていくようなメタファーでのテクノロジーに対する認識を、人々に盲目的に踏襲させてしまう。また、テクノロジーを主体とする視座にみずからをア・プリオリに位置づけて、ある新しいテクノロジーが社会に受容されていく過程において引き起こされる、変化の部分だけに目を奪われるような学問的態度を生みだすのである。

この本の前提になっているのは、コミュニケーション・テクノロジーはメディアを結実させるための核ではあるが、しかしひとつの要因にすぎないというとらえ方である。両者は、相対的にみて異なる範疇に属している。テクノロジーは、発明家や科学者、技術者といった専門家集団のあいだで生みだされ、価値づけられ、国家や産業組織を通じて社会のなかに適用されていく。この専門家集団は、ともすれば社会から切り離された密室的状況のなかで活動しているように思われがちであるが、実際はそうではない。社会が漠然としたかたちで共有するテクノロジーの実用的イメージは、「高度情報化社会論」、「ニュー・メディア論」などに媒介されることで技術者、研究者にも共有されているのである(6)。一方、メディアは、大衆であり、個人である私たちが日常生活を営む社会のなかで想像され、記号化され、生成される。メディアは、テ

図表1　テクノロジー・メディア・社会

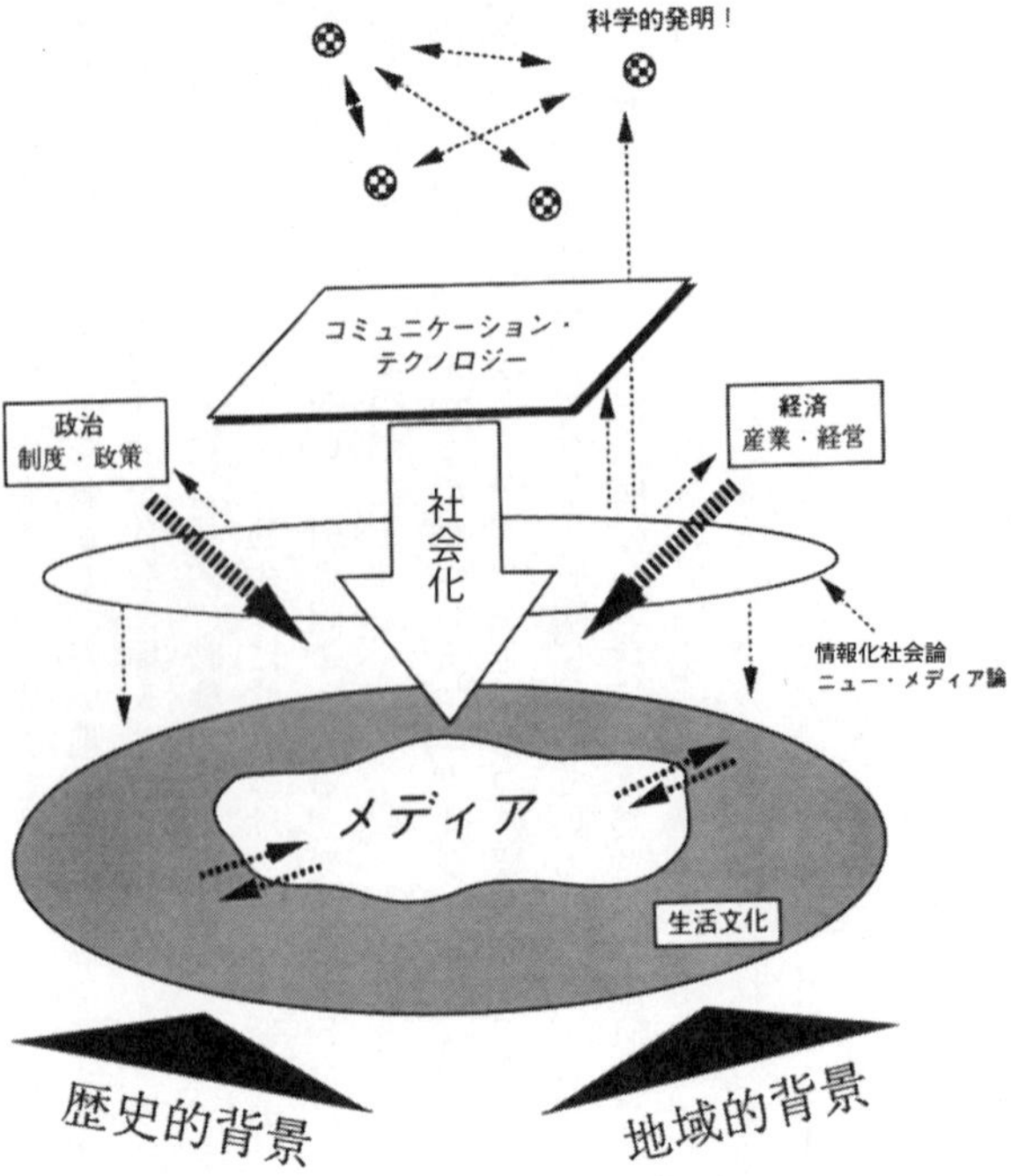

クノロジーを内包しながら、さまざまな社会的要因の介在によって社会的様態をととのえていくものである（**図表1**参照）。さらにラジオのようなマス・メディアのばあい、生活文化が背景として含んでいる地域的・歴史的な特性が、そのありようを大きく規定する力をもっていることにも留意しておく必要があるだろう。ラジオがマス・メディアとしてデザインされていった背景には、こうした力学がはたらいていたのだ。逆に、社会的要因の力学関係が異なっていれば、ラジオが現在のような様態をとらない可能性は十分にあったのである。

こうした視点に立つならば、さらに一歩進んでつぎのようにいうこともできるだろう。つまりここで問われるべきなのは、メディアの実体ではなく、社会がメディアをどのように編制していくのかという点である。私たちは、ラジオというメディアをクローズアップすることで、それをとりこんだ社会の力学を再現していくことができるはずなのである。

第二に、メディアは多元的な実体性を帯びて社会に存在しているという認識である（**図表2**参照）。メディアを、とりあえず社会的な情報媒体としてとらえてみたばあいでも、その意味するところは、意味が共有される社会集団によってさまざまであろう。ラジオは、技術者や企業家、政策決定者、大衆などが、それぞれ異なる意図や目的にしたがってはたらきかけるなかから、今日のような放送メディアとして確立すること

図表2　メディアの多元的実体

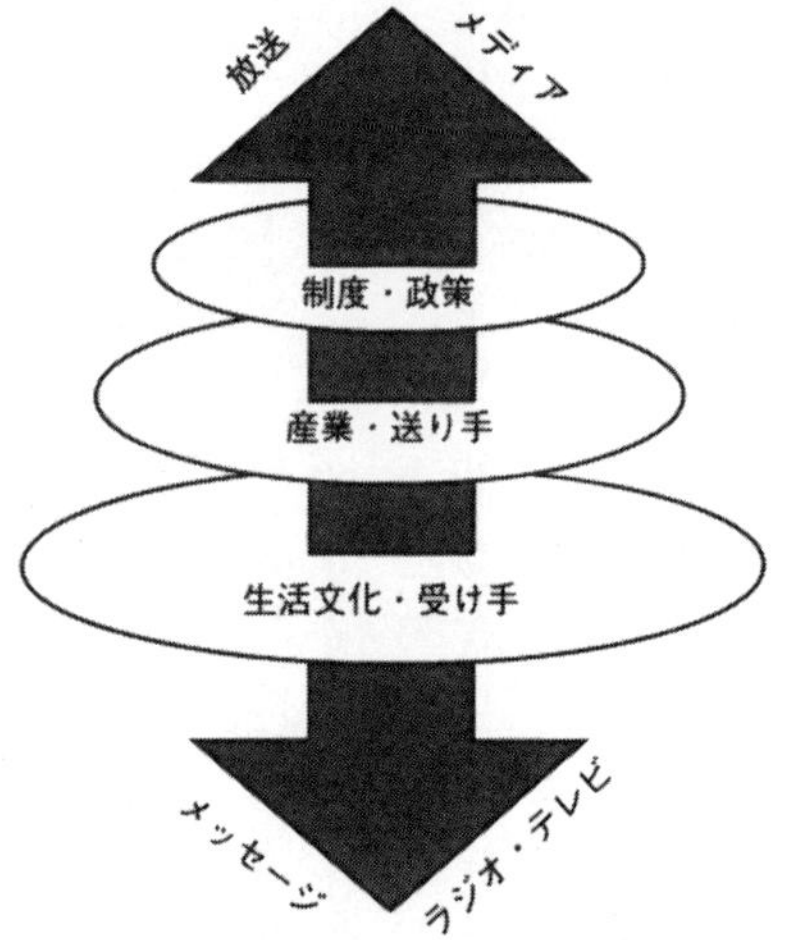

になった。[7]今日のメディアの地殻変動が、これまでほぼ一元的に実体化していたメディアの様態をゆさぶりはじめている状況を把握するためには、こうした多元性・重層性をあらためてクローズアップした枠組みが必要になってくるのだ。

たとえば、テレビを例に考えてみよう。

テレビとは、技術者集団にとって、視聴覚情報を電波を介して送受信するための、一連のテクノロジー・システムのことだ。彼らにとって、今日生じているテレビの変化は、放送系の新しいコミュニケーション・テクノロジーの導入がもたらしたものだとしてとらえられる。ケーブル・テレビや衛星放送、高品位テレビは、技術の進歩にともなって必然的に生じてきたものなのである。一方、メーカーや放送局の経営者たちからするならば、テレビとは商品としての情報メディア機器であり、商品としての放送時間ということになる。メディアの変動は、既存の放送市場にたいして脅威を与えうる現象、あるいはうまくすればテレビの付加価値を高める要素としてとらえられる。[8] 制度・政策立案者たちは、テレビのことを「公衆によって直接受信されることを目的とする無線通信の送信」として定義づけられる「放送」の一形態として、抽象的に把握する。テレビの変化は、「放送」と「通信」の境界領域についての法解釈学的な論議のなかでとらえられていくことになる。[9]

各種の専門家たちとは別に、普通の人々、ブラウン管の前に座る視聴者にとって、テレビというものはこれまでなんとなくひとつのまとまった物事、現象として認識されてきた。[10] それは、電子部品がひとまとめにパッケージングされた大きな家具で、リビングの一角に据え付けられていた。家庭のなかで劇場的なひろがりを構成し、家族のみんなが楽しむことができるように配置されたのだ。ふだんは、朝誰かが起きるとスイッチが入れられ、時計代わりの機能を果たし、夕方からは帰宅した子供や父親がゴロ寝しながらドラマやクイズ、スポーツをみる。事件が起これば体を起こして、ニュース特集の画面に固唾をのむ。やがて家族の最後の一人――たいていは年頃の息子や娘なのだが――が、深夜番組をこっそりみた後に、スイッチが切られる。そうした社会的な経験は、個人や家族のうちでひとつのまとまりとして総体化されてきていた。社会的な「テレビ」像が確立していたのである。

ところが近年、ビデオやテレビ・ゲームの浸透によって、テレビのブラウン管が映像ソフトの再生用のモニター・ディスプレイであること、ディスプレイがたまたま電波の受信用に専用固定化されていたにすぎなかったことがはっきりしてきた。また番組というものが、放送局が一方的に時系列にしたがって送信してくる映像ソフトのひとつの供給形態であることもはっきりしたのである。テレビ視聴者からすれば、テレビの変容とは、これまでひとまとまりのものとして認識されてきた「テレビ」像が解体されていく過程ということになるだろう(11)。

近年のテレビに生じている一連の変容は、一九二〇年代のラジオの登場期、四〇年代のテレビの登場期と比較検討していくことができる。複雑で多元的なメディア変容をとらえていくために、本書ではできるかぎり幅広い史料のなかからラジオと放送の社会的認識、イメージをとりあげ、それが総体化されていく過程に注目していきたい。

以上のような認識を前提として、アメリカのラジオ放送の誕生をあつかっていくさいに、とくに企図しているのはつぎの点である。

ラジオは、登場してまもないころ、電話のようなパーソナル・コミュニケーションの道具として使われたり、エーテルを伝って人の肉声を再現する道具、神秘的で宗教的な媒体としてとらえられるなど、さまざまな意味合いを帯びていた。しかし、そうしたことはこれまでの「正統」な放送史のなかでは、積極的に評価されることはほとんどなかった。(12)放送を自明の対象とみなし、そのメディアとしてのかたちについては問いかけず、内容の変化ばかりが検討されてきたからである。草創期のラジオがもっていたさまざまな可能性は、放送産業の黎明期の混沌とした状況、奇想天外なエピソードといったかたちでしかとらえられてこなかった。ここではそれらをできるかぎりすくいあげ、メディアの様態の深層を探っていきたい。ラジオが示した多様なありようのなかにこそ、今日語られはじめたニュー・メディアや、マルチ・メディア化といった傾向を歴史社会的にとらえていくための契機がひそんでいるはずである。

しかし、さまざまな社会集団によって想像されたラジオの可能性は、それが社会化していく過程においてしだいにそぎ落とされ、結果としてアメリカでは放送産業という体制に枠づけられ、確立されていった。第二点は、そうした社会的な編制のメカニズムを明らかにしていくことである。今世紀初頭のラジオは、まるで一九七〇年代のパーソナル・コンピューターや、今日のバーチャル・リアリティ・システムのように、サブ・カルチャー、カウンター・カルチャーのにおいが強くするメディアであった。それがどのような政治経済的なダイナミクスのなかで、リビングの必需品、エンターテイメントの窓口へと変容していったのだろうか。

本書の構成

この本は、直線的な時間軸にしたがった年代記ではない。ラジオは、けっして予定調和的に展開しなかったからである。また、ノスタルジックなエピソードを連ねてはいても、いわゆる放送の文化史とはいえない。ラジオの政治経済的側面を重視しており、しかも現代メディアの基本構造の批判的検討までを射程に入れているからである。各章は、多元的なメディアの総体像を、技術、産業、制度・政策、文化といったいくつかの次元で切っている。次元のあいだを往復し、細かな事実や断片的な出来事をひろい集め、ラジオがもっていたリアリティをできるかぎり再構成したい。

つぎのような仕掛けで議論を進めたい。

第Ⅰ章において、一九世紀なかば以降、テレ・コミュニケーションがさまざまなかたちで願望され、想像された系譜をたどりながら、ラジオ無線が発明され、第一次世界大戦を経て、国策的産業として編制されていく過程をあつかう。第Ⅱ章では、大戦の影響で利用方法が軍事目的・船舶通信目的に限定されてしまっていたラジオ無線が、一九二〇年代のアメリカ消費社会のなかでマス・メディアとして急速に定着していく状況を、第Ⅲ章では、そうした動向が産業・制度的な次元においてどのような混乱と規律をもたらすことになったかを明らかにしていく。第Ⅳ章では、大恐慌以降、ニューディール政策のもとで、ラジオがコマーシャル放送として確立していく過程をとりあげ、第Ⅴ章では、一九三〇年代にラジオが黄金期を迎え、アメリカ人の日常的なエンターテイメント・メディアとして社会に埋めこまれていくための要件を論議していく。第Ⅵ章は、テレビジョンがニュー・メディアとして登場し、実用化される一九四〇年代の段階をあつかうが、ラジオがどのようにテレビの社会的様態を規定し、産業的に接合していったかに着目していく。そして一九〇〇年代から四〇年代にいたるラジオの形成の軌跡を、生活文化、産業、制度・政策などのいくつかの次元においてたどった知見をもとに、終章では、今日のメディア状況と比較しながら、メディアと社会のかかわりについての歴史社会的な総括を試みたい。

第I章

無線想像力と産業的編制

1　夢としてのテレ・コミュニケーション

声のテクノロジー

一九〇六年のクリスマス・イブのことだった。マサチューセッツ州のブラント・ロックという海辺の町から、半径数百キロ以内の海上を航行していた船は、「CQ、CQ」のモールス信号を受けとった。

無線通信士たちは、はっとしてイヤフォンに手をやった。どうしたのだろう、どこかで船が遭難したのだろうか?

無線通信士たちは無心で聴き入っていた。するとなんと驚いたことに、電信装置から人の声が聞こえたのだ。誰かが話している! やがて一人の女性の声が、歌となって現われた。それは、なんとも不思議だった。多くの船の無線通信士たちは、航海士を呼び付けて聴いてみるように言った。すぐに、無線室は人で一杯になってしまった。そのつぎに、誰かが詩を朗読しているのが聞こえた。そして、バイオリンのソロ演奏があった。その後、一人の男が話をした。人々は、その言葉をほとんど聴きとることができたのだった(1)。

この音声は、ピッツバーグ大学教授のレジナルド・A・フェセンデンというカナダ人が、ブラント・ロックの送信施設から送ったものだった。世界で最初の、ラジオ無線による音声送信の公開実験だった。フェセンデンは、この一連のプログラムの最後に、みずからマイクに向かって「メリー・クリスマス」と言い、その年の大晦日の夜にも同じようなプログラムを流すことを約束した。そして、このプログラムを聴いたすべての人々に、返事の葉書を出してくれるように依頼した。その大晦日の番組は、遠く西インド諸島沖を航行するユナイテッド・フルーツ社のバナナ・ボートでさえも聴くことができたという(2)。

二〇世紀の幕開けとともに、同じような試みが欧米の各地ではじまっていた。リー・ド・フォレストというアメリカ人も、一九〇八年に、パリのエッフェル塔からのレコード・コンサートをおこなった。二年後には、ニューヨークのメトロポリタン・オペラハウスから、往年の名テナー、エンリコ・カルーソの歌声を、二本のマイクと、五〇〇ワットの送信機、二本の竹製のアンテナによって、半径四〇キロ内の受信機に向けて無線送信することに成功した。その数年前、ド・フォレストは日記につぎのように書いている。

私の現在の仕事（これは楽しいものだ！）は、心地好い音楽を町や海へと流すことである。遠い海洋のただなかの、音もない波間に浮かぶ船の水夫たちでさえ、故郷の音楽を聴くことができるように[3]――。

これまでの放送史においては、放送は、一九二〇年、アメリカ・ペンシルバニア州のKDKA局ではじまったとされてきた。もちろんこれにには、いくつかの異論も提出されている。フェセンデンやド・フォレストの実験は、どのように位置づけられるのか。サンノゼのチャールズ・D・ヘロルドも、一九〇九年には音声送信に成功し、一九一五年のサンフランシスコ万国博覧会では、定時的な放送をおこなったという。さらに、『デトロイト・ニューズ』紙が運営していた8MKという局が、KDKAの二カ月前に放送をはじめていたという記録もある。北米大陸は広大で、しかも当時の免許制度は事実上自己申請による登録制度といってよかった。したがって、もっとも古くに開局した放送局を探しだすことは至難だろう。そうした探求が自己目的化し、アメリカでいちばん古い放送局がどこであるかということが、放送史のひとつのテーマとして論議されることさえある[4]。

ところが、最初の放送局はどこかということが検討されるなかでも、放送とはなにかという本質的な問いは、奇妙なことにいつも議論の外におかれてきた。現在の法律では、放送とは、公衆によって直接受信されることを目的とする無線通信の送信のことをいう(5)。この定義は、今日世界各国においてほぼ同様になっている。放送という概念は、自明の事柄として、すでに決まっていて変わらないものとして前提化されてきたのだ。生活文化的に考えてみても、現在のラジオやテレビの社会的機能を基準にして、放送局の設立や活動開始の時期が、そのまま放送のはじまりを意味するものだと思われてきたのである。

しかし、放送とはなんなのだろうか。ラジオとは、放送局とは、そして番組とは、そもそもどのようなものなのだろうか。現在のメディアの地殻変動をまのあたりにしながら歴史をふり返るとき、そうした問いかけがあらためて私たちの頭に浮かんでくる。

放送というメディアは、固有の歴史的過程を経て今日の姿をとるようになった。遠く離れたところのなつかしい人の声や、コンサート・ホールの音楽、演劇などを、いながらにして聴きたいという願望は、じつはフェセンデンやド・フォレストがおこなった、ラジオ無線による音声通信の技術的な実現よりも、はるかに古い起源をもっている。この願望を実現するための技術的媒介は、ラジオ以前にもさまざまなかたちで想像されていた。想像は、一九世紀に電気を利用した機器が実用化されていくなかで、現実味を帯びてくる。二〇世紀を目前に、音声の再生装置、声のテクノロジーが姿を現わしはじめた。それらのなかで、のちに独自のメディアとして自立することになる、電話と蓄音機に着目してみよう。(6)

視話法とテレフォン

アレクサンダー・グラハム・ベルは、一八七六年に電話の実用特許を出願したが、その書類には「音声その他の音を、電信技術によって送信するための方法、および機器」と記されていた。(7)ベルが夢見ていたことは、今日の電話のように、一対一で用件を伝えるための道具を完成することだけではなかったのだ。音声を電気的に蓄積し、加工し、遠くに伝えたり、時間をおいて再生するようなテクノロジーを開発して、それをさまざまな用途に用いていこうと考えていたのである。

いまではほとんど忘れられているが、ベルは音声生理学に一生を捧げた学者だった。(8)トマス・エジソンのように根っからの発明家であったわけではない。ヘレン・ケラーをもっとも支援したのはベルだった。彼の父も、祖父も、スコットランドにおいて音声学、言語障害を治療するエロキューション研究に従事していた。ベルは、音にたいする並み外れてとぎ澄まされた感覚をもっていた。声という音にたいする観察と分析、理論の構築と、吃音や訛りの矯正などの実践の三世代にわたる蓄積があった。一八六四年ごろ、アレクサンダーの父、メルヴィル・ベルは、喉や舌、歯などといった発声器官の各部位を象徴する文字体系を発明し、発話障害者がその文字を眼で見ながら発音練習ができる手法を生み出す。メルヴィルは、それを「視話法（Visible Speech）」と命名した。[9] 息子も、「視話法」の普及に努める。こうした経緯から、ベルには、音や声を分析的、操作的にとりあつかう素地があったのである。

ベルは、音声生理への科学的なとりくみの延長上で、音を複製する客体的装置を作ることをめざすようになる。そして、さまざまな音叉を利用し、母音のピッチを分析的に決定していく方法を思いつく。ところが、同じことをすでに思いつき、実行していた人物がいた。ドイツのヘルマン・フォン・ヘルムホルツである。しかも彼は、電気を用いることで、複数の音叉の強さを調節しながら共振させ、母音音声の合成に成功していたのだ。このヘルムホルツの装置を理解していく過程で、ベルははじめて、電気についての勉強をした。そして、「もし母音が電線で電気によって送れるならば、子音だって、さらには言葉でも音楽でも、音であればなんでも送れるはず」[10]だと考えるようになったのである。こうしてベルは、音を複製するための電気的装置の発明にとりくむことになった。

ただし、この研究が、ただちに遠く離れた人と人のあいだで音声を送受信するための装置、「テレ＋フォン」へとむすびついたわけではない。ベルは、自分が開発して

図表3　グラハム・ベルの電話

いる装置のことを、一八七四年になるまで今日的な意味での電話として想定してはいないのである。(11) この発想にいたるまでには、さまざまな発明家、科学者たちとの交流、競争の日々があった。そして、当時テレ・コミュニケーション領域の独占的大企業であった電信会社のウエスタン・ユニオン、そこと組んでいた発明王トマス・エジソン、よきライバルであったイライシャ・グレイなどと、発明特許をめぐって熾烈な開発競争を演じ、数々の訴訟をくぐり抜けたすえ、一八七六年三月七日、ベルはついに、電話の特許を勝ちとるのである。(12)

電話は、一九世紀後半の社会で、衝撃的な受けとられ方をしている。

特許が登録された年に開催されたフィラデルフィア建国百年祭博覧会では、ブラジルのドン・ペドロ二世皇帝が電話を試して、驚きの声をあげた。「なんということだ、しゃべったぞ!」(13)。ベルは、テレ・コミュニケーションの道具として電話を開発した後も、それをさまざまなかたちで利用しようと考えていた。翌年二月には、助手のトマス・A・ワトソンとともに、セイレム公会堂で電話の講演会をおこなった(図表**3**参照)。

装置に私が口をあてると会場全体にまるで電気ショックが走ったようだった。聴衆ははじめて電話とは何なのかを知ったのだ。(14)

さらに、イングランドとスコットランドでも、電話のデモンストレーションをおこない、歌や演奏、講演会を開催して大反響を得る。

プレジャー・テレフォン

電話の利用のしかたについてのイメージは、ひとりベルだけにあったわけではない。一九世紀後半の欧米の各地で、電話は多様な社会的様態を実現させている。一八八一年のパリ国際電気博覧会でもっとも人気を呼んだのは、オペラ公演や演劇の生の音声をヘッドフォンで聴くことのできる「シアターフォン」、「エレクトロフォン」などと名づけられた装置だった[15]。

一八七七年には、こんな歌詞の『すばらしき電話』というコミック・ソングが、セントルイスで作曲され、流行っている。

あなたは家にいながらにして、ホールでの講演会を聴いたり、舞踏会の曲を聴く——そのうち、どんなことが起こるかわかったもんじゃない。ひょっとしたら、月にいる老人と話すことになるかもしれない。そうなると、みんなの秘密は、全部知られてしまう。世界は、このすばらしき電話でひとつになるだろう[16]。

歴史家のエイザ・ブリッグスは、まるでラジオのようなこれらの電話のありようを「プレジャー・テレフォン」と呼んでいる。(17)「プレジャー・テレフォン」は、多くのばあい、高級ホテルや貴族のお屋敷と、劇場やコンサート・ホールを専用回線でむすびつけたもので、いわば上流階級の目新しい娯楽装置であった。ただし、なかにはより大衆的なシステムとして社会に根づいた例もある。世紀末のパリやロンドンには、コインを投下して音楽やニュース番組を楽しむシステムが登場していた。フィラデルフィアやニューヨークにおいても同様である。事業として定着した例もあった。オーストリア＝ハンガリー帝国の首都で、当時ヨーロッパ有数の大都市であったブダペストに展開した「テレフォン・ヒルモンド」は、なかでももっとも成功した事例だった。(18)「テレフォン・ヒルモンド」は、ニュースや音楽を電話回線で流すサービス・システムであった。このシステムは、かつてエジソンのもとで働いていたティヴァダル・プシュカーシュによって開発され、運営された。エジソンによれば、電話交換というアイデアを最初に思いついたのは、プシュカーシュだったという。(19)ブダペストに電話網が設置されたのは一八八一年のことだが、このサービスはそれを利用して一八九三年に登場した。加入料金、工事費は無料で、利用料金は一日一ペニーと安かった。加入世帯数は一〇〇〇からはじまって、一九〇〇年には六四三七世帯と、電話加入世帯のほぼ一〇〇％に普及していた。[20]「テレフォン・ヒルモンド」は、ふたつのイヤフォンを耳にあてて聴くシステムで、上流階級の邸宅のほか、ホテル、コーヒーハウス、病院の待合い室、商店、理髪店などの公共的な場所に設置されていた。

したがって、実際にこのサービスを利用した人々は、加入世帯数よりはるかに多かったようである。ちょうど一九九〇年代初頭、世界でもっとも普及しているビデオテックス・サービスであるフランスの「ミニテル」のような具合である。サービスの内容は、**図表4**に示したとおり、個別の番組がきちんと全日総合編成されたものであった。これは驚くべきことである。ラジオがここまでの編成を組めるようになるのは、V章で言及するとおり一九二〇年代後半から三〇年代初頭にかけてのことだからである。「テレフォン・ヒルモンド」は、しかし第一次世界大戦によって壊滅的な打撃を受ける。そして、一九二五年、ハンガリー・ラジオ放送の一組織として吸収されていくことになった。[21]

「テレフォン・ヒルモンド」を見習ったシステムは、一九一一年、アメリカのニュージャージー州ニューアークにも短期的に存在した。「テレフォン・ヘラルド」というシステムで、「ヒルモンド」同様に全日総合編成をおこなったのである。[22]また、革命直後のソビエト連邦でも、有線電話によるサービス・システムが事業化されている。当時の計画立案者たちは、各種の情報サービスは、ラジオ無線より、有線スピーカー

図表 4 「テレフォン・ヒルモンド」の番組編成（1896 年）

時	間	番　　組
9	30	日々の暦，ウィーンのニュース，最新の電報，鉄道公報掲載の列車出発時刻
10	00	証券取引レポート
	30	今日の新聞，電信文の論評と要約
11	00	証券取引レポート
	15	演劇，スポーツ，地域ニュース
	30	証券取引レポート
	45	議会，国外および地域ニュース
12	00	議会，軍事，政治および法廷ニュース
	30	証券取引レポート
13	30	これまでの主なニュース
14	00	議会，市政のニュース，電信文
	30	議会，電信および地域ニュース
15	00	証券取引レポート
	30	議会ニュース，時刻のお知らせ，天気予報，雑報
16	00	証券取引レポート
	30	ウィーンのニュース，政治経済情報
17	00	演劇，美術，文学，スポーツ，ファッションのレポート，明日の暦
	30	法律，地域，電信ニュース
18	00	これまでの主なニュース 休止
20	15	証券取引レポート
	25	テレフォン・ヒルモンド・コンサート
21	00	最新の電信，地域，市場レポート
22	00	フォーク・シアターの公演と，上記のニュースのくり返し（30分）

注：(1) Marvin, Carolyn, 1988, pp. 225–226 より作成。
(2) Marvin は，“Telephon-Zeitung,” *Zeitschrift für Elektrotechnik* (Vienna), 1896, p. 741 を参照。

の敷設によって供給する方が、合理的であると判断した。これはスピーカーを各家々にとりつけ、なるべく短い電線によってむすびつけることが、社会主義体制のもとでは可能であったからである。また、情報が拡散してしまうラジオ無線は、国防的見地からして危険性が高いと認識されていた。この有線サービスは、ソビエトにおいて約四〇年間にわたり、ラジオ放送を上回るマス・メディアとして機能していたという。(23)「テレフォン・ヒルモンド」は、ラジオを先取りするような電話の可能性をはっきりと示していた。もしもこうした試みが実験段階にあるあいだにラジオが実用化されていなかったとしたら、ラジオがマス・メディア、電話がパーソナル・メディアとしてそれぞれ枝分かれして展開し、有線放送が後発的に生じてくるという歴史的順序は逆転していた可能性がある。そのばあいには、「ヒルモンド」のようなシステムの発展のペースは、より緩慢で、特権階級の必要と利害に適合したメディアとして確立し、ゆっくりと大衆化していくということになっていたかもしれない。(24)

　ラジオのような電話の可能性は、さまざまな制約によって限定的にしか実現されなかった。しかし、電話をめぐる社会的想像力は、きわめて多様で豊かなものだったのである。

エレクトリック・メディアの時代

同じようなことは、蓄音機（フォノグラフ）についてもいえる。蓄音機は、グラハム・ベルが電話の特許を取得した翌年、トマス・エジソンによって発明された[25]。エジソン自身も、電話の研究開発をおこなってきていたが、ベルが特許を取得してしまったことから、電話の進化形をめざして蓄音機にいたったのである。音によって生じる膜の振動を、円筒の上にらせん形に刻んだ溝にはりわたした錫箔の上に刻みつける。それは、今日私たちが思い描くような音楽を楽しむためのレコード・プレーヤー、オーディオ機器とはずいぶん異なっていた。はじめは電気的な装置でさえなかった。当時エジソンは、人の声を蓄積し、再生するための装置として、蓄音機を開発していたのである。エジソンのなかで、遠くの人と話をしたり、いながらにして音楽や講演を聴くといったテレ・コミュニケーションという夢と、死んだ人間のなつかしい声や遠く離れた子供の歌を蓄積しておいて、何度でも再生するような複製コミュニケーションの夢は交わっていたのだ。彼は、蓄音機を電話に接続するシステム、あるいは音をパッケージ化して、郵便によって配送するシステムまでを構想していた[26]。伝送経路の違いはあるが、それは「テレフォン・ヒルモンド」や、ラジオ放送ときわめてよく似た社会的機能を果たすメディアとしてイメージされていたのである。

その後、蓄音機は、ビジネスの場やパーソナル・コミュニケーションのための声の複製・再生装置としてではなく、音楽の複製・再生装置として発展することになった。

この系統での蓄音機としては一八八七年、エミール・ベルリナーが「グラモフォン」を開発した。また同じ年にグラハム・ベルが設立した研究所も「グラフォフォン」という似たような装置を発表している。これらは、五セント銅貨を入れて、好きな音楽を楽しむことのできる「ニッケル・イン・ザ・スロット」という、今日でいうジューク・ボックスのようなメディアとして一般化した。ちょうど見世物小屋の片隅に置かれていたのぞきからくりのようなシネマトグラフが、大劇場で銀幕に映しだされる視覚的なストーリーを楽しむ「ニッケル・オデオン」になっていったのと同じように、エンターテイメント化したのである。[27]

このようにみてくると、ラジオ無線が実現させた、リビングや書斎にいながらにして遠くの人と話をしたり、劇場コンサートを聴いたりするという願望は、一九世紀なかば以降にさまざまなエレクトリック・メディアの発明を志した人々によって、共有されていたビジョンであったことがわかってくる。テレ・コミュニケーションの夢と、複製コミュニケーションの夢。それらは、電気という非在の事象が引き起こす現象を科学的に把握し、利用する過程のなかで現実化されていったのだ。電信、電話、蓄音機、映画、そして電力供給システムさえも、こうした共通の夢を実現するために具現化されたメディアとして並列していたのである。[28]

今日、蓄音機は音楽を楽しむためのオーディオ装置、電話は仕事や用件をすませるためのパーソナル・メディア、映画は暗やみのなかで巨大なスクリーンに映しだされる映像作品のパッケージ、ラジオはエンターテイメントやニュースを聴取するための放送メディアへと発展して、それぞれ異なる体制を固めてしまっている。ところが当時は、電気とテレ・コミュニケーションをめぐる、共通の夢の実現へ向けて漠然とひとかたまりになっていたわけである。

音声のラジオ無線は、一九世紀なかば以降の一連の発明の後、やや遅れて登場したコミュニケーション・テクノロジーだった。

2　エーテルを渡る声

電気の時代とエーテルの理論

「テレ・コミュニケーション（telecommunication）」は、これまで半世紀以上のあいだ、「放送（broadcasting）」とは異なる領域の活動であると当然のように考えられてきた。そして、この言葉は、その媒体技術の部分だけが注目され、日本語では「電気通信」と訳されるのが普通である。しかし「テレ（tele）」は、本来「遠くの」、「離れたところの」といった意味であり、必ずしも電気的手段によってのみ実現されるとはかぎらない。また、「コミュニケーション（communication）」には、「通信」、「伝達」といった技術的・機能的な意味合いとともに、「気持ちを伝えあう」、「経験を共有しあう」といった精神的な意味合いも含まれている。テレ・コミュニケーションの本質は、遠隔地にいる人と人が心をかよわせあう営み、いわゆる「テレ・パシー（telepathy）」だったということもできるのである。[29] ラジオは、そうした始原的な意味での、テレ・コミュニケーションの具体的なあらわれだった。

ラジオの技術的な起源は、マス・コミュニケーションではなく、テレ・コミュニケーションを実現しようとする動きのなかから登場した。その過程は、同じような目的で開発された電話や蓄音機にくらべてはるかに複雑で、新たなひろがりをもっていた。電信や電話が用いていた銅線という物質的媒体を用いないかたちでのテレ・コミュニケーションは、電磁波理論という物理学や数学の知識と、電波という非在の事象を受けいれる新たな感覚、二〇世紀的ともいえる電気的身体感覚をあわせもたなければ、理解することがむずかしかったからである。その過程を追ってみよう。

まず、電気をめぐる研究は、テレ・コミュニケーション研究と重なりあいながらも、別系統の科学技術的探求の道筋として一八世紀に進められていた。電気は、古来さまざまな自然現象において目撃されてきていた。だが、それそのものとしては、眼で見ることも、手で触れることもできない。そんな非在の対象を、具現化し、科学的に理解しようと多くの人々が実験を積み重ねていた。すでに一七五二年には、ベンジャミン・フランクリンが、有名な雷雨のなかの凧揚げの実験によって、稲妻と放電が同じ原理にもとづく現象であることをつきとめていた。一八二〇年には、デンマークのハンス・クリスティアン・エルステッドが、電流が磁気作用現象を示すことを実験によって証明している。この発見が、有線電信の実用化を成功させるための鍵となった。有線電信は、一八三〇年代後半、画家であり彫刻家であったサミュエル・モールスらがシステム開発を進め、一九世紀のなかば以降事業として展開しはじめる(30)。

一八六四年、イギリスのジェームズ・マックスウェルが、光と同じ速度で伝播する電磁波の存在を理論的に証明してみせた。大気中には、つねに電磁波のさざ波が立っている。電気の振動は、この電磁波の変動を引き起こす。電磁波の変動は波動となり、毎秒三〇万キロメートルの速度で同心円状にひろがっていく。この波動の程度によって、電気は光や音に姿を変えるというのだ。いわゆるマックスウェルの電磁波理論は、当時大西洋をはさんだ各地域で大反響を呼び起こす(31)。

当時の人々にとって、電磁波理論における電磁波そのものとそれが存在する空間のイメージをつかむことは、むずかしかった。まったく新しい認識の次元を必要としたためである。そこで用いられたのが、「エーテル(ether)」という概念だった(32)。欧米社会においては、古来、森羅万象を構成する「元素」は、火、水、土、そしてエーテルであるとされてきた。このうちエーテルは、もっとも希薄な存在であり、物質が霊的なものへと昇華する過渡的形態として、もっとも高次元の「元素」なのであった。空間はエーテルで充たされており、神の声はエーテルを伝わって私たちにとどけられる。こうしたエーテルをめぐる物質的想像力、神秘的な観念は、ガストン・バシュラールが『空と夢』で詳細に論証しているとおり、ギリシャ以来の哲学と宗教のなかではぐくまれ、人々の生活文化にも定着していたのである。(33) 電磁波理論はエーテルの理論として理解され、ひろめられていく。そして、約二〇年後、ドイツのハインリッヒ・ヘルツによって、電磁波の存在が実験的に証明されるとともに、その性質が精密に理論化されることになった。

電磁波理論、すなわちエーテルの理論の構築は、銅線を使わないテレ・コミュニケーションを志していた多くの人々を刺激することになった。それまで水や土をメディアとした電気の伝導や、感応現象を利用する手法も試みられていた。だが、わずかな距離のコミュニケーションにしか成功していなかった。そこで、エーテルの電磁波を用いて、モールス信号を送ることへの期待が高まったのである。イギリスの物理学者、ウィリアム・クルックスは、無線コミュニケーションについて、一八九二年につぎのような予言をしている。

新しく、驚くべき世界が、私たちの前にひろがっている。そこでは、情報（インテリジェンス）を送受信することが不可能だと考えることはもはや困難である(34)──

この予言は、わずか三年後の一八九五年、イタリア・ボローニャに住むグリエルモ・マルコーニという二〇歳の若者によって実現される。無線電信の実用実験に成功したのだ。マルコーニの画期的な業績は、当初イタリアでは顧みられなかった。彼は、母の母国であったイギリスに渡りマルコーニ無線会社を設立、一八九七年七月二日に特許を取得した。マルコーニは、ラジオ無線を用いたコミュニケーションが、産業的に成り立つことを初期の段階から見抜いていた。株式市場や新聞メディアの需要から、すでに有線電信網は国際的に拡大しつつあったが、有線のばあいケーブルの敷設と維持管理に莫大な投資を必要としたからである。彼は、一九〇一年には大西洋横断の無線通信に成功し、海底ケーブルを利用した有線電信の代替手段として、国際コミュニケーションの領域でラジオ無線を産業化していくのであった(35)。

ラジオの発明家たち

無線でモールス信号を送ることが実現したとき、研究開発にたずさわる多くの人々は、つぎに音声を送ることをめざしはじめた。フェセンデンやド・フォレストは、すでに世紀の変わり目から実験を開始し、実用化に成功する。彼ら以外にも幾人かが、ラジオ無線による音声送受信を試みて成功していた。こうした実験の結果が、マニア向け雑誌などを通じて伝えられると、ラジオ無線や電磁波理論に関心のある人々は大いに興奮を覚えるようになった。

しかし、こうした出来事が一般大衆の関心を集めるにはいたらなかったことにも注意しておく必要がある。第一次世界大戦以前の社会には、今日のような発達したメディア環境は成立していなかった。多くの人々は、チャールズ・ホートン・クーリーが「プライマリー・グループ（第一次集団）」として理論化したような、家族や地域コミュニティのなかで生まれ、死んでいった。[36] そこでのコミュニケーションは、ほとんどのばあい、たがいに見知っており、話もしたことがあるような親密な人間関係のなかで終始していた。すでに、電信や電話によって遠く離れた人々と交流することは可能になっていたが、それらはまだ、生活世界のほんの片隅に現われはじめたにすぎなかったのである。

ラジオ無線の可能性は、一般の人々の生活文化においてではなく、経済社会において認められ、促進されていった。鉄道会社、船舶会社、株式市場、新聞社などは、ラジオ無線の可能性を、有線メディアではとどかない遠隔地、海洋の船舶などとの通信手段という点に見いだしていた。これらの産業にとって、メッセージはモールス信号で十分だった。人の声や音楽を送受信することは、ラジオ無線の技術的貢献の副産物にすぎないとみなされていたのである。

電話会社も、ラジオ無線にとりくみはじめた。グラハム・ベルが設立したベル電話会社はAT&Tへと展開していた。電話が実用化されて以来、アメリカの各地に電話会社が設立され、それぞれ個別に事業を展開していたが、そのなかでAT&Tは圧倒的な力をもち、徐々に他社を吸収・合併して独占的な地位を築いていった。しかし、二〇世紀に入ってその市場勢力は、徐々に衰退しはじめていた。その原因は三つあげられる[37]。第一に、それまで独占していた長距離回線ネットワーク事業に、競合するウエスタン・ユニオン、ポスタル・テレグラフなどが進出しはじめ、絶対的な優位性が失われたことである。つぎに、連邦政府、司法省が、AT&Tの水平的・垂直的市場支配にたいして、独占禁止法の適用をしばしば試み、また議会においてテレ・コミュニケーション事業の国有化構想が論じられるなど、たえず抑制、制限力が加えられていたことがある。そして三つ目が、ド・フォレスト、フェセンデンらによるラジオ無線の発明であった。

すでに、テレ・コミュニケーションの巨人となっていたAT&Tにとっても、ラジオはまったく新しいテクノロジーだった。一八八五年の設立以来、隣接領域にありながら根本的に異なるテクノロジー体系が、はじめて出現したのである。ラジオ無線に手を出さないでおこうという意見も、社内にはあった。しかし、ド・フォレストが一九〇六年に開発した三極真空管は、本業の長距離回線における増幅装置としてもきわめて重要なテクノロジーとなる可能性が予見された。参入が遅れれば、それだけラジオの可能性をとらえることがむずかしくなる。隣接領域のイノベーションを無視することがどれほど重大な事態を引き起こすことになるか、電話があらたに登場したときに電信会社が適切な対応をせずに失敗した教訓が、社内では組織的に共有されていた。一九〇九年、AT&Tは、ラジオ無線技術にとりくみはじめ、まもなくド・フォレストが所持していた真空管の特許をも買収する。(38)

ラジオ無線は、テレ・コミュニケーションの一部としてとらえられ、展開された。一方で、音声を流通させるマス・コミュニケーションの可能性についてはなおざりにされてしまったのである。

無線想像力と「ラジオ・ミュージック・ボックス」

ただし、ラジオ無線の新しい可能性に気づいた人々がいなかったわけではない。新しいテクノロジーがもたらす身体感覚や文化の変容を予見する役割は、いつの時代にも芸術家たちが担っていた。ラジオのばあいも例外ではない。

たとえば、世紀末からの機械テクノロジー、コミュニケーション・テクノロジーの発達を礼賛し、それらがもたらすスピード、運動などをめぐる新しい感性や想像力を積極的に芸術にとりいれることを志した未来派の人々は、ラジオ無線に即応した。未来派の中心人物であったイタリアのフィリッポ・トンマーゾ・マリネッティは、一九一三年、ラジオの可能性をめぐって「無線想像力と自由な状態のことば未来派宣言」をおこなっている[39]。

未来派は、偉大な科学上の発見によって起こった人間の感性の全体的な革新のうえに成り立っている。今日、電報、電話、蓄音機、列車、自転車、オートバイ、自動車、大西洋航路客船、飛行船、飛行機、映画、大新聞（世界の一日の出来事の統合）を利用する人々は、これらのさまざまな伝達、輸送、情報のかたちが自分たちの心理に決定的な影響を与えているとは思っていない[40]。

ところが、それらは大きなインパクトを与えているというのだ。たとえば、無線コミュニケーションによって、活字と文章のエクリチュールに縛られていた人間のイメージ、抒情性、感覚的表現を解放することが可能となる。無線のスピードによって、世界の諸現象は従来なかったかたちでむすびつけられ、人々の想像力を刺激することができるだろう。マリネッティらがイメージしていたことは、たとえばつぎのような言葉のコラージュからうかがい知ることができる。

凝縮された隠喩——電信的イメージ——振動の総量——思考の結び目——開閉運動をする扇——類推の短縮法——色彩の決算——感覚の次元、重さ、サイズ、速度——本質的なことばの感性の水のなかへのダイヴィング、水のなかでことばが同心円の波紋をつくらないダイヴィング。直感の休息——二、三、四、五拍の運動。直感の線の束を支える分析的、解説的な支柱。(41)

ラジオ無線が人間の諸感覚の次元を革新する可能性は、音をあつかってきた前衛的な音楽家たちによっても注目されていた。ラジオは、古典音楽の変容に、蓄音機などと同様、大きな影響を与えていたのである。(42) ただし、未来派や前衛音楽にたずさわる芸術家たちがイメージしていたラジオのメディアとしてのありようは、ともすれば抽象的、断片的で、一九二〇年代に定着するようになるラジオ放送のそれとはずいぶんとかけ離れていた。

一九一六年、二四歳の若さでアメリカン・マルコーニ電信会社の技術部契約部長となっていたデービッド・サーノフから、「ラジオ・ミュージック・ボックス」というメモが、エドワード・J・ナリー社長に提出された。サーノフは、一九一二年、無線通信士としてタイタニック号の救助信号を最初に傍受し、付近の船舶へ連絡をとり、救助された人々と死亡者の名前の確認のために七二時間にわたって無線電信を打ちつづけ、一躍有名になった人物だった。(43)

私は、ピアノもしくは蓄音機と同じような意味合いで無線を〝家庭の実用〟に供するある開発プランをいだいております。このアイデアは、音楽を無線によって各家庭に運ぶというものです。

このことは、かつて有線で試みられましたが、有線がこの計画に適さないため失敗に帰しました。しかしラジオはまったく可能と思われます。たとえば、二五ないし五〇マイルほどの聴取範囲をもつ無線電話送信機を、器楽演奏と声楽演奏、あるいは双方の演奏を放送できる一定地点に設置します。音楽を送信する問題は原理的にはすでに解決されております。したがって、送信している波長に同調した受信機はこの音楽を受信できるはずです。その受信機は、ある単純な〝ラジオ・ミュージック・ボックス〟の形で設計され、いくつかの異なった波長に調整されますが、波長はただ一つのスイッチの切換えもしくはただ一つのボタンを押すことで変えることができるものでなければなりません。

この〝ラジオ・ミュージック・ボックス〟には、増幅管と拡声電話とがつけられていますが、どちらもきちんと一つの箱に納められています。この箱を、応接室とか居間のテーブルに置き、スイッチを入れると送られてきた音楽が受信できます。（中略）これと同じ原理は、他の分野の数多くの面にも広げられます。たとえば、完全に聴取できるようになっている家庭で講演を受信すること、また、国家的に重要な出来事がアナウンスと同時に受信されることなどがそれです。野球のスコアは、ポログラウンズに据えつけられた一台のセットを使って空に送信されます。同じことが他の都市についてもいえます。都会から離れた辺鄙な地域に住む農家を含めた多くの人たちにとって、この提案はとくに関心をひくものでしょう。〝ラジオ・ミュージック・ボックス〟を買い求めることによって、その人たちは聴取範囲内の最寄りの都市で催されるコンサート、講演、音楽、リサイタルなどを楽しめます。(44)

「ラジオ・ミュージック・ボックス」、すなわちラジオ版オルゴールには、映画における「ニッケル・オデオン」、蓄音機の「ニッケル・イン・ザ・スロット」、電話の「テレフォン・ヒルモンド」に通じる、エンターテイメント・メディアとしてのラジオの可能的様態が、かなり具体的に描きだされている。しかし、ラジオで音楽やニュースを聞くことなど所詮はお遊びの領域を出ないと踏んだナリー社長は、結局このアイデアを却下してしまうのである。

3　ビッグビジネスとナショナリズム

ラジオ無線と第一次世界大戦

一九一〇年代なかばになると、ラジオ無線はマス・メディアではなく、テレ・コミュニケーションのメディアとしてかたちを固めつつあった。そしてアメリカ陸軍・海軍が、ラジオ無線機器の大量生産を開始しようとしたとき、この産業はアメリカン・マルコーニによって事実上支配されていた。これにたいして、AT&Tの製造部門の子会社であるウエスタン・エレクトリック、GE、ウエスティングハウスなどの、アメリカ国内で全国市場をもつ独占的大企業、いわゆるビッグビジネスもまた、ラジオ無線の技術開発を進めていた。各種の特許を取得し、ラジオ無線機の販売を開始する。ところが、合法的に無線機器を製造販売するためには、各企業所有の技術特許を複合化して採用する必要があった。当時、これらの企業のあいだには、なんの提携関係も存在しなかったため、たがいに訴訟にたいして弱い立場に立たされていた。このため、ラジオ無線機の製造販売は、閉塞状態におちいってしまった(45)。

戦争は、いつの時代もテクノロジーの発達を促す最大の社会的要因である。ラジオ無線の軍事利用を促進させるためにこの閉塞状態を打開しようとする工作が、軍部と産業界を中心に進められた。連邦政府と軍部の工作の中心には、海軍次官補のフランクリン・デラノ・ルーズベルトがいた。ほぼ四半世紀のち、ニューディール政策の数々をラジオを通じて全米の人々に語りかけることになるこの人物にも、当時は、ラジオが軍需品として映っていた。F・D・ルーズベルトは、産業界のフィクサーであったオーウェン・D・ヤングとともに各社にはたらきかけ、一九一七年四月、連邦政府のもとで各社の所有する技術特許を統括することに成功する。連邦政府の責任のもとで、各社はラジオ無線の研究開発、大量生産をおこなうことになった。ビッグビジネスにとっては、連邦政府のもとで監督を受け活動をおこなう、最初の経験だった。なにしろ、ニューディール以前のアメリカ連邦政府は、全国市場を背景に巨大化した産業資本にくらべて、いまだ小さく、弱体な組織でしかなかったからである。

一九一七年四月六日、アメリカは対独宣戦を布告する。

翌日、ウッドロー・ウィルソン大統領は、「一九一二年無線法」第二条に規定された、非常時における大統領の民間の無線活動にたいする停止命令権、政府・各省庁の無線局使用指令権にもとづいて、全米の無線局を統制下においた。(46)ラジオ無線は、飛行機、自動車、船舶などと同様、第一次世界大戦において、はじめて本格的に実用化されたニュー・テクノロジーのひとつである。しかし、ラジオ無線の導入には、当初陸海軍ともに消極的であったらしい。およそ半世紀前に導入された有線電信は、すでに軍組織に定着していた。有線電信は、南北戦争、米西戦争においてその威力を発揮し、誰の目にも近代戦争に必要なメディアであった。それにくらべて、ラジオ無線を用いた電信は、まだ技術的に未熟な部分も多い。不確実なテクノロジーを導入することが、軍隊組織に混乱を引き起こす危険性は大いにあった。さらにいえば、無線テクノロジーは、有線テクノロジーとはかなり異なる人員・機材の配置を要求する。無線テクノロジーの導入が、有線テクノロジーをめぐって形成されてきたそれまでの権力・勢力関係を突き崩してしまうことがもっとも恐れられたのである(47)。

第一次世界大戦においては、戦闘機や軍艦、戦車などの移動兵器の保有台数、配置状況が、戦略の死命を制することになった。このために、移動兵器とのコミュニケーションを可能にするラジオ無線電信は、開戦後の切迫した状況のなかで、最終的には積極的に研究開発され、大量生産されることになった。ただし、無線電話の方は、最終的には副次的なものにとどまった。肉声が聞こえることより、モールス信号の方が都合がよかった。戦時下、遠隔地の兵士同士の会話は、盗聴される危険性が大きすぎたのである。

ラジオ無線による音声の送受信がはらんでいた可能性と、それをめぐる人々の想像力は、既存の電信・電話メディアの体制によって枠づけられ、あるいは戦争を契機に産業的編制を受けるなかで、ほとんど忘れ去られることになった。また奇妙なことに、電話や蓄音機において顕在化していたはずのマス・メディアの可能性も、まったくといっていいほどラジオ無線の領域に受け継がれなかったのである。

国有化構想とRCAの設立

一九二〇年三月一日、全米のラジオ無線局は、連邦政府から民間へと返還された。市民の無線活動が許可されたのは、その半年前のことである。第一次世界大戦終了後、一年が経過していた。ラジオ無線を国家監理しようという動きが、連邦政府、陸軍・海軍のあいだで起こったため、返還はスムースにおこなわれなかったのである。ラジオ無線は、当局が権力掌握を望むくらい、十分に技術を蓄積し、生産能力を高め、戦時にその威力を発揮した。アメリカのラジオ無線は、他国と同様に第一次世界大戦をきっかけとして、国家によるなんらかの制度的規制を受ける事業となるよう枠づけられることになった。

ラジオ無線を国有化しようという構想は、その後のラジオ放送の展開と産業的発展を射程に入れて見直してみると、テレビジョンの登場期にまでおよぶ大きなインパクトをもっていたことがわかる。

第一次世界大戦は、欧米を中心としてひろがる「国際社会」という視野を、多くの人々にたいしてはじめて与えることになった。それはまさしく、世界の最初の大戦争、世界大戦だった。こうした「大社会」の出現と、そのなかでメディアが造成する疑似環境がはらむ問題の大きさをいちはやく指摘したのが、ウォルター・リップマンであった。[48] リップマンの指摘は、主に新聞ジャーナリズムをめぐって展開されていたが、ラジオはさらに「大社会」的なメディアであった。そして、ラジオ無線の国有化という発想は、こうした社会変化に深くかかわって生じてきたのである。新たに発見されたインターナショナリズムが、国家政策と産業論理をつらぬくナショナリズムと表裏一体だったということである。

国有化構想には、ふたつの側面が並存していた。[49]

第一に、イギリスのマルコーニ無線電信という外国企業によって、国内の無線通信事業、および国際無線通信事業が、事実上支配されていることにたいする反感があった。大戦直後の、アメリカのナショナリスティックな世論は、そのまま政府や産業界の人々の意見と一致していた。ただ、注意しなければならないことは、このナショナリズムにおいては、ラジオ無線がアメリカのものとなればいいのであって、それを国有とするか民間の手に委ねるかは、別問題だったということである。

これにたいして、ラジオ無線事業を、民間人の手に委ねるのではなく、連邦政府、あるいは軍部が掌握し、運営していこうという企図が第二の側面である。この背景には、第一次世界大戦において無線通信の軍事的重要性が明白になったこと、そして戦後の技術特許問題の再発にたいする懸念があったと考えられる。とくに海軍は、戦前の特許問題を打開した実績と、機械兵器としての船舶にとって無線通信システムが不可欠だったことから、強く国有化を主張した(50)。

ナショナリズムの気運を背景とする国有化の企図は、政治的対立と、論争を引き起こした。ビッグビジネスの立場は、もちろん民間企業としてラジオ無線事業をおこなっていこうというものだった。戦時下、みずからの利権を投げだしてまで、研究開発と生産体制の発展のために莫大な設備投資をおこなったのだ。もはや、資本の移動はできず後には引けない状態にあった。GEやウエスティングハウスにとって、ラジオは無線電信機器産業を意味していた。AT&Tにとっては、無線電話事業としての応用可能性がイメージされていた。ラジオ無線は、電話事業の市場を拡大していく媒介としてとらえられていた。いずれの立場でも、政府による生産管理体制がとられたばあい、総需要はあらかじめ限定されることになる。そうなると産業としての存立が、いずれ困難になることは明白だった。したがって、無線局と無線活動の民間への返還を要求するビッグビジネスの姿勢も、強硬なものだった。ラジオのメディアとしての可能性からするならば、当時のビッグビジネスには、明確な無線事業の経営形態や需要予測はなかったうえ、放送のような可能性もみえていなかった。しかし、利潤追求の立場から、少なくとも海軍が想定していたような、軍事技術にかたよったラジオの展開以上のものを望んでいたのである。

また、戦時中に無線通信士として従軍していた、全米各地の一万人におよぶアマチュア無線家たちの組織的な反対運動にも、大きな力があった[51]。無線局数が限定され、その活動が国営となることは、彼らにとっての生きがいであり職業であるものが、矮小化されることを意味していた。当時の無線通信士は、ヒーローであった。サーノフがタイタニック号事件のさいに活躍したことは、ラジオ無線の社会的意義を強くアピールした。彼らは、先端テクノロジーの担い手であり、技術を駆使して社会のために貢献することは、男らしさの象徴として人々の目に映った。多くの少年たちにとって、ラジオ無線は、成人男子への通過儀礼的な媒介装置となっていた。アマチュア無線家の社会的発言力は、今日では想像しがたいほど強かったのである。

民間がこのように公然と国有化に反対したことで、結果として議会も国有化法案を否決せざるを得なくなった。その背景には、私的企業の自由を最大限に尊重しようという、アメリカが培ってきていた経済民主主義の規範の存在も大きかった。有線電信・電話事業の国有化構想は、かつて何度も法案化されたが、それらはことごとく退けられてきた。その伝統が、ラジオ無線にも反映したのである。さらに、第一次世界大戦の終了とともに、ウィルソンのもとでの革新主義的政治体制は急速に衰退した。その後には、社会に産業経済を中心とした国内繁栄を期待する時代の雰囲気、すなわち「常態への復帰」へと流れていく潮流が満ちていたのである。こうした状況の経済社会からは、国家統制政策が積極的に展開される気運は生まれてこなかった。

アメリカにおけるラジオ無線産業は、民間の手に委ねられた。一九一九年一〇月一七日、海軍の介入によって、GEがアメリカン・マルコーニの株式を購入し、ラジオ・コーポレーション・オブ・アメリカ（RCA）が、デラウエア州に設立された。RCAは、同年一一月に、アメリカン・マルコーニの資産を吸収する。RCAは、私企業でありながら、政府・軍部の指導のもとで成立した、なかば官製の、政策色の強い企業であった。政府、産業界に共有されていたナショナリズムは、RCAの経営にも直接的に反映する。役員は、アメリカ国籍を所持する者に限られ、また役員会が望ましいとしたばあい、連邦政府の経営政策への参加介入が認められていた(52)。

RCAの設立にともない、連邦政府は一〇月に、市民の無線活動にたいする統制を解除した。人々は無線電信を再開するようになった。しかし、ラジオ無線での音声通信に注目し、それを楽しみやニュースのために使おうという発想は、ほとんど知られていなかった。

RCAと相互特許協定の成立

RCAの設立は、国内企業によるラジオ無線通信産業の育成目的とならんで、懸案となっていた技術特許の問題を解決するための準備作業という側面ももっていた。ビッグビジネスが、RCAの介在により、たがいに所有する特許を総合的に使用可能にし、開発・生産体制を独占的に整備しようというのだ。そのために相互特許協定成立のための画策が進められた。

一九一九年一一月にRCAは、GEとの相互特許協定を締結した。これによって、GEは、RCAの株式の大部分を買収し、実質的な親会社の地位を得ることになった。さらに、一九二〇年から翌年にかけて、AT&T、ウエスタン・エレクトリック、ウエスティングハウス、南米での果実のプランテーション生産と船舶による欧米市場への輸送のさいにラジオ無線を用いていたユナイテッド・フルーツの参加によって、相互特許協定が整備されていく（図表5参照）。協定に参加したビッグビジネスには、以下の権利関係が生じた(53)。

まず、一九世紀以来のライバル・メーカーであるGEとウエスティングハウスは、ラジオ無線受信機の独占的製造権を獲得した。RCAには、協定によって受信機の独占的販売権が与えられた。販売する受信機は、GEから六〇%、ウエスティングハウスから四〇%の割合で買い上げられた。一方、AT&Tと製造部門の子会社であるウエスタン・エレクトリックは、ラジオ無線送信機の製造、レンタル、販売独占権を獲得した(54)。これらの権利関係が、のちにラジオ無線がラジオ放送へと転換していったと

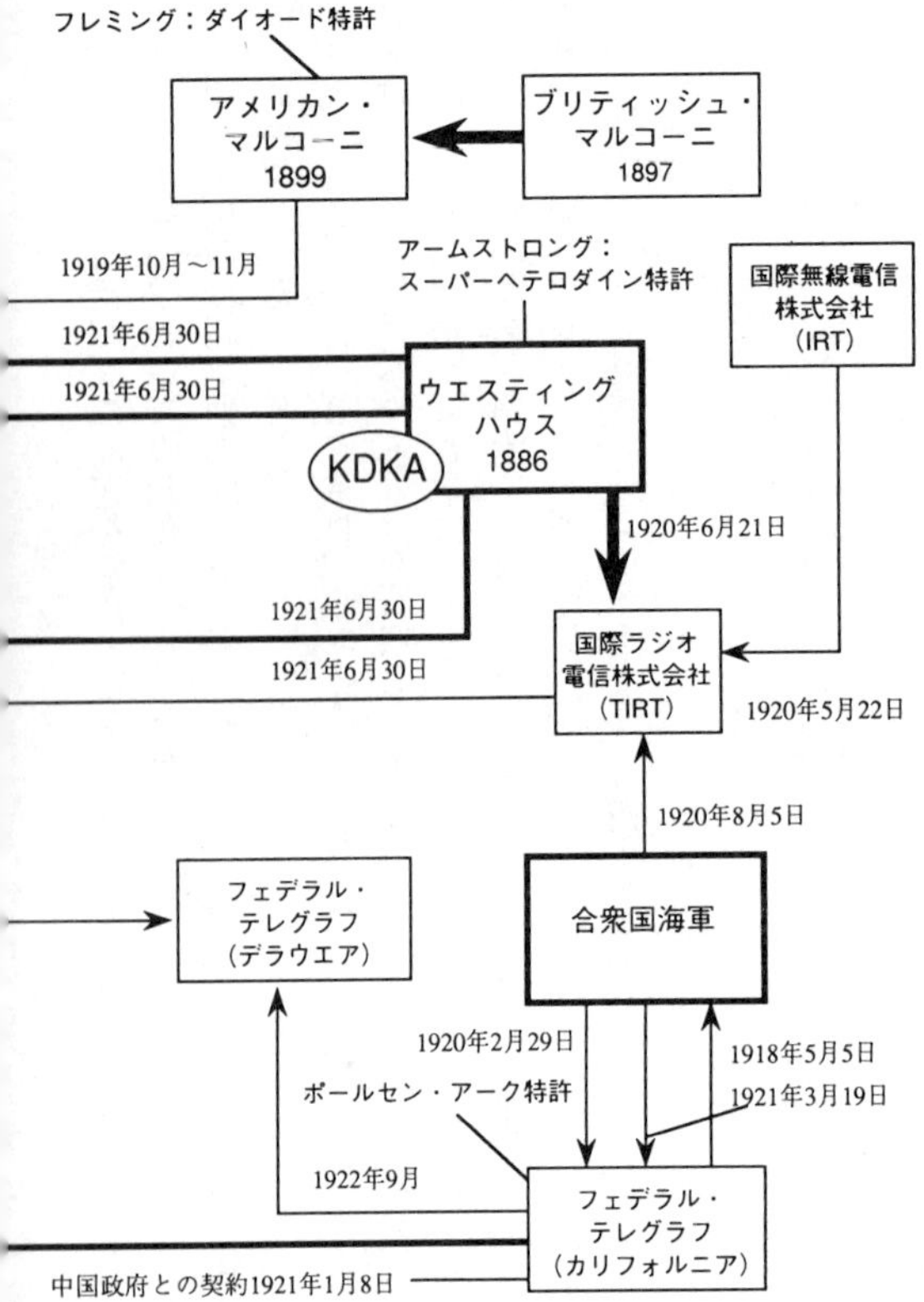

注：Sterling, Christopher H. and John M. Kittross, 1990, pp. 56-57 の図をもとに，Jome, Hiram L., 1925, p. 55 の図，および Federal Trade Commission, 1924，および Federal Communications Commission, 1941 を参照してまとめた。

図表5　1919-1921年相互特許協定相関図

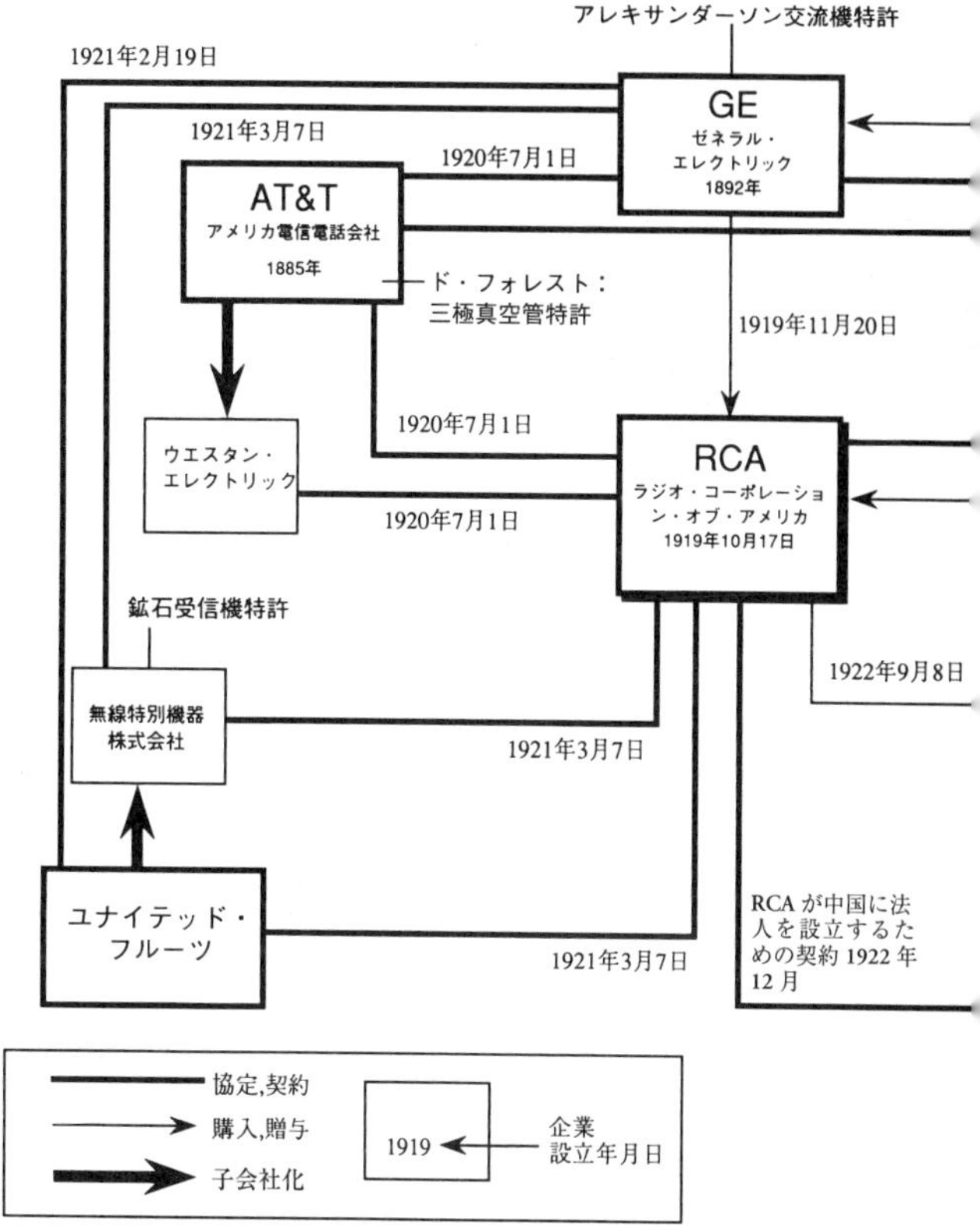
アレキサンダーソン交流機特許
1921年2月19日
GE
ゼネラル・
エレクトリック
1892年
1921年3月7日
1920年7月1日
AT&T
アメリカ電信電話会社
1885年
ド・フォレスト：
三極真空管特許
1919年11月20日
1920年7月1日
ウエスタン・
エレクトリック
RCA
ラジオ・コーポレーショ
ン・オブ・アメリカ
1919年10月17日
1920年7月1日
鉱石受信機特許
無線特別機器
株式会社
1922年9月8日
1921年3月7日
ユナイテッド・
フルーツ
1921年3月7日
RCAが中国に法
人を設立するた
めの契約 1922年
12月
協定,契約
購入,贈与
子会社化
1919
企業
設立年月日

き、きわめて重要な意味を帯びることになる。RCAの株式は、協定参加企業に分割して売却された。その割合は、普通株式五七三万四一九四株、優先株式三九五万五九七四株の両者において一定で、GEが二五・八％、ウエスティングハウス二〇・六％、AT&T（ウエスタン・エレクトリックを含む）四・一％、ユナイテッド・フルーツ三・七％、その他四五・八％であった(55)。

この相互特許協定によって、参加企業はつぎのような利権を獲得したといえる。GEは、RCAの実質的な親会社となり、アメリカン・マルコーニの資産をほぼ手中におさめた。また、AT&Tは、本業である電話事業にたいしてラジオ無線が脅威となることを、みずからの参画によって予防することに成功した。しかも、将来ラジオ無線が有望だということになれば、いつでも進出できる権利を得たのである。ウエスティングハウスは、苦しい立場に立たされた。協定への参画に立ち遅れたために、競合するGEに主導権を握られ、二番手の立場に甘んじなければならなかった(56)。

「一九一九―一九二一年相互特許協定」は、ラジオ無線をめぐる産業体制を、きわめて政治的に確立する決め手となった。新規参入の脅威は、少なくとも名目上は、著しく低減した。いうまでもなく、この協定は、ラジオ放送以前の産物だ。ところが、いちど効力を発揮したその内容は、ラジオ無線がラジオ放送へと転換した後も、大きな規定力をもつことになった。そこで成立した体制的構造性は、はるかに時代をくだりテレビの出現にまで影響をおよぼすことになる。

ただし、そうした長い射程のなかで協定がもった規定力とは別に、当時はそれがただちに産業的独占を生みだしたわけではなかったことにも留意をしておくべきだろう。二〇世紀初頭、アメリカのビッグビジネスは、絶大な力をもって独占支配体制を確立していたということが、なかば神話化されて語られることがある。しかし、少なくとも当時ニュー・テクノロジーであったラジオ無線にかんするかぎり、状況はまだまだ硬直化してはいなかった。その理由は、まず、広大な国土を保有するアメリカでは、相互特許協定に参加しない事業者が、契約条項など無視して、各地で自由にラジオ無線機の製造・販売をおこなうことが簡単にできたことにある。また、ラジオ無線が、いくら連邦政府や海軍によって戦略的・体系的にあつかわれてきたとはいえ、第二次世界大戦以後の水準とくらべれば、理論的に未知の部分も大きく、個別の偶発的な発見の幸運な組み合わせによって研究開発が進められるばあいが多かったこともある。協定は、新規参入と部門内競争の排除の必要条件とはなりえても、十分条件ではなかった。特許協定で一時の安定は得られたとはいえ、画期的なイノベーションによって、それが土台からひっくり返される可能性は依然高かったのである。

消費財産業の発達

ＲＣＡの登場によって、アメリカのラジオ無線は産業的に編制されるための基礎的な枠組みを与えられた。ただし、くり返しいうように、そこでのラジオ無線とは無線電信が基本であり、無線電話のばあいでも業務用のパーソナル・コミュニケーションがイメージされていた。このイメージは、定時放送のはじまりとともに一九二〇年代前半を通じて社会的に転換していく。それは、たんに文化の表層で起こったことではなく、この時期のアメリカの産業経済の転換と連動していた。フォーディズムが機能しはじめ、消費社会が出現する。ラジオ無線の転換の背景となる経済社会の動向のあらましを、跡づけていこう。

アメリカは、第一次世界大戦後、世界最大の債権国となった。戦禍で荒廃したヨーロッパ諸国への対外投資の増大によって、一九一四年に約三七億ドルの債務を負っていたものが、二四年には六九億ドルの純債権に転じたのである[57]。貿易収支は、すでに一九年に約四九億ドルの黒字となっていた。これは、その後第二次世界大戦時にいたるまでの最高額であった[58]。

アメリカは、第一級の大国となったのである。その基底には、戦時体制下で著しく増大した工業生産力があった。たとえば、製造業の総生産額は、一九一四年の九三億八六〇〇万ドルから一九年には二三八億四二〇〇万ドル、二五年には二五六億六八〇〇万ドルへと増大した。同業における動力機械の馬力数は、一四年の二一五七万馬力から二五年の三四三六万馬力へ増加し、このうち電動機の占める割合は、三九％から七三％へと高まっている。[59] エジソンの思惑どおり、電気が産業経済のインフラストラクチャーとなったのだ。また一九二〇年代に入り、はじめて工業生産総額が農業生産総額を追い抜き、アメリカは名実ともに工業国家となった。イノベーションの導入が、明らかに経済発展の原動力となっていた。

そして、企業の集中化と巨大化が進行した。一九一九年には、工業にかかわる全企業のわずか五％にすぎない、年生産額が一〇〇万ドル以上になる大企業が、全工業生産額総計の六八％を占め、全工業労働者総数の五七％を抱えていたのである。[60] 企業経営のレベルでは、新しいタイプの統合型企業が出現する。それまで、ばらばらな経済活動であった原料生産から製品販売までを統括し、全国的に拡張をとげた事業単位システムによって、大量生産を展開する。[61] 製鉄、食肉加工、鉄道、自動車、電気機器などの産業に現われたこれらの企業は、ビッグビジネスと呼ばれた。テレ・コミュニケーションの領域では、AT&Tがこれに該当していた。それぞれの市場は、これらの企業による寡占体制のもとで安定的に拡大する。今日までつづくフォーディズムの経済体制が形成されはじめたのだ。

一方、連邦政府・州政府の立場は、概して弱かった。セオドア・ルーズベルトの大統領時代に確立された、企業にたいする政府の優位と、市場独占にたいする一定の規制力は、ウィルソンの標榜した革新政治の失墜、共和党の保守政治の台頭とともに、低落していく。そうしたなかでハーバート・フーバーは、実利を重視した産業育成政策を導入した。フーバーは、「ベルギー救済委員会」の委員長を務めた後、ウィルソンのもとで食糧庁長官として手腕を発揮し、ウォレン・G・ハーディング政権下で商務長官を務めた人物である。もともと彼は、オーストラリアで鉱山開発の技術者として身を立て、世界屈指の鉱山実業家にまで上りつめたキャリアの持ち主であった。腕っぷしの強い、実践に裏打ちされた経済民主主義の思想を体現した男だった。一九二〇年代のアメリカの産業政策は、概して自由放任主義の時期にあったということで一括されることが多い。そのなかにあって、フーバーは、連邦政府の積極的援助による産業育成政策を主導し、それまでとは異なる経済行政を展開した。とくに、戦時の政府による産業統制がもたらした産業合理化をさらに促進させることで、経済発展に貢献しようとした。結果としてこの政策が、企業の独占集中化を促すことになった側面もある。(62) のちに、アメリカの放送行政はフーバーの手で秩序づけられていくことになる。

資本は、多様な耐久消費財生産の領域へと移動を開始していた。企業は、組織的な研究開発によって新製品を開発し、大規模な広告・流通政策によって消費者市場を開拓して資本の蓄積をはかるシステムへと展開した。[63]ラジオ無線機器と同様、軍需用品であった自動車、機械、化学工業製品は、民需用品、耐久消費財へと転換していった。電気機械工業、無線通信産業も、自動車、航空機、石油・プラスティックなどの化学工業と同様、新興産業として台頭してきた。戦時に増大した工業生産力は、耐久消費財産業の発展を促していた。第一次世界大戦において見いだされた機械テクノロジーが、人々の生活文化のなかに姿を現わしはじめたのである。その代表例が、自動車、住宅、そして家庭電化製品だった。それぞれの発展状況を跡づけておこう。

まず自動車の生産台数は、一九一九年の五四万八〇〇〇台から二〇年には一九〇万五五〇〇台、二五年には三七三万五一〇〇台に増加した。[64]自動車は、複雑な構造をもつ総合的な工業製品である。そのため、ゴム、ガラス、工作機械、電気機械などの関連産業の生産拡大と投資増大をも引き起こした。さらに、プランテーション経営や下請け作業などを分担する南米や東南アジア諸国をもまきこんだ世界的なフォーディズムの産業連関を形成する。また、自動車の普及は、自動車販売業、ガソリン生産のための石油精製業、トラックを利用した運輸業などをさかんにし、チェーンストアのような流通業を発達させた。そして、道路や郊外宅地の建設をも著しく増進させたのである。

次に住宅産業の発達がある。新規住宅建設額は、一九二〇年の二二億八一〇〇万ドルから二六年には第二次世界大戦前の最高額である五七億三七〇〇万ドルへ、新規住宅着工数は、二〇年の二四万七〇〇〇戸から二六年には八四万九〇〇〇戸へと拡大した。新規建設総額は二〇年の六七億四九〇〇万ドルから二六年には一二〇億八二〇〇万ドルへと増加しており、その主な原因が住宅建設の急増であった(65)。住宅産業もまた、自動車と同様、電力、鉄鋼、木材、セメント、ガラスなどの関連産業の発展を促進する。住宅は、人々の消費生活の基本であり、ラジオや電話、家庭電化製品の「容れ物」となった。

そして第三はGE、ウエスティングハウスをはじめとする家庭電化製品、またAT&Tに代表されるテレ・コミュニケーション産業の発達である。その前提となった電力利用は、一九一〇年の六二二万八〇〇〇W/Hから、一〇年後には一七五〇万W/H、二〇年後には四三四二万七〇〇〇W/Hにまで拡大した。家庭電化製品の生産は、二一年の六三二〇万ドルから、二九年には一億七六七〇万ドルへと推移した(66)。

ラジオ無線機の工場生産額は、一九二二年の五〇〇〇万ドルから、二九年には六億ドルに増加している（図表8参照、九三頁）。もちろん、市場のキャスティングボードはRCAが握っていた。業務内容は、船舶への無線機器の供給、船舶間および船舶と海岸局間の無線通信サービスの維持、大洋間における地点間通信サービス活動、そしてアマチュア無線家向けの無線機器部品販売などである。一九二一年の大洋間通信事業の総売上げは二一三万八六二六ドル、ラジオ無線機の総売上げは、一四六万八九二〇ドルだった(67)。RCAは、国際通信を核とする無線テレ・コミュニケーション事業を牛耳っていくはずであった。

ところが音声による無線通信は、やがてテレ・コミュニケーション以上の社会的活動領域を形成するようになる。放送である。

第Ⅱ章

ラジオをめぐる心象

1　KDKA――無線から放送へ

フランク・コンラッドと仲間たち

一九二〇年九月二九日、ペンシルバニア州ピッツバーグで発行されている夕刊紙『ピッツバーグ・サン』に、地元のジョセフ・ホーン・デパートがつぎのような広告を載せた。

エア・コンサート、ラジオで「受信」される

無線電話を通して、大気のなかで奏でられるビクトローラ（筆者注：ビクター社の蓄音機）の音楽が、最近、このあたりで無線実験に興味をもつ支援者たちの手で設置された、無線受信局の聴取者たちによって「受信」されています。コンサートは、火曜日の夜一〇時くらいに、二〇分間聴くことができます。プログラムは、管弦楽二曲とソプラノの独唱――大気のなかをひときわ高らかに、澄んだ音色で響き渡るのです――、そして若者向きの「おしゃべり」からなっています。

音楽は、ウィルキンスバーグのペン・アンド・ピーブルス街にある、フランク・

コンラッド氏の自宅の無線電話の送信機のそばに置かれたビクトローラからのものです。コンラッド氏は、無線マニアで、無線機をもつ近隣のたくさんの人々の楽しみのために、定期的に無線コンサートを「上演」しています。

ただいま当店で売りだしているアマチュア無線機は、メーカーであらかじめ組みたてられており、一〇ドルからの値段で販売されています。

西地下売り場(1)

フランク・コンラッドは、ここに登場している「無線電話局」を、第一次世界大戦の前から運営していた。彼は、ウエスティングハウスの無線部門の責任者として、ピッツバーグで同社製の無線機SCR69、SCR70のテスト実験をおこなってきた。ところが、戦後同社は無線市場の将来性をみかぎって実験を中止し、コンラッドをスイッチ部門に転属させてしまった。それでも彼は、仕事を終えた後に、ウィルキンスバーグにあった自宅のガレージで、独力で無線送信の実験をつづけていたのである(2)。

コンラッドは、戦後の実験で新たに真空管を使用し、音声送信を中心に研究を進めていった。実験の素材として、レコードや短いおしゃべりなどを流すようになった。彼のまわりには、ウエスティングハウスの同僚、無線通信士として徴兵され知り合った戦友たちや、近隣でメッセージを受信したアマチュア無線家たちがしだいに集まりはじめ、マニアのコミュニティが形成されるようになった。彼は、七年生で学校をやめた後、ウエスティングハウスに入社した、たたきあげのエンジニアだった。まじめで、週末も休まずガレージにこもる。そうしてはぐくんだ音声送信技術は、ラジオ無線に関心のない一般の人たちが聴いても楽しめるぐらいの水準にたっするようになっていた。噂を聞きつけたハミルトンという音楽店が、放送用にレコードを貸しだすかわりに店の名前をラジオで流してくれと申しでてきた。息子のフランシスのピアノ・ソロを流してもみた。放送は、はじめは不定期であったが、徐々に毎週土曜日の夕方に定時化され、さらにウィークデーへと拡大されていった。こうして発達しつつあった話題のコンラッドのラジオ無線プログラムが聴けることを材料にして、地元のデパートが、無線機器の販売促進をもくろんで広告を打ったというわけである。

販売促進媒体としてのラジオ

この広告をみた、コンラッドの元上司で、ウエスティングハウス社副社長のH・P・デービスには、ひらめくものがあった。

恒常的な活動計画もないような状況で、デパートが、ラジオ無線機の販売広告を打って採算がとれると判断するくらいなら、私は、定時放送サービスが、受信機の売

上げとウエスティングハウスの広告収入によって、十分まかなえると確信している。(3)

デービスは、翌日すぐにコンラッドら関係者を集めて会議を開く。そしてウエスティングハウス製のラジオ受信機セットの販売促進と、同社のPRを目的として、ピッツバーグに放送局を設立し、受信状態のよい夜間だけでなく状態のよくない日中にも「定時放送」を開始すること、最初の放送の日を、一一月二日の大統領選挙の開票当日にあてることを決めた。この提案は実行され、ピッツバーグの放送局は、一〇月二七日に、商務長官からKDKAというコールレターを与えられる（**図表6**）。一一月二日には、オハイオ州選出の上院議員ウォレン・G・ハーディングと同州知事ジェームズ・コックスのあいだで戦われた大統領選挙の結果報告が、コンラッドを中心にドナルド・リトル、ジョン・フレイジャー、レオ・H・ローゼンバーグらのスタッフによって、夜八時から真夜中まで放送された。彼らは、地

図表6　KDKA局の内部

元朝刊紙『ピッツバーグ・ポスト』の編集部に入る速報を電話中継して読みあげ、あいまの時間には手動蓄音機で音楽を流した。結果は大成功である。各地の新聞・雑誌にとりあげられ、全国的な宣伝効果をもたらした。デービスの構想は予想以上の成功をおさめたのである(4)。

ウエスティングハウスは、相互特許協定への参加が遅れたことによって、大戦後の無線通信産業領域では明らかに劣勢に立たされていた。ラジオ無線は、テレ・コミュニケーションである。そして国際通信においてもっとも将来性があると考えられており、この産業領域を想定して設立されたのが国策会社ＲＣＡであった。ＲＣＡとそれを支えるＧＥ、ＡＴ&Ｔの独占体制は、同社にとってあつい壁だった。ＫＤＫＡは、そんなウエスティングハウスが発見した、まったく新しいラジオ無線の可能性のあらわれだったのである。

ＫＤＫＡの成功を受けて、ウエスティングハウスは、一九二一年九月、マサチューセッツ州スプリングフィールドにＷＢＺ、ニュージャージー州ニューアークにＷＪＺを開局した。ＷＪＺは、のちにＮＢＣのブルー・ネットワークのキー局となる由緒正しい放送局である。しかし、当初はニューアークにあったウエスティングハウスの工場内の女子トイレをカーテンで仕切った、ほんの小さなスペースではじまった(5)。

ＫＤＫＡは、これまでの一般的な放送史においては、世界で最初の放送局として紹介されている。ところが、実際のところ一九二〇年前後のアメリカでは、各地でたがいにまったく関連のない人々が、ほぼ同時期に放送をはじめていた。多くの者は、戦時に海軍によって召集を受け、養成された無線通信士としてのキャリアをもっていた。KDKA開局の二カ月前には、『デトロイト・ニューズ』紙の8MKが開局している。一九二一年一二月三一日までにパブリック・サービスを目的として免許を取得した放送局は、商務省の記録によれば九局存在していた(6)。

アメリカの放送のはじまりのこうした状況は、一九二〇年代にあいついで放送事業を開始したイギリス、ドイツ、フランス、イタリア、日本などとくらべると、特徴的である。これらの国では、多かれ少なかれ国家の介入による放送の計画的運営が進められていたが、アメリカではすべてが混沌としていた。あるいは市民、民間レベルから、メディアが生成発展したともいえる。こうなったことについては、いくつかの理由があった。まず、当時のラジオ無線に適用されていた「一九一二年無線法」のもとでは、個人や私企業などの民間主体が、最低限の資格基準を満たすばあい、基本的には自由に無線局、放送局開局の免許を取得することができたのであった。また、国土がけた違いにひろいこと、その全体を統治する連邦政府の権限が、ニューディール政策以後にくらべて明らかに弱かったことなどもあげられる。海軍を中心に養成された約一万人の無線通信士は、広大な北米大陸に散在するコミュニティにもどって、自由にラジオをはじめることになったのである。

大衆＝リスナーの発見

ＫＤＫＡを最初の放送局と断定することには多くの疑問ものこるうえ、一九二〇年代を通じて無免許局もきわめて多かったことなどを考えあわせると、ＫＤＫＡにことさら大きな意味を見いだすことはできないようにも思われる。しかし、メディアとしてのラジオと、放送のその後の展開を見通す視点に立つとき、この放送局はつぎの三点においてそれまでにはない、新しい特質を備えていたことがわかってくる。

第一に、これは当たり前のように今日考えられていることなのだが、ＫＤＫＡは定時放送をおこなっていた。最初は、技術的な理由から毎週決まった日時の一定時間にサービスをおこなうようになった。音声がたしかに受信されているのか、どの程度の音質で、どのくらいの範囲にまで到達しているか、そういったことを確認するためには、一定の時間にメッセージが流されていることが、あらかじめ送り手と受け手のあいだで共通に確認されていなければならない。いわば時間のコードの成立が、やがてテスト用に流される音楽やおしゃべり、簡単なニュースを楽しむ人々をはぐくむことになる。サービスの時間が決められていなければ、音の中身を楽しむ姿勢は生まれてこない。彼らはアマチュア無線家からは区別され、リスナー、聴取者と呼ばれて、数年のうちに限りなくアメリカ民全体に近い概念となっていくのである。

つぎに、KDKAは、産業活動の一環として放送をおこなった最初の局であった。その前後に開局していた、他のすべての放送局は、テクノロジカルな知的好奇心の結果として生みだされるか、あるいは漠然と単発的な宣伝効果を期待することで成り立っていた。現にコンラッドが独力で運営していた無線局の8XKは、彼の純粋なエンジニアとしての研究心に支えられていた。一九〇六年に公開実験をおこなったフェセンデンは、それを公衆サービスとしてではなく、技術のプロモーションとしてとらえていた。8MKを運営した『デトロイト・ニューズ』紙は、一種のイベントだと考えていた。これにたいして、KDKAは、ウエスティングハウスという電気機器製造業者によって、自社商品であるラジオ無線機の需要創造、販売促進のためのメディアとして、経営活動上明確に位置づけられ、運営されていたのである。[7] 放送局運営の目的がどの程度はっきりしていたかということは、数年後に収益システムが論議されるさいに、とても重要な問題となってくる。

三点目は、KDKAが、史上はじめて大衆を受け手として想定していたことだ。[8] 一九二〇年当時、出力一〇〇ワットのKDKAの可聴圏内には、およそ五〇〇〇から一万台のラジオ受信機が存在していたが、いずれも、いつかは送信機も手に入れたいと願っているマニアによって所有されていた。ウエスティングハウスは、そうしたマニア、アマチュア無線家を対象としていたのではなかったのである。人口比からすれば五〇〇〇や一万などたいした数ではない。同社は、一般大衆の需要をほり起こすために放送サービスをはじめた。ラジオ無線にかんする技術的知識をもたない、あるいはそんなことに興味のない普通の人々をリスナー、聴取者にすることを企図したのである。KDKA以外の局にとって、放送の受け手が、送り手とほぼおなじレベルの知識をもったアマチュア無線家であることは、当たり前の前提であった。8MKでは、聴取者を「無線通信士」、ラジオ受信機を「受信局」と呼んでいた。それまで大衆は、アマチュア無線家が組みたてた受信機を遠巻きに眺め、おそるおそるイヤフォンを耳にあて、遠くからかすかに聞こえてくる肉声や音楽に驚愕していた。しかし、テクノロジーにたいする驚きがなくなりはじめると、こんどは聞こえてくる音の中身に楽しみや喜びを感じるようになっていく。ラジオがマス・メディアとなっていく基本的要因が、ここに生じたのである。

放送への対応

KDKAからはじまった、ウエスティングハウスによるラジオ無線のパブリック・サービス活動の成功は、関連領域にどのような反応を引き起こしたのだろうか。まず、「一九一九―一九二一年相互特許協定」によって独占体制を固めていたRCA、GE、

AT&Tなどが、ウエスティングハウスの参入にたいして門戸を開くことになった。(9)これは、同社がそのときまでに、ラジオ無線の検波・受信のためのシステムである、エドウィン・アームストロングが開発した「スーパーヘテロダイン」の特許を取得していたことにもよっている。しかし、定時放送の開始が大きな要因となったことはいうまでもない。ウエスティングハウスは、放送を定時化するためのノウハウの面で、他社に先んじていたからである。同社は、それまで国際通信というごく限られた市場を想定して育成されてきたラジオ無線技術が、大衆消費財として、けたはずれの潜在的需要を秘めた市場をもつことを発見したのだ。立場は一転し、一気に他社をリードすることになる。

一方、協定に参加していた他のビッグビジネスの経営陣は、KDKAの大統領選挙速報などの成功が耳に入ったあとも、しばらくのあいだラジオ放送への転換の重大さを認識できないでいた。

「ラジオ・ミュージック・ボックス」を提言していたサーノフのような人材を擁しながら、RCAは、その設立目的である国際通信事業以外の活動には、ひどく無関心だった。同社からすれば、彼らこそがラジオ無線の専門家集団なのである。ラジオ放送は、技術の周縁から湧きだした「おあそび」にすぎないのであって、このニュー・テクノロジーの未来を左右するようなものであるはずがなかった。こうした社内認識のために、RCAのラジオ放送への進出は遅れた。一九二一年一二月、KDKA開局から一年以上も経って、ようやくニュージャージー州ロセル・パークにWDYを設立する。ところが翌年二月には活動を中止してしまい、同じくニュージャージーでウエスティングハウスが経営していたWJZの運営費を折半することで放送事業に参加するという、どちらかといえば消極的な姿勢をみせていたにすぎない(10)。

GEは、天才的経営者トマス・エジソンが、エレクトリック・テクノロジーのヘゲモニーを握るために、近代的エンジニアリング組織として設立したメンローパーク研究室などの後継企業であり、電力事業、電球事業をはじめとする多くの分野でウエスティングハウスのライバルとみなされてきた。こちらも、KDKAに遅れること一年半、ようやく一九二二年二月二〇日に、ニューヨーク州スケネクタディにWGYを開局している。これは、RCAがWJZの経営に参加したのとほぼ同時期だった。つまり、GEとRCAは、ラジオ放送の行く末にたいして、ずいぶん慎重に、あるいは鈍感に対応したといえる。現代のマス・メディアやメーカーが、および腰でニュー・メディア、マルチ・メディアの領域へと参入し、とりあえず座席だけでも確保しておこうとする態度にも通じている。ただしWGYは、送信機の出力だけは一五〇〇ワットを誇り、その放送は、西海岸や遠く離れたイギリスのマニアによっても受信されていたという(11)。

これにたいして、AT&Tの対応は違っていた。放送局開局こそ一九二二年八月と早くはないのだが、GE、RCAが、とりあえずライバル・メーカーに後れをとらないがために放送事業に参入していたのにたいして、AT&Tにははっきりとしたビジョンがあった。ラジオは、線のない電話、無線電話である。だから、放送用のネットワークは、これまでの有線テレ・コミュニケーションの公衆ネットワークの延長上にあると考えたのだ。したがって、自分たちには、放送ネットワーク事業の独占権があるという見解が示された。そしてⅢ章で検討するように、ニューヨークにWEAFが開局されたのである。[12]

ところで、こうしたビッグビジネスの動向が、ニューディール政策以前のアメリカにおいて、けっしてラジオ無線と放送事業の全体を左右するほどの影響力をもつにはいたっていなかったことにも留意しておく必要がある。各地では、依然としてさまざまな人々がばらばらにラジオ無線を楽しんでいたのであり、KDKA以後も、純粋に科学的関心からラジオ放送をはじめる者や、イベントやプロモーションに利用するデパートや遊園地などの事業主体などは、あとをたたなかった。KDKAは、そうした多様な主体のラジオ無線をめぐるさまざまな試みのひとつにすぎなかった。

アメリカのラジオは、一九二〇年代はじめ、ゆっくりと動いていった。二二年一月の時点で、商務省が免許を与えた放送局数は三〇、同年のラジオ受信機生産台数は一〇万台だった（図表7、8）。これまで、KDKAの成功が大々的にクローズアップされ、アメリカの放送は一九二〇年代に入ると同時に大普及したかのように語られてきたが、じつはそうではない。最初の二、三年は、ラジオ受信機の普及スピードは、ほとんど加速しなかったのである。その理由は、三つ考えられる。

まず、ウエスティングハウスをはじめとする電気機器メーカーが、いまだ大衆消費用の受信機セットの市場性に疑いを抱いていたこと、そのために大量生産が可能な工場体制を確立できず、ほかならぬラジオ受信機そのものが、人々の手に入りにくかったことである。[13] 次に、初期の放送の内容が、送受信実験の域を出ないものであり、せいぜい蓄音機の音楽か、簡単なアンサンブル、技術にかんするおしゃべり程度のもので魅力的ではなかったこと、そして番組編成などの概念もなかったことも大きい。人々は、無線で音が伝わることに驚く以上に、放送内容そのものに興味をもちはじめていたが、ソフトウエアがそれに追いついていなかったのである。エーテルを伝わる音声を時間枠に押しこむ、放送のプログラムという考え方が積極的に展開されるのは、もう少しあとのことだった。三つ目に、マクロな経済動向の次元からすると、一九二〇年に発生した戦後恐慌が翌年までつづいており、工業生産と設備投資は低下していた。このこともまた、電気機器メーカーのラジオ受信機生産にたいする新規投資と、民間の放送局開局の動きを抑制する要因としてはたらいていたのである。

図表 7　ラジオ局数の推移

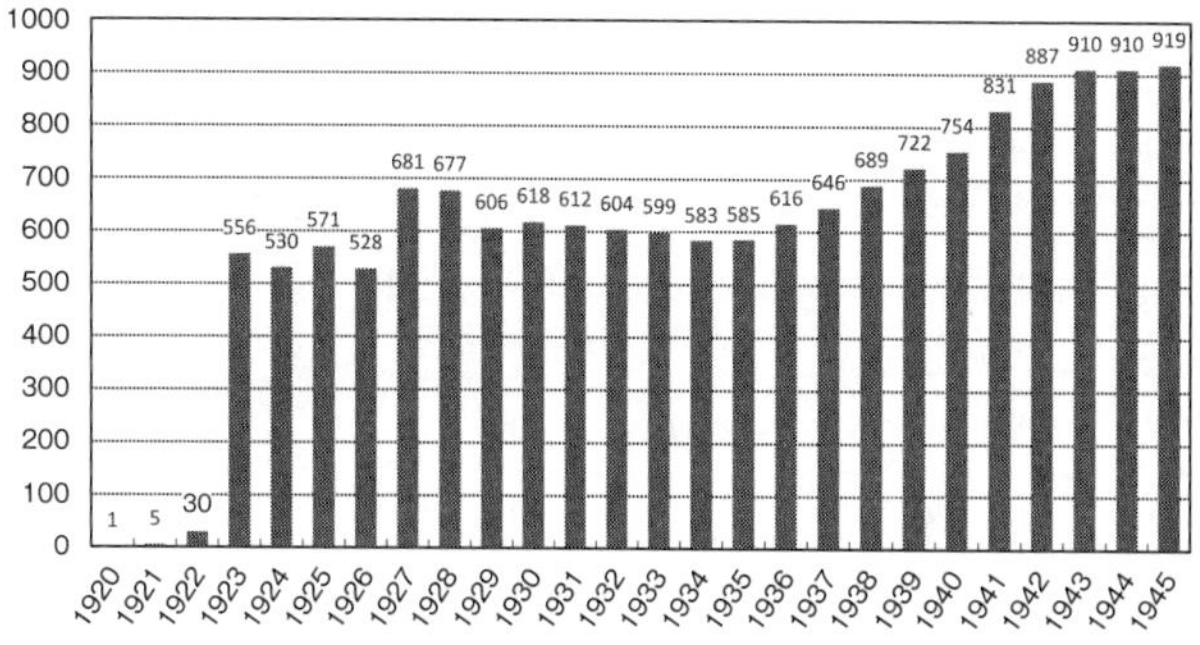

注：(1)　Sterling, Christopher H., 1984, p. 5, Table-A より作成。
(2)　1921-26 年数値は，商務省調べ。1927-34 年数値は，FRC 調べ。1935-44 年数値は，FCC 調べ。
(3)　免許の有無にかかわらず，各年 1 月 1 日現在で稼働していた局数。

図表 8　ラジオの生産台数，生産額の推移

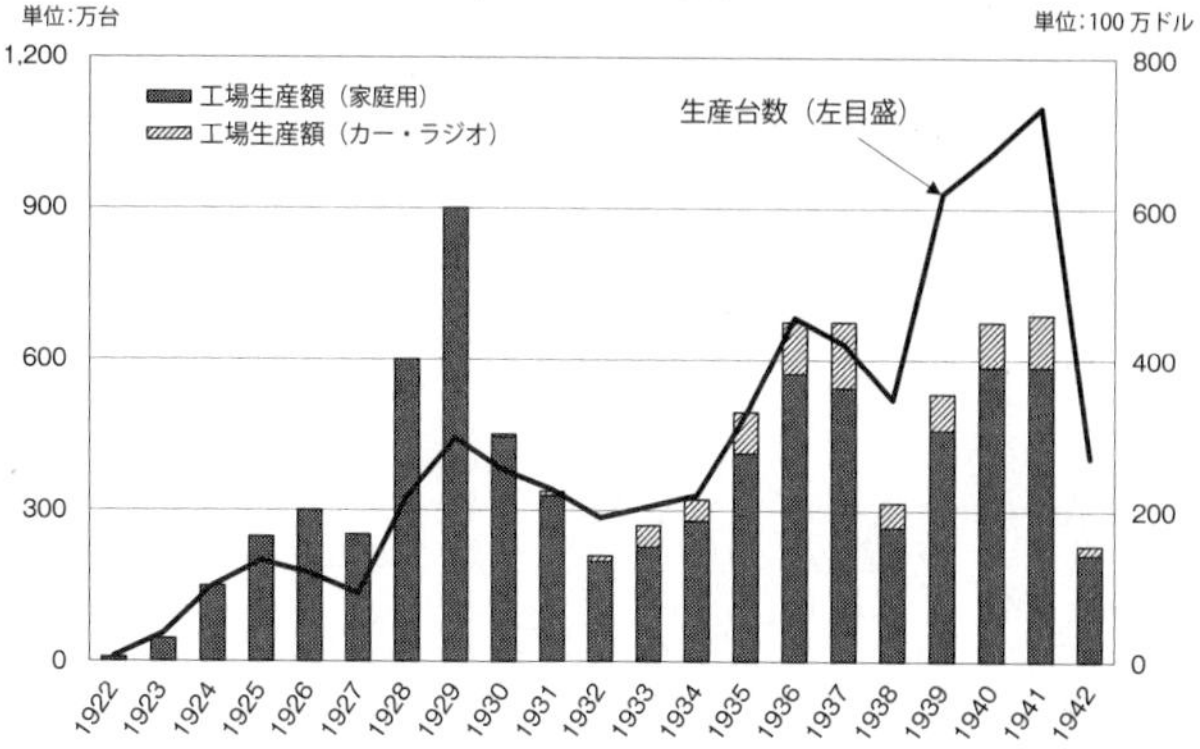

注：(1)　Sterling, Christopher H., 1984, pp. 212-214, Table 660-A, 660-B より作成。
(2)　Broadcasting Publications Inc., *Broadcasting Yearbook* 1977, pp. C-310 に引用された Marketing World Ltd. の推計値。
(3)　ここでいうラジオとは，すべて放送受信用機器のこと。

2　ガレージからリビングへ

ラジオへの憧憬と神秘感

放送がはじまったころ、このニュー・メディアにたいして人々はどのように感じ、どのようにふるまったのだろうか。ラジオ受信機の世帯普及率が一〇%にたっする一九二五年くらいまでの状況を、再現してみよう。

多くのアメリカ人にとって、ラジオ無線は、十分に神秘的だった。すでに述べたとおり、マックスウェルが予言し、ヘルツが実証した電磁波を媒介とする音声送受信技術は、中世以来のロマン主義、キリスト教的思想のなかではぐくまれた神秘的、宗教的なイメージのなかでとらえられた。人々は、肉体を離れて聞こえてくる声を、エーテルを伝わる神の声のようなものとして受けとっていたのだ(14)。人々の意識は、第一次世界大戦前のド・フォレストやフェセンデンの実験のころと変わりがない。むしろ、放送を通じてラジオ無線技術が大衆化したことによって、エーテルをめぐるイメージは、より一般化していた。オカルト的で、超自然的な観念が、ラジオ放送を認識するための下絵となったのである。一九二八年、ハーバード大学ビジネススクールが主催した、ラジオ無線・放送産業の功労者をたたえる講演会の席上で、法律家のスティーブン・デービスは、「大気の法律（The Law of the Air）」という講演をおこなった(15)。当時すでに、ラジオ放送は、ほぼ人々の生活文化に浸透していた。彼は、みずからの講演題目に言及して、無線通信関連の法律用語として、「大気」、「エーテル」が、非科学的で不正確なものであることを認めながらも、人々の日常用語として定着してしまっていることから、それを使うことに実用的有効性が十分にあると考えている、という前置きをわざわざ述べている。エーテルとラジオの音声の神秘的なむすびつきをめぐる想像力は、ラジオが当たり前のものとなり、その神秘性を薄められた現在になっても、「オン・エア」といったコトバとして残存している。また、通信衛星を用いてケーブルテレビに映像ソフトを供給する「スペース・ケーブル・ネットワーク」が構想される現在、「スペース・シャワー」、「星から降らせる」といった表現が、多少ロマンティックな意味合いを帯びて、業界関係者のあいだで用いられていることは、この時代の「エア」、「エーテル」と似た状況にあるといってよいだろう。おそらく、エーテルをめぐるテクノロジカルな社会的想像力は、一九二〇年代を通じて徐々に薄められながら、広告空間における消費イメージへと転換していったのである。

ラジオというニュー・テクノロジーを古くからのイメージによって受けとめながらも、人々の身体感覚が新しく変容していく状況は、ひろく社会に通底していた。ただしラジオは、それに接する人々の所属階級、職業、ジェンダーなどの違いによって、異なる意味を帯びることになる。

まず、アマチュア無線家たちのあいだでは、ラジオ放送は、無線活動のひとつの応用領域にすぎないものだと考えられていたようである。[16] それは、彼らがなによりも、ラジオ無線を科学技術としてとらえていたからにほかならない。彼らの関心は、メッセージを受けることだけではなく、メッセージを送ることにもあった。メッセージの送信と受信は等価だった。多くのマニアたちが、放送局の運営をリードすることになった。彼らの認識からすれば、ラジオから情報発信機能を捨てさってしまい、受信だけを目的とすることは、より受動的な低次元の意味合いしかもたなかった。受信機しかもたないマニアは、いずれは送信機も手に入れ、操作できるようになりたいと思っていた。リスナーという言葉は、やや軽蔑的に使われた。一般の人々からすると、アマチュア無線家たちは、ラジオを自在に使い、エーテルを自由に飛翔できるヒーローであった。ラジオ・コミュニケーションには、夢と冒険があふれていたのである。この様子を、社会史家のキャサリン・コバートは、つぎのように表現する。

一九二〇年代初頭のアマチュア実験家が、ガレージや、屋根裏のベッド・ルームに座って、配線やコイル、バッテリーなどからなる摩訶不思議な回路を組みたててるとき、彼は、興奮とドラマと力の世界に生きることができたのだった。彼は、時空を超えて自在に意志をはたらかせることができた。何マイルも離れたところへ声を送ることができた。そんな貴重な想像力の時間のなかには、象徴的な拡張、攻撃、責任と行為がみられるのである。「男らしい」という表現が、まさにぴったりだった。[17]

マーシャル・マクルーハンが強調した、身体の諸器官の拡張装置としてのメディアは、こうした始原的なラジオのありようにおいて具現化していた。

ところが、ラジオの大衆化は、一方向的なマス・コミュニケーションの大衆化につながった。ラジオ無線からラジオ放送への転換の過程で、アマチュア無線家は一様に、大きな失望感、喪失感をあじわっている。放送は、彼らが理想としていたラジオ・コミュニケーションのあり方を、堕落させる手法だったのである。新しいコミュニケーション・テクノロジーやメディアは、普及するにつれて、初期にかかわっていた少数の人々の理想主義的なビジョンからズレながら生成発展し、やがて資本の運動と連動しながら、私たちの生活世界の隅々にまで浸透していく体制的構造物となってしまう運命を背負っているのだろうか。

アマチュア無線はハム、CB無線のようなかたちで今日にいたるまで脈々とその活動を維持してきている。一九七〇年代後半以降に、イタリア、フランスやベネルクスでさかんになった「自由ラジオ」にも、そうしたテクノロジカルな理念は受け継がれていた。また、ラジオにたいする楽しみが、徐々に番組内容そのものに移行していった後も、音声をキャッチすることの技術的な楽しみを、純粋にきわめようという趣向をもった一群もいた。彼らは、きわめて遠くからの電波をキャッチすること、いわゆる「ディクシング（DXing）」に熱を上げるようになる。これもまた、一九七〇年代に海外短波放送を受信して手紙を送り、ベリカード（受信確認証）を手に入れることを楽しむBCLとして再燃し、今日までつづいている。(18)

アマチュア無線家の大半は、みずから放送局をもつにはいたらなかった。だが、彼らは近隣放送局のエンジニアたちの協力者であり、ときには共同開発者だった。AT&Tは、WEAFの前身である2XBにおいて、一九二〇年から試験放送を開始しているが、2XBの技術者たちは、近隣のアマチュアからの手紙やレポートに頼って研究開発を進めていた。たとえば、コネチカット州スタンフォードから、一九二〇年三月六日付でつぎのような手紙が寄せられている。

昨晩、一九二〇年三月五日の午後一一時四〇分と、一二時ちょうどに、私はあなたがたが実験室から送信された無線電話の信号を受けとりました。最初にアーク・セットの音を、その後に声を聴きました。その声は、口笛のようにはっきりとしていて、まるであなたがすぐそばにいるように思えました。もし誰か聴いていたら、自分に知らせてくださらないかと言っているのが聴こえました。たぶん、どのくらいの距離までカバーしているかを知りたがっているのだろうと考えました。

月曜の夜に一五分間、一二〇〇メートルの波長を使ってもう一度実験をおこなうと言っているのも聴きましたよ。そのときも聴くつもりです。できることなら、そのときの実験のなかで私の名前を呼んでくれませんか。誰かが無線電話で自分を呼んでいるのを聴くと、いったいどんな気持ちがするのか試してみたいのです。私はアマチュア無線家で、現在は大きな受信機しかもっていません。月曜の夜にあなたの声を聴くことを楽しみにしています。(19)

こんなマニアの手紙のなかに、やがて実験素材であったレコードの特定の曲名をリクエストするものが、混じるようになる。手紙というメディアによる応答行動は、のちに放送がエンターテイメント・メディアとなっていく過程で、ディスクジョッキー、スターへのファンレターやリクエストカードへと姿を変えていく。すなわちラジオが一方向的なマスメディアになったあとも、一部のリスナーは手紙の応答によって、なんとか双方向性を保とうとしていたのである。手紙のメッセージはまた、マーケティング調査が発達しはじめる一九三〇年代なかばにいたるまでは、リスナーの動向を把握するための、ほとんど唯一の手段でもあった。

ガレージからリビングへ

それでは、普通の人々――テクノロジカルな知識や興味を特別にもっているわけでもなく、一九二〇年代の都市化、大衆化の波にさらされながらも、依然として伝統的なコミュニティのなかに生きていた大部分の人々――の反応はどうだったのだろうか。多くの人々は、第一次世界大戦で活躍し、また活躍したと宣伝された、エンジニアやアマチュア無線家たちを、英雄視し、尊敬のまなざしで眺めていた。彼らは、「男らしさ」の象徴的存在でもあった。「ワイヤレスのロマンス」、これが当時の雑誌の見出しの常套句だった。

しかしラジオは、最初の数年はゆっくりと、その後は急激に社会化していく。コバートによれば、『リーダーズ・ガイド』誌は、一九一四年まではこの領域を「無線(wireless)」と呼んでいたが、一五年にはじめて「ラジオ」という新しいカテゴリーを設け、二二年までにはすべての「無線」にかんする記述を「ラジオ」という言葉にきりかえている。[20]「無線」という表現は、もともと線のある「有線」の状態を自明のこととしてとらえ、そこから線が欠落した状態を指示している。これは、自動車が、かつて「馬なし馬車」と呼ばれていたことと同じような人々の認識の傾向を示している。人々は新しいものごとを、それまで身のまわりにあり、親しんでいた似たようなものにたとえてとらえていくのだ。「ラジオ」という用語も、はじめは「無線」とあまり変わらない意味で用いられていた。しかし「無線」が「有線」への対抗的な意味合いをもっていたのに対して、「ラジオ」にそれはなく、エーテルとしての電波を用いたメディアというイメージが強くなっていった。そして放送局が登場した後の「ラジオ」は、技術的装置ではなく社会的活動としての放送のことを意味するようになっていく。メディアとしての社会的意味が無線電話からラジオ放送へと変容していったのである。そのことは、ラジオ受信機の置かれる場所の変化、ひとことでいえば、「ガレージからリビングへ」という変化のなかにも読みとることができる。(21)

この当時のガレージには、農村部以外では、もはや馬がいて飼葉桶や馬具、農機具が置いてあるという光景はみられなかっただろう。そのかわりにT型フォードや、芝刈り機、大工道具などが納まっていたかもしれない。ガレージは、家庭に必要な機械・機器の収納場所であり、そうしたテクノロジーをあつかう技能を身につけた者、多くのばあい一家の主である男性が主導権を握る空間だった。ガレージは、住居空間のなかで「男の城」だったのである。一九二〇年代前半までのラジオ無線機は、真空管やら、針金コイルが組みこまれたむきだしの「機械の塊」であって、ごく自然に

「男の城」に置かれるべきものとして解釈されていった。ラジオ無線機がガレージに置かれるということは、それが女子供、あるいは機械について知識のない素人が手を出してはならないものであることを意味したのである。

第一次大戦以前から、青少年たちのなかに、ラジオ無線の世界に魅了される者が現われはじめ、コンラッドとその仲間たちのような放送局のパイオニアも生まれている。彼らは、交信感度のよい夜中に家族の寝しずまった母屋を離れ、ガレージの屋根裏部屋へのはしごをよじ登り、送受信活動に没頭したのである。無線は、少年が一人前の男性になるための、通過儀礼的なメディアとしての位置を、生活文化のなかに占めていた。「無線少年」といえば、一九八〇年代の「パソコン少年」のような受けとられ方をしていた（図表**9**）。SFの大家である、イギリス人のアーサー・C・クラークも、アマチュア無線に憧れる少年のひとりであったという。[22] RCA、GEなどが想定していたラジオ無線の民間需要とは、このような少年マニア向けの組立部品の需要が大部分を占めていた。

ところが、KDKAの成功からしばらくすると、「ラジオ」を家庭電化製品として、リビング・ルームにもちこむことを誘引する記事が、大衆雑誌に掲載されはじめる。リビング・ルームは、家事労働に従事する主婦の主導権下にあった。ラジオ受信機は、リビングで、そうした主婦や、幼い子供たち、老人たちと出会うことになった。つま

図表9　無線少年の出現

り、ラジオは、リビング・ルームにおいて、テクノロジーに無関心な、あるいは無知な大衆と接触することになったのである。

マニアからマス（大衆）へ

リビングは、住居空間の中心、家族のコミュニケーションの結節点であった。ラジオ受信機は、どのようにしてリビングに入ることができたのだろうか。もちろん、毎晩ある決まった時間に音楽やおしゃべりを聴くことが、女性や子供、老人にとっても楽しい経験であったことは想像に難くない。だが、それだけではなかったようである。

ラジオは、原理的には双方向メディアであったが、それが受信専用の、一方向メディアとして、機能を限定されたのである。いまでは、ラジオは一方向メディアであることが当たり前の前提としてとらえられている。だが、それは所与のことではなく、あるときから送信機能、情報発信機能をはく奪された結果のことだった。情報を発信する者は、技術的調整からメッセージ内容の工夫にいたるまで、アクティブでなければならない。また、送信機はかさばり、設備部品費、諸経費の負担は、それだけ重くなる。今日のパソコン通信も、電子掲示板に積極的にメッセージを送信し発言する人々はほんのひと握りで、大半が書かれたものを読んで楽しむだけの会員によって構成されている。一九二〇年代のラジオにおいても、似たような状況があった。くり返していえば、先端的なアマチュアは、送信と受信を等価とみなし、このテクノロジーの発達にたいしてともに貢献していることを確信し、そのよろこびを同時代的にあじわっていた。彼らにすれば、受信だけの活動は価値のないものであった。しかし、機能を受信活動にしぼりこむことは、大衆としてのリスナーには受けいれられた。結果として、ラジオは商品としての普及力を高め、マス・マーケットを獲得したのである。

ラジオ受信機そのもののかたちが変化していったことも、重要な点であった。形態の変化が、ラジオをいわゆる情報家電にしていったのである。それは、いくつかの側面で現われた。

まず、ラジオはあらかじめ組みたてられ、「コンソール・タイプ」として商品化された。ラジオ無線に熱中する少年たちにとっては、ばらばらの部品を集め、マニュアルや雑誌記事を読みながら組みたてるプロセスも大きな楽しみであった。しかし、ラジオ無線の科学的世界に関心がなかったり、ソフトウエアである番組だけを楽しみにしている大衆にとっては、部品を組みたてるプロセスというのは無駄である。こうして、あらかじめ必要な部品を組みこんだラジオ、モノ＝商品としてのラジオへの需要が高まっていく。ラジオはまだ高価だったが、上流階級、中流階級がデパートや電器店で購入し、パッケージを開ければすぐに使える家庭電化製品のひとつになったのである。

つぎに、ラジオにスピーカーが組みこまれたことがあげられる。「イヤー・マフ」と呼ばれたイヤフォンがいらなくなり、ラジオをつけたまま仕事をしたり、音楽に合わせてダンスを楽しむことができるようになった（図表**10**）。それまで専門家やマニアのあいだでは、鉱石ラジオのチューニングのためには、技術的制約から、イヤー・マフのほうが、スピーカーよりもはるかに有用だと考えられていた(23)。また、ラジオ無線は無線電話、つまり電話の代替手段と考えられていたために、それを使用する様子もまた、電話のようなものであることが当然のこととされていた。当時の送信機のマイクロフォンや、イヤー・マフを装着してチューニングする姿は、まるで電話をかけ

図表 10　ラジオでダンス・パーティー

ている姿そのものであった。それは、人々になじみやすかったことだろう。おそらくこれが、スピーカーの普及を遅らせる社会的要因のひとつだったのではないだろうか。(24)またそれは、AT&Tがラジオを無線電話としてアピールしていくときの、日常的で、きわめて決定的な「アリバイ」となったと思われる。

一九二二年以降、消費財としてのラジオの生産が工場において可能になると、それらにはラウド・スピーカーが装備されるようになった。ラジオは「音の出る箱」となった。リビングに置かれたこの箱のまわりには、家族や隣近所の人たちが集い、番組を楽しむという新しいコミュニケーション行動が成立した。ラジオは、マス・メディアとなったのである。そして、数年のうちに深刻化する放送電波の混信現象も、受け手の側からすれば、このような商品としてのラジオによるレジャー活動の妨げとして認識されていった。

3　マス・メディアのジャズ・エイジ

繁栄のバンドワゴン

アメリカの一九二〇年代は、保守的な共和党政治のもとで空前の好景気がつづいた

「クーリッジ・エラ」であるとか、喧騒と狂乱の「ロアリング・トゥエンティーズ」などと呼ばれ、特別なノスタルジーをこめてふり返られる。

アメリカは、フレデリック・ルイス・アレンのいう「繁栄のバンドワゴン」[25]に乗って、新しい位相の社会に、世界史的にみて最初にたどり着くことになったのだ。大量生産されたモノが生活を満たしはじめ、さまざまなレジャーが浸透した。禁酒法のもとでギャングが台頭し、「スピーキージー(speakeasy)」と呼ばれたもぐり酒場が流行った。絢爛豪華な人物——ベーブ・ルース、チャールズ・チャップリン、アル・カポネ、ジョージ・ガーシュイン、スコット・フィッツジェラルド、チャールズ・リンドバーグ——の情報がメディアを彩り、ゴシップや噂に人々の注目が集まった。そんな二〇年代を、フィッツジェラルドは、「ジャズ・エイジ」と表現した。大衆消費社会の始まりである。

ラジオが、この時代のアメリカに現われたことは、とても意義深いことだった。アメリカの放送システムは、戦後どの国よりも日本の放送メディアのあり方に影響を与えることになるが、その基本的な特徴は、このジャズ・エイジのなかで備わっていった。ジャズ・エイジの特質を探ってみよう。

大量生産・大量消費の時代

すでに述べたとおり、第一次世界大戦を契機に大幅に拡大された工業生産力は、自動車や家庭電化製品といった消費財産業を発達させた。アメリカは、生産過程に機械テクノロジーと、エレクトリック・テクノロジーを積極的に導入することで、世界に冠たる工業力を備えることになった。そしてダニエル・J・ブーアスティンが指摘したとおり、そうしたモノの大量生産とともに、交通、コミュニケーション、教育、マス・メディアといった大衆消費社会を存立させる基本的なシステムが、ほぼ今日的な様態をとることになるのである。[26]

都市が著しく発達したのも、一九二〇年代であった。一〇年ごとに実施される国勢調査によれば、都市部と農村部の人口の割合は、一九一〇年度から二〇年度のあいだに、はじめて逆転した。[27] 都市化の進展は、現代テクノロジーの発達に裏打ちされた摩天楼、電気照明のイルミネーション、地下鉄などを生みだした。ニューヨークは、あらゆる意味でアメリカの中心となった。

都市の発達とともに、地域コミュニティも変容した。鉄道、自動車の発達は全国的な長距離輸送網の発展をもたらし、電信・電話、郵便制度の普及とあいまって、チェーンストア、メイルオーダー・サービスなどの流通産業を育成し、耐久消費財のコミュニティへの浸透を促進した。工業化、都市化の進展は、技術者、事務員、セールスマンなどの、大企業に属するホワイトカラーを中心とする新しい中間階級の形成を促した。彼らを中心とする国民の生活様式は、郊外住宅の造成と自動車の普及、家庭の電化によって、消費生活としての特性を強めていったのである[28]。

個人消費支出は、一九一四年から二三年までに二倍に増加した。第一次世界大戦を経て、アメリカ国民の所得は増大し、貧富の差が相対的に縮小し、大衆消費が可能となる家計状況にたっしていた。ウォルト・W・ロストウのつぎの表現は、消費財産業の発達と消費生活の隆盛を象徴的に語っている。

アメリカ合衆国は自動車に乗って走りはじめたのである。これはまさしく大衆自動車の時代であった。自動車とともに、郊外に新しく建てられた一世帯用の住宅へと大挙して国内移住がはじまった。そしてこれらの新しい住宅はラジオ・電気冷蔵庫等の家庭器具によって次第に充たされていった[29]。

しかし、アメリカの一九二〇年代をなによりも特徴づけたのは、消費社会のなかを生きる人々の社会心理のありようであった。人々にとって、商品の所有が生活目標となり、商品の消費行動を通じて自己認識が可能となる。シンクレア・ルイスの小説『バビット』に登場する不動産会社勤務の営業マン、ジョージ・F・バビットの生き方にあざやかに象徴される、物質主義、金銭中心主義、産業組織社会の発展に順応するビジネス倫理が浸透したのである。[30] ソースタイン・ヴェブレンが批判的に指摘した有閑階級的な消費の術を身につけた、消費者としての大衆の出現である。[31]
第一次世界大戦の終結とともに、旧来のビクトリア時代的倫理、あるいはウィルソンの理想主義神話、ピューリタニズムの社会秩序は崩壊した。また大戦中から台頭した労働運動と共産主義思想にたいする恐怖も、一九二〇年を迎えるころには退潮していた。人々の関心は、かたい国家的政治問題から、センセーショナルなニュースや私生活の充実へと移行する。アレンは、一九二〇年代の社会状況をあざやかに描きだした著書『オンリー・イエスタデイ』のなかで、つぎのように語る。

一九一九年から二一年までのあいだの、全雑誌記事リストを収録した『定期刊行物文献案内』によると、過激派と過激思想に関する記事についての言及は二段にわたっているが、ラジオに関する記事のそれは四分の一段にも満たない。それが、一九二二年から四年までの同『案内』では、過激派と過激思想に関するものが半段に減少しているのと好対照をなして、ラジオの部分は十九段にふくれ上がっている。この変化には、定期刊行物文献より以上の、何ものかが表われている。[32]

理想主義、革新主義の思潮に変わって、感覚主義、享楽主義、保守主義の傾向が強まったのである。そしてアメリカ国民は、一九二〇年一一月二日、KDKAが速報放送したあの大統領選挙において、「常態への復帰」を掲げたハーディングを大統領に選出した。さらに四年後には、同じく共和党のクーリッジを選出する。こうして、F・D・ルーズベルトの登場まで、約一〇年間におよぶ保守政権がつづいた。[33]

マス・メディアが造成する情報環境

ジャズ・エイジの社会心理状況の形成に、マス・メディアが果たした役割は非常に大きかった。すでに新聞・雑誌の発達は、教育制度、社会制度の発達とあいまって、広範囲の人々に、同一の情報、思想、興味を提供することを可能としていた。そして、大戦の終結とともに、軍事・外交・政治の問題は新聞の重要なトピックではなくなって、スキャンダル、犯罪、災害、人生ドラマ、スポーツなどが大々的にとりあげられるようになった。[34]タブロイド新聞や、マス・マガジンは、人々の好奇心を刺激し、常に情報欠乏の状態におくような仕組みを作りあげた。ラジオが、選挙速報、ボクシング・タイトルマッチなどで人々の関心を引くようになったのも、こうした背景があってのことだった。

代表的タブロイド新聞であったニューヨークの『デイリー・ニューズ』は、一九一九年の創刊当時には日刊発行部数三万部にも満たなかったが、二六年には一〇〇万部を突破し、三〇年には一七〇万部を超えていた。部数増大の直接のきっかけとなったのは、一九二五年の「ダディとピーチズの離婚裁判」、一九二七年にロングアイランドで起きた「スナイダーとグレイの殺人事件」といったスキャンダルについての過激な報道活動だった(35)。そして、新聞産業の独占集中化が進行するとともに、APなど通信社の提供資料や記事供給事業による呼び物記事を使用する新聞社が増加した。それによって、スキャンダル記事の効果はいっそう促進された。『デイリー・ニューズ』の成功に刺激され、一九二四年にはウィリアム・ランドルフ・ハーストが『ニューヨーク・デイリー・ミラー』を創刊し、のちにコングロマリットを展開していく(36)。

新聞・雑誌といった既存のプリント・メディアのラジオにたいする反応は、『デトロイト・ニューズ』がWWJを開局したさいの意図に象徴されている。それは、ラジオを一種のイベント・キャンペーンとして利用したり、放送局の所有によって社名の宣伝効果をねらうことだった。一九二〇年代を通して、全放送局の一〇％から一五％が新聞社所有局であった。当初、ラジオがプリント・メディアの競合メディアとなるかもしれないという危機感は、新聞や雑誌には不思議なほどなかった。これはラジオが、まだ目新しいテクノロジーだったからでもある。また、一九二〇年代後半にいたるまで定時的なニュース番組が存在せず、放送とジャーナリズムは別の範疇に属するものだとされていたためでもあった。このため新聞・雑誌は、紙面でラジオの話題をさかんにとりあげていたのである。[37]

映画は、一九一〇年代にすでにマス・エンターテイメントの代表格としての地位を確立していた。[38]第一次世界大戦後には、外部資本を積極的に導入し、ハリウッドにおいて一大産業へと発展している。一九二〇年までに、アメリカの全産業規模において五番目の大きさにまでたっしていたのである。二〇年代になると、映画館はニューヨークのパラマウント劇場に代表される都市空間の壮大な建築物、いわゆる「映画の宮殿（picture palace)」となり、観客に夢のような非日常的世界を提供する空間装置となっていった。これと相関して、出演者を非日常的な憧れのスターとして演出する、スター・システムも開発される。映画スターは、タブロイド新聞の格好のニュース・ソースとなる。さかんにゴシップを掲載され、その結果として大衆に魅力を訴求することになった。スター・システムの開発には、ラジオも大きくかかわるようになる。

映画とラジオは、同じようにレジャー活動を喚起するメディアであったが、その普及は好対照をなしていた。[39]ラジオは、街の発明家や、アマチュア無線家などの少数の人々の手によって実用化されてから、上流階級、中産階級へと普及していった。受信機はまだまだ高価だったうえ、操作は専門知識を必要としたのである。これにたいして、映画は、世紀のはじめに旧大陸から移民してきた人々などによって構成される労働者階級の人気を呼んで一般化した。その後、ハリウッドの隆盛のなかで徐々に作品内容を変化させ、都市の中産階級を観客としてとりこんでいったのである。また、ラジオが日常性を志向したメディアとして大衆化したのにたいし、映画は非日常性を志向していた。

新聞・雑誌、映画とくらべると、レコードと蓄音機は、ラジオの影響を直接的に受けたメディアであった。KDKA以来ラジオ放送はレコード音楽を利用しており、両者は、音楽というソフトウエアを共有してきたのである。この状況は、レコード業界に複雑な影響をもたらした。レコード業界は、放送におけるレコード使用が産業を衰退させると主張し、それに反対した。一方、放送事業者は、レコードの使用は販売促進効果をもたらすものと反論する。この結果、レコード業界は著作権組織ASCAP(American Society of Composers, Authors and Publishers)を設立し、レコード使用のさいの著作権料を徴収しはじめた。放送業界では、これに対抗する組織として業界団体のNAB(National Association of Broadcasters)を設立する。著作権問題は、今日にいたるまで尾を引いているが、ラジオの音楽番組が人気を呼ぶようになると、レコード音楽がより幅ひろいジャンルへと拡大し、総需要は拡大されていった。とくに、ポピュラー音楽というジャンルは、レコードとラジオの相乗効果によって生みだされ、発達するようになる。(40)

ラジオは、これらのメディアと相関しつつ社会に浸透した。ラジオ受信機は、自動車や蓄音機、家庭電化製品などと同様の消費財として消費されるようになった。番組を聴くことは、映画やボードビル・ショーを楽しむことと同じようなレジャー活動となり、家庭空間のなかでさらに卓越した楽しみへと発展していく。

4 ラジオ・ブーム!

ラジオ、家電となる

ラジオは、むきだしの技術から大衆のメディア、マス・メディアへと変転しつつあった。それも、かなり急激にである。全米の放送局数は、一九二一年一月の時点で五局であった。翌月には新たに二三局が開局、二二年五月には一カ月間で九七局が開局、二三年一月には総数五五六局にたっした。図表7(九三頁)をみれば明らかなとおり、KDKA開局後わずか三年で、第二次世界大戦以前の放送局数の平均レベルにたっしていた。

放送局の増加にしたがって、ラジオ受信機の生産も増加した。いまや、マス・メディア商品としてのラジオの供給・需要関係が、無線機器産業の市場構造を大きく転換する傾向がはっきりしていた。RCA、GE、ウエスティングハウスといったビッグビジネスは、「一九一九―一九二一年相互特許協定」に定められたアマチュア向けの無線機器販売の独占権を、放送受信用のラジオ販売の独占権と解釈し、消費財としての無線機器の市場拡大を進めていった。ラジオ受信機の生産は、図表**8**（九三頁）にみられるとおり、一九二二年に一〇万台、生産総額五〇〇〇万ドルであった。それが翌年には、五五万台、三〇〇〇万ドル、一九二四年には一五〇万台、一億ドルに増大する。この傾向は大恐慌直前までつづき、二九年中に四四三万台、六億ドルにまでたっする。この実績は、経済不況のつづいた一九三〇年代前半を通じて、ついに超えられることがなかった。

コミュニケーション・テクノロジーの社会的意味合いが、これほど劇的に変化したことはかつてなかった。ほんの一、二年前まで、誰もがラジオ無線は、将来にわたって軍事・船舶用の特殊な通信媒体として発展するものと思いこんでいた。ビッグビジネスにとって、最大の顧客は海軍のはずだった。独占資本主義的な産業の体制的構造は、大衆消費現象によって、きしみをあげながら根底から変化していったのである。

家庭へのラジオの普及もめざましかった。世帯普及率は、一九二二年には〇・二％であった。それが二五年には一〇・一％、大恐慌の年には一〇〇〇万台を超え、三四・六％にまで伸びる。ラジオは、大恐慌以後三〇年代前半を通じて販売台数、普及率の伸びた唯一の家電製品であった。三五年には六七・二％、四〇年には八〇％を超

図表 **11**　ラジオの普及状況：1922-1944 年

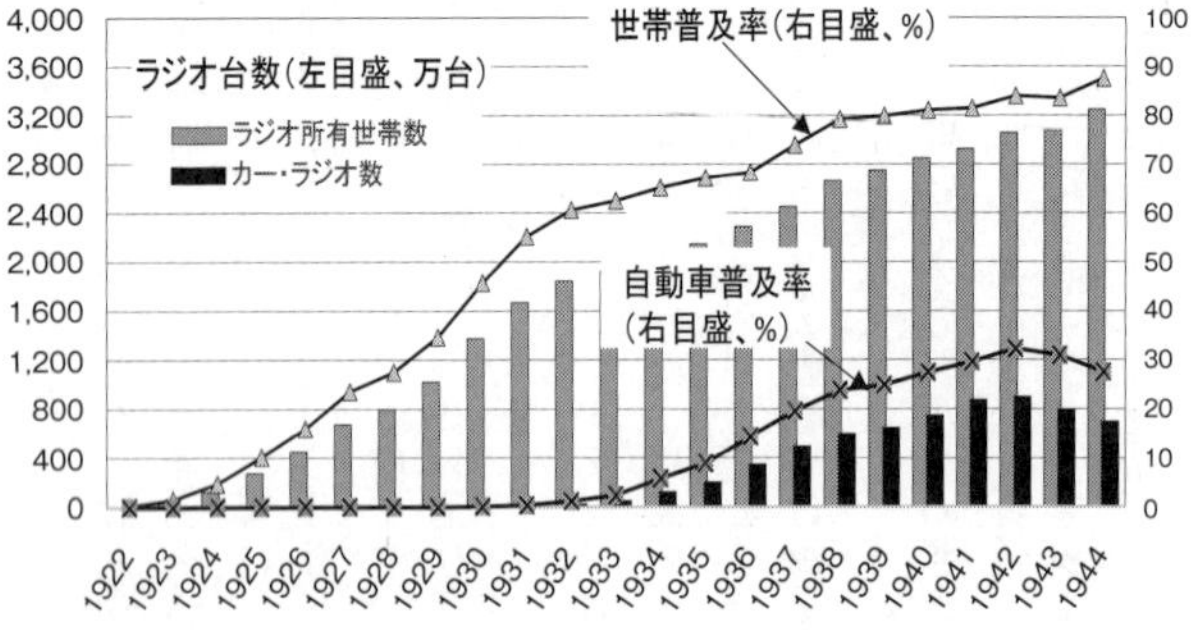

注：Sterling, Christopher H. and John M. Kittross, 1990, p. 656, Table 8 より引用，作成。

えている。一九三〇年代に入ると、カー・ラジオも普及していく（図表**11**）。

このころ、ほかの消費財、メディアはどの程度普及していたのだろうか。一八七七年にエジソンが実用化した蓄音機は、発明後五〇年が経過した一九二八年の時点で、約一三〇〇万台が普及していた。乗用車は、ゴットリープ・ダイムラーやカール・ベンツが実用化して三〇年前後が経過し、全米では一九〇万台余りにたっしていた。グラハム・ベル以後、ほぼ半世紀が経過していた電話のばあい、加入契約者数は一八〇〇万件となっていた。これにたいしてラジオは、フェセンデンによる最初の音声送受信が一九〇六年、KDKA開局が二〇年であるが、二八年にはやくも八〇〇万台にたっしていた。すでに、全人口の約三分の一の人々にとって、ラジオは日常的に接するメディアになっていた。ラジオは、それまでの世界に存在したいかなる工業製品よりも、急激に普及したのである。(41)

家具を装うラジオ

図表**12**は、一九二〇年代前半のごく普通のラジオである。大体、五〇ドルとか八〇ドルとかいった値段がついていた。木箱には入っているが、まだどことなく素人臭い造作である。インダストリアル・デザインが施されるのは、もう少し後になる。それでもむきだしの機械の塊との違いは大きい。ラジオは、小箱にパッケージングされた商品となることによって、リビング・ルームに置くことが社会的に承認されるメディア装置になった。

ラジオ・メーカーは各地で続々と商売をはじめた。一九二八年までに約六〇社が存在したという。このうち、GEとウエスティングハウスが市場の約三分の一を占めていた。アトウォーター・ケント、グリグズビー＝グルナウ、ストロンバーグ＝カールソン、クロスリーの四社が、のこりのほぼ三分の二を占めていた。(42) 寡占状況が進行しはじめていたのである。

これらのメーカーの工場内で、ラジオは、あらかじめ真空管やコンデンサー、アンプなどの電気部品を組みたてて出荷された。これによってはじめて、無線や電気

図表 12　1920 年代初頭のラジオ
GE 製　GECoPHONE Model No. 1 Type BC 1002.

技術の知識をもたない多くの人々も、簡単なセットアップ作業をおこなうだけでラジオを楽しむことができるようになった。そして一九二七年から二八年の段階で、交流電気を利用可能な「プラグ・イン・モデル」が登場する。そのため、重くかさばり、高価だったバッテリー電源も不要となった。

メーカーは、ラジオに木箱をかぶせてパッケージ化する。パッケージングには家具・調度品のデザイン・レトリックが用いられた。木製の家具・調度品は、古くからの家庭用品であり、リビング・ルームという社会空間の構成要素として不可欠であった。そんななかで、ラジオは「音のでる箱」として意味づけられる。オルゴールのようでもあった。人々は違和感をおぼえず、家庭生活に無理なく受けいれることができた。

　人気のラジオは、GEの「ラジオラ」である。(43) GEは、「ラジオラ」を、GM(ゼネラル・モーターズ)によってはぐくまれた、「スローニズム」と呼ばれる戦略にしたがって製造、販売する。すなわち、モデルチェンジの周期的実行と、商品ラインナップの形成によって総需要の絶え間ない拡大化をはかりながら、購買欲求を継続的に喚起するための広告、マーケティング、販売促進活動を定常的におこなっていくという、近代的経営の展開である。製品としてのラジオの品質、性能の向上にともなって、こうしたGE的な展開に対抗して、ストロンバーグ＝カールソンのように高級品を供給する企業、逆に低価格路線を打ちだすクロスリーのような企業も現われた。

　一九二〇年代、人々は、モノを実用性、機能性によって選択し、使用するというそれまでの事物とのかかわり方を変えはじめた。ヴェブレンが指摘したように、商品は他者との差別化をはかり、見せびらかしのために消費される。商品のデザインや機能、広告によって与えられたイメージの違いなどが、自己と他者との違いを示す記号価値を帯びることになる。そのような記号価値を付与されたものの所有が生活の目標となり、生活文化は商品の記号価値によって構造性を与えられていく。その基軸になったのが家電製品であり、自動車であった。ラジオは、それらの商品と横並びにされてその価値を推しはかられ、人々のあいだに形成されつつあった商品文化システムに埋めこまれることで、社会に普及していったのである。

初期のラジオ番組

いわゆる情報家電としてのラジオの普及とともに、ソフトウエアである放送番組にも注目しておかなければならないだろう。まず、この時期の放送番組の、全体的な傾向を跡づけておこう。

図表13が示すとおり、ラジオ番組の基本は音楽だった。一九二〇年代を通して、全体の約七〇%を、ステージ中継、スタジオ内演奏、あるいはレコード再生などの音楽が占めていた。その基本的な理由は、ラジオ放送事業者に、音楽以外のソフトウエア制作の能力と余裕がなかったことにある。大恐慌前のラジオ放送においては、スポンサー広告による安定した財政基盤や、ネットワークによる番組供給体制が、まだ確立されていなかった。たしかに受信機の販売台数、放送局数は爆発的に増加していた。しかし、ラジオ・コミュニケーションが、マス・コミュニケーションとして体制化するための要件である送り手の体系的組織化は、まだほとんど進んでいなかったのである。

ラジオにはボードビル・ショーやブロードウェイの一線で活躍していたタレントを起用するだけの経済的余裕はなかった。もちろん、ラジオは一九二〇年代最大の、話

図表 13　放送番組の類型別構成比率の推移

番組類型	1925 年（%）	1932 年（%）
音楽	71.5	64.1
ダンスミュージック	22.9	23.5
声楽	8.1	13.0
少人数の楽団	14.1	3.6
オーケストラ	4.3	8.4
独奏（独唱）	7.6	4.5
レコード音楽	0.0	3.2
管弦アンサンブル	10.1	3.3
宗教音楽	1.0	0.6
その他	3.4	4.0
ドラマ	0.1	6.5
シリーズもの・朗読	0.1	2.0
寸劇	0.0	3.3
一回もの	0.0	1.2
その他エンターテイメント	6.8	13.3
婦人向け	2.4	4.9
子供向け	3.7	3.5
特別番組	0.7	4.0
スター登場番組	0.0	0.9
情報提供番組	11.5	12.1
教育	4.9	7.2
ニュース	0.7	1.2
政治関連	1.8	1.4
市場取引情報	3.6	0.5
天気予報	0.3	0.1
スポーツ	0.2	1.7
その他	10.1	4.0
外国制作番組	0.0	0.5
体操	1.8	0.6
教会礼拝	3.1	2.2
その他	5.2	0.7
合計	100.0	100.0

注：Sterling and Kittross, 1990, p. 73, p. 120 より引用，作成。

題のニュー・メディアだった。それでもタレントからすれば将来性も予測できず、評価も定まっていないラジオにわざわざ登場することには、大きな危険がつきまとっていた。また、ボードビル・ショーのプロデューサーや代理店などには、貴重な商品であるタレントたちがラジオに登場してしまっては、観客が劇場に足をはこばなくなるだろうという恐れが大きく、タレントのラジオ出演を快く思わなかったり、禁じたりする者が多かった(44)。こうした事情から、ラジオ放送の出演者たちは、それぞれの地域コミュニティのアマチュア音楽家が多かった。音楽も少人数の楽団、独奏、独唱、管弦アンサンブルなどだった。

ドラマやバラエティ・ショーの占める割合も、増えつつあった。しかし、これらのジャンルが、ラジオのなかでしっかりとした位置づけをもち、今日的な放送の原型の一部を構成するようになるのは、一九三〇年代のことである。二〇年代のエンターテイメントの一般的な形式は、二人の男性が登場し、ピアノやウクレレを演奏しながら、歌とコントやしゃれ話をテンポよくおりまぜていく「ソング&パター」というものだった。

ラジオで、最初に「ソング&パター」で売りだしたのは、**図表14**のビリー・ジョーンズとアーニー・ヘアの「ハピネス・ボーイズ」である(45)。一九二三年にAT&TのWEAFで、ハピネス・キャンディのスポンサーによってはじまった番組に登場した。

「ハピネス・ボーイズ」は、番組の最初と終わりに、会社の名前をしのばせたワンパターンのテーマ・ソングを歌い演じた。テーマ・ソングは、もちろんスポンサー名を認知、定着させるために有効だった。そのうえリスナーに番組にたいする定常性や連続性の感覚を与え、家族や友だちとラジオを話題にするときの記号として機能していた。一九二六年からNBCのブルー・ネットワークに登場した、スミス・ブラザーズ喉飴のスポンサー番組「スミス・ブラザーズ」では、同社のトレードマークであるふたりの男の顔の絵にあやかって、「トレード&マーク」という名前で二人組のタレントを登用した。「ソング&パター」は、スポンサー広告によるラジオ番組にとても適していた。なにより、経費がかからない。流行歌やコント、ちょ

図表14　ハピネス・ボーイズ（1923年）

っとした情報をおりこんだエピソードなど、バラエティのある内容を退屈させずに提供しつづけることができるタレントの技量は、ソフトウエアが貧困だった局にとっては大助かりであった。当時はまだオーケストラの到着が遅れたり、予定していた中継音声がつながらなかったりといったトラブルが日常茶飯事であったが、「ソング&パター」の芸人たちは、そうした事態に柔軟に対応し、とりつくろってもくれた(46)。もともと「ソング&パター」は、ボードビル・ショーの定番であった。草創期のラジオには、ボードビル・ショーをはじめとする、聴衆に親しみやすく語りかける、アメリカのマス・エンターテイメントが直接に流れこみはじめる(47)。

同時に、ラジオはエンターテイメントのありようを変えていった。ラジオが出現する以前、芸人たちは幌馬車などで各地域を巡業して、生計を立てていた。しかし、一九二〇年代後半からラジオ・ネットワークが発達しはじめると、芸人たちはひとところに落ち着いて、ひとつの放送局でショーを披露することで、同時に各地に観客をもつことになった。巡業は、くたびれるうえ、ときには危険もつきまとう。ラジオは、幌馬車のかわりに、電波でショーを送りとどける。人々は、街の外の空き地にできた芝居小屋へ出向くのではなく、リビングにいながらにしてショーを楽しむことになる。芸人たちのなかには、大都市に出て、主要放送局と専属タレントの契約をむすぶ者も出てきた。

芸人たちが、いままでどおりにショーや芝居をやっているわけにはいかなくなった側面もある。メッセージを不特定多数のリスナーに向けてまきちらしてしまうというラジオの特性、そして定時放送という形式に適応し、パフォーマンスを変化させていく必要が生じたのである。たとえば、それまでのボードビル・コメディアンたちは、各地のコミュニティをめぐりつつ、毎回異なる観客の前で、同じ芸を演じていればよかった。ワンパターンの芸であることを、観客は誰も知らなかった。毎回、幕が上がれば、新鮮な驚きや涙、笑いがあったのである。それは長いあいだ当たり前のことだった。しかし、ラジオの前で演じるコメディは、それまでとは異なる、リスナーという新しいタイプの観衆によって楽しまれることになった。ラジオのリスナーは、コミュニティを超えて一体化し、大衆としてコメディアンの前に現われたのである。しかも、その数はそれまでの芝居小屋などとはけた違いの、数万、ばあいによれば数十万単位の人々だった。芸人たちは、どんどん新しいネタを生みだしていかなければならなくなった。また、劇場ならば、その日の観客の表情や雰囲気を観察しながら、内容を調整したり、アドリブをとりいれたりすることができた。しかし、放送局のスタジオでは、聴衆の顔はみえない。それでいて、聴き手は大変な人数にのぼった。こうして、誰にでも受けいれられるように演じること、すなわちコメディの標準化をおこなっていく必要が出てきた。そしてそうしたことを、芸人の堕落と感じて、ラジオに寄りつかない者も少なくなかった。[48]

一九二〇年代のラジオ放送局に、安定した経済基盤と技術力がなかったことは、さらにいくつかの点で、ソフトウエアの形式じたいに影響を与えている。まず、ほとんど数人で局を運営しているケースが多かったため、大都市の局でさえも、アナウンサーがいくつもの仕事を兼務することが多かった。彼らは、番組の司会だけではなく、タレントが足りなかったり仕事をすっぽかしたときには歌やユーモア・トークもこなした。ニュースや天気予報、農産物の価格情報なども読みあげた。聴取者たちにとって、ラジオ・アナウンサーは、もっとも親しみを感じるキャラクターとなっていったのである。しかし、アナウンサーに個人的な人気が出てしまうことは、公序良俗に反するという雰囲気が、このころの放送には強かった。現在からすると、少し想像しにくいことである。当時のアナウンサーというのは、蝶ネクタイにタキシードで正装し、マイクロフォンの前に緊張して立ち、まるで講演会や劇場の司会者のような面持ちでしゃべるのが普通だった。アナウンサーのパーソナリティが感じられてしまうことは、彼らの職業に期待されていたちょっとすました黒子役から、はずれてしまうことだった。タキシードのズボンが破れていたりすることと同じように、はしたないことだと思われていたのである。商品そのものを直接的に広告することも自主規制されていた。[49]

一九二〇年代のなかばまでは、ラジオは楽しみの道具でありながら、同時にエーテルを伝わって声や音楽を電気的に再現する、称賛に価するニュー・メディアだったのである。そんなメディアで人間臭さや広告宣伝のような俗っぽい事柄があつかわれてはならない、という道徳観は強かった。アナウンサーが独自の魅力をかもしだし、ディスクジョッキーという、独特の語りのジャンルが開拓されるのは、もう少し時代を下ってからのことになる。

マス・メディアとナショナル・イベント

さきの**図表13**（一二三頁）に示されたラジオ番組の推移からは、特別番組の増加もみてとれる。特別番組とは、大統領選挙、スポーツイベント、そして当時大都市で流行していたナイトクラブからの中継放送などである。

ＫＤＫＡは、開局当日にハーディングとコックスによる大統領選挙速報の中継放送をおこなった。一九二一年七月には、ジャック・デンプシー対ジョルジュ・カルパンティエのボクシング世界ヘビー級タイトルマッチが実況放送され、二〇万人が固唾をのんで聴き入った。仕掛け人は、デービッド・サーノフであった[50]。二七年には、リンドバーグの大西洋単独飛行達成記念パレード、ジーン・タニー対ジャック・デンプシーの世界ヘビー級タイトルマッチが放送され、全米の四〇〇〇万人によって聴収された[51]。

ネットワークが伸張していくにしたがって、ナショナル・イベントの放送は、放送局の事業計画上のシンボリックな目標とされるようになる。ラジオ放送の送り手の立場からすれば、事業の運営目標がはっきりしていなかったネットワーク・タイムセールスという広告システムで財源を安定的に確保する以前の段階では、特別番組の中継放送が、他局との競争の場であった。また、スポンサード・システムが定着した後でも、マーケティング調査が未発達であった一九三〇年代までは、これらのイベントにおける成功の度合いが、スポンサーや広告代理店の媒体評価の基準として、慣習的に受けいれられていたのである。

しかし、ナショナル・イベントとエレクトリック・メディアの関係は、ラジオ放送においてはじめて成立したのではなく、歴史的な背景があったことも忘れてはならない。グリエルモ・マルコーニが無線電信をアメリカへ導入しようとしたとき、ヨットレースのアメリカズ・カップの実況中継を、二隻の蒸気船と有線ネットワークを介しておこなった。一八九九年一〇月のことである。この実況中継は、成功をおさめ、『ニューヨーク・ヘラルド』などによって大きくとりあげられ、人々の無線電信の認知に大きく貢献した[52]。

電話においても同じようなことがあった。すでに述べたとおり、一八七六年、グラハム・ベルは、その年の五月からはじまったフィラデルフィア建国百年祭博覧会に、電話システムを出展する。また、翌年二月には、ボストン近郊のセイレム公会堂で、電話の公開実験をおこなっている。このときは、助手のワトソンの歌やおしゃべりとともに、ボストン&メイン鉄道で発生したばかりのストライキのニュースが伝えられていた。

さらにさかのぼれば、電信においても、一八四四年五月にボルチモアで開かれた民主党全国大会の模様がワシントンに伝送され、多くの人々の度肝を抜いている。電信テクノロジーの登場を、インチキや手品の類と思う人々、オカルト現象だとさわぎだす群衆を前にして、サミュエル・モールスは、このテクノロジーが科学的な理論にもとづいた現実的なものであることを示してみせる必要を感じ、イベントのニュース速報に用いたわけである。(53)

ナショナル・イベントや世紀の大事件は、エレクトリック・メディアの威力を人々にみせつけ、その働きを理解させる格好の場となっていた。ナショナル・イベントは、地域コミュニティを超えて、人々が国民であることを自覚するきっかけを与え、国家統合のための象徴として機能する。そうしたナショナル・イベントを、文字どおり国家的な出来事として流通させたのが、電信、電話、無線電信であり、そしてラジオだった。メディアが大社会のなかで人々が注目すべき出来事を発見し、形作ったのである。

逆にいえば、ナショナル・イベントによって、コミュニケーション・テクノロジーはマス・メディアとして発展する道筋を与えられた。とくにラジオは、ほかのどのようなメディアよりも鮮烈に、国中の人々が、同じ時間に、同じ出来事に聴きいるという社会現象を生みだした。マス・コミュニケーション研究も、こうした社会現象にたいする注目からはじまる。電話や無線電信において伝えられる出来事は、誰もが大変だと思うような事件、有名な人物のふるまい、国家的な記念日の式典などであった。ラジオもそれらを伝える媒介装置となった。しかし一九三〇年代に入ると、ナショナル・イベントは、メディアにのる情報、ソフトウエアとして、すなわち商品として、メディアみずからの手で製造されるようになっていくのである。

第Ⅲ章

混沌から秩序へ

1　ラジオは電話である——AT&T、ラジオへ進出す

ラジオとはなにか

ラジオは、ジャズ・エイジの人々に、新しい時空感覚をもたらし、それまでにないエンターテイメントを供給しはじめた。このマス・メディアのインパクトは、生活文化の次元にとどまるものではなかった。ラジオは、産業、制度の次元においても、第一次世界大戦直後まで相対的に安定していたテレ・コミュニケーション状況をつきくずし、テクノロジーと政治経済的思惑の入りまじった、新たな混沌を引き起こしたのである。

ＡＴ＆Ｔが、ラジオに進出しようとしていた一九二一年のことを、当時ラジオ部門を担当する副社長であり、のちに社長となるウォルター・ギフォードは、つぎのように述懐している。

一九二一年初頭には、ラジオが本当のところどこに向かっているのか、誰にもわかってはいなかった。放送をめぐるあらゆる事柄は、まだあやふやだった。私として

は、ラジオは電話の一形態をとっており、われわれは電話回線の敷設事業にたずさわっているのだから、なんらかのかたちで必ず放送事業に参入することになると思っていた。放送が現われたときの、われわれの最初の漠然とした考えは、おそらく人々は電話をかけてあるラジオ局を呼びだし、聴取装置をもつほかの人々とラジオを用いて話ができることを望んでいるだろうというものだった。しばらくのあいだは、われわれのサービス業務がどのようなものになるのか、推測することさえできなかった。(1)

テレ・コミュニケーション事業の独占的な大企業であったAT&Tの首脳ですら、ラジオが電話とどのように違った特性をもつメディアであるのか、よくわからずにいたのだ。しかし、KDKAの成功は、社内にも知れわたっていた。ラジオが、はっきりとはしないものの電話と隣接した事業である以上、放っておくわけにはいかない。ラジオ受信機の需要の増大は、関連企業株の人気を引き上げていた。株式市場は、ラジオとテレ・コミュニケーションについて敏感に反応した。無線にたいして有線を古いテクノロジーとみなす傾向が出はじめ、AT&Tの株価が下落しかねない状況になっていたのである。

AT&Tが、放送事業への進出を決意したのは、一九二二年一月一二日の、ニューヨーク本社における役員会においてである。AT&Tは、おそらく世界でもっとも真剣にラジオ無線の登場を受けとめ、その技術的発達にたいして慎重に対処してきた企業であった。ド・フォレストが発明した三極真空管の特許を、一九一三年には買収している。真空管は、とくに長距離電話回線の技術発達を促進し、この分野でAT&Tがヘゲモニーを掌握するきっかけをつくった。社内には、かつて電話が登場したときに、電信事業者たちがその技術をおもちゃにすぎないと片づけてしまったことがもたらした失敗の教訓が生きていた。ラジオ無線は、プライバシーのない電話のようなものだったが、音声が無線でコミュニケートされることの意味を軽んじるべきではないという認識だけは共有されていたのである。(2)

社内では、ラジオ事業に積極的に進出していくべきだとする無線派と、既存領域を堅持し、エンターテイメントやニュースのサービスは、電話線を通じておこなうべきだとする有線派に分かれて、議論がつづけられた。しかし、KDKAのパフォーマンスが、有線派を頓挫させてしまった。ただし、やっかいな問題がのこっていた。「一九一九—一九二一年相互特許協定」のなかで、AT&Tにはラジオ送信機の製造・販売の権利が与えられていたが、肝心の受信機の製造・販売権は認められていなかったのである。

こうした問題を抱えつつラジオ事業への布石を打っていったギフォードは、ラジオのアクティビティを、なんとかＡＴ＆Ｔの事業領域内にとりこもうと画策する。一九二三年のラジオ放送協議会の席上で、ギフォードの懐刀であった副社長補佐のＡ・Ｈ・グリスウォルドは、つぎのような宣言をおこなっている。

われわれはいままで、新聞そのほかのいかなる媒体を通じても、人々に対して、ベル・システムが放送を独占しようとしていることが明らかにならないよう、ずいぶんと注意を払ってきた。しかし、放送が電話事業であること、われわれが電話業界の人間であること、われわれがほかの誰よりも放送事業をうまく運営することができるということ、これらの事実ははっきりしている。そして早晩、なんらかのかたちで、われわれが放送事業を獲得しなければならないという、明快かつ論理的な結論にたっすべきだと思っている。(3)

電話は公衆サービスである。そのサービス網が拡大していくことは、社会への大きな貢献を意味する。ネットワークをさらに拡張し、無線電話をとりいれていくことは、必ずや人々から礼賛されるにちがいない。こうした考え方は、ＡＴ＆Ｔの社内において、なかばイデオロギー的に浸透していた。

「有料放送」の発明

ＡＴ＆Ｔが編みだしたラジオ放送のビジョンは、「有料放送（toll broadcasting）」と命名された。この構想は、副社長ギフォードの指揮下、長距離回線事業部において考案された。その内容は、一九二二年二月一一日に発表された公式声明によって明らかにされている。ポイントは以下のとおりである。(4)

まずＡＴ＆Ｔは、放送を有線電話の延長、あるいは補足業務としてとらえていた。有料を意味する「トール」とは、市外電話と市外電話局のことをも意味していた。公式声明発表後二カ月以内に開局予定の「無線局（radio station）」では、あらかじめ契約を交わした者にたいして、スピーチやニュース、音楽などを流す手段を、有料で提供する。ＡＴ＆Ｔは、みずからはメッセージ（情報内容）を制作しない。そのかわり契約を交わした者に、メッセージを送信するための無線電話を提供するのである。ちょうど、新聞や銀行に長距離電話回線を賃貸してきたのと同様の発想だった。ＡＴ＆Ｔには、事前に新聞やエンターテイメント、デパートをはじめ多くの業界から、このようなサービスをおこなってほしいという要望があったという。それが事実かどうかは別として、ＡＴ＆Ｔ側が、電話のようなラジオの需要を想定していたことは確かである。また、ニューヨークに開局予定の「無線電話局」の可聴範囲内には、当時三万五〇〇〇の「受信局」、つまりラジオ受信機が存在していることが明らかにされた。そこには、一一〇万人以上の人口が居住しており、今後「受信局」の著しい増加も期待できるとしていた。

第二に、AT&Tは無線電話の運営方法として「ネットワーク・タイムセールス」という、電話回線で結び付けられた全国の無線電話で広告を流すことで収入を安定的に得る方式を想定していた。この方式はAT&Tだけがおこなうことができるというのである。「一九一九―一九二一年相互特許協定」にしたがえば、GE、ウエスティングハウス、RCAなどの、いわゆる「ラジオ・グループ」は、それぞれの企業内の連絡業務にラジオを用いることと、アマチュア向けにラジオ受信機を製造・販売する権利をもっている。しかし、公衆電話事業はAT&Tの独占領域だ。ラジオ=無線電話はその領域に属している。したがって、その無線電話を用いた有料放送活動にも、AT&Tは独占権を有している。これが、AT&Tの主張であった。

一連の構想のなかで、「ラジオ無線機」は「無線電話」、「放送局」は「市外電話局」、聴取者のもつ機器は「受信局」などと呼ばれていた。ラジオが電話事業の一形態であるということを、用語の面でも主張したわけである。さらに重要なことは、主要な長距離電話回線上に位置する三八の市外電話局をむすびつけた、いわゆる「チェーン放送(chain broadcasting)」を、はじめから想定していたということだ。

もちろん、ラジオ局とラジオ局を電話回線で接続して放送をおこなうという活動は、AT&Tの参入以前にも存在していた。たとえば、KDKAは、一九二〇年の大統領選挙放送の成功で世評をひろめて以来、遠隔地の現場から放送局へ電話回線を敷設して情報を手に入れ、それをラジオ無線によって放送する、「遠隔放送(remote broadcasting)」にとりくんでおり、他局もこれに追従していた。「ラジオ・グループ」は、一九二二年一〇月に、ニューアークのWJZとスケネクタディのWGYを電信回線で連結し、野球のワールドシリーズを放送した。WJZは、ニューヨークの鉄道幹線にそったウエスタン・ユニオンの電話回線を利用することで、二四年には、同市内で起こった出来事をほぼその日のうちに報道できる体制を整えていた(5)。「遠隔放送」の登場は、ラジオにたいする驚異の感覚を構成する基本要因のひとつだった。人々は、自分たちが暮らしているコミュニティの外で起こっている出来事に、いながらにして耳を傾けることができるようになったのである。しかし、AT&Tが構想した「チェーン放送」の意義は、これとは異なるものだった。連結された複数の放送局を通して、同じ番組を同時に放送すること、「同時放送(simultaneous broadcasting)」が目的であった。「遠隔放送」が、テレ・コミュニケーション・ネットワークを、遠く離れたニュース・ソースの受信に用いたのにたいして、「同時放送」は、全米の人々に均質な情報を拡散するために用いるものだった。当然、後者を達成するためには、前者以上の高品質な電話回線が必要であった。AT&Tであるからこそ、そうした技術を放送に応用することが可能であった。逆にそうした技術をとりこむことによって、AT&Tは、放送領域における技術的、産業的優位性を確保しようともくろんだのである。

WEAFの開局と「チェーン放送」のはじまり

AT&Tが、「チェーン放送」のビジョンにしたがって最初に建設した放送局が、ニューヨークのWBAYであった。この局はのちにWEAFと改名され、一九二二年八月一六日に放送をはじめる。[6] ラジオ放送をとりまく環境は、急速に変容しつつあった。WEAF開局の三カ月前に全米で二一八だった放送局数は、秋には五〇〇局、翌年一月は五五六局にたっする。ラジオ受信機の生産台数は一〇万台から翌年には五五万台、工場生産金額は五〇〇万ドルから三〇〇〇万ドル、普及台数は六万台から四〇万台へと激増する。混信ははやくも社会問題化して、その対策としてハーバート・フーバーはワシントンに関係者を招き、第一回全米無線会議を開催していた。一九二二年は、ラジオ普及の元年とも呼べる年であり、放送をめぐる問題が一挙に顕在化した年でもあった。

「チェーン放送」は、一九二三年一月、WEAFと、ボストンのWNACをむすび、ボストンのコプリー・プラザ・ホテルで開かれたマサチューセッツ州銀行家協会のパーティーの模様と音楽番組を同時に流す試みによってはじまった。この実験の成功によって、AT&Tの技術者たちは、「チェーン放送」の実現を確信することができた。[7]電話回線の改良が進められる。一九二三年六月七日には、WEAF(ニューヨーク)、WGY(スケネクタディ)、KDKA(ピッツバーグ)、KYW(当時シカゴ)がむすばれて、全国電気照明協会の年次総会会場からの特別番組を放送した。六月二一日には、アメリカ大統領ハーディングの演説が、セントルイスからこのチェーン・システムによって流された。[8]七月一日から三カ月間、WEAFと、マサチューセッツ州・サウスダートマスの、公共サービスを目的とするWMAFのあいだでは、最初の継続的なチェーン・システムが稼動した。第一次世界大戦以後体調をくずし、公の場から退いていたウッドロー・ウィルソンの演説もチェーン・システムによって放送された。彼が失意のうちに亡くなったときには、その葬儀の模様も放送されたのである。[9]

一九二四年には、アメリカ大陸を横断する局間連結チェーン・システムが構築される。一〇月二四日には、前年にサンフランシスコのホテルで急死したハーディングに代わって大統領に就任したカルビン・クーリッジが、全米に向けてメッセージを送った。[10]AT&Tの「チェーン放送」は、三人の大統領の声をのせて運んだことになる。

こうした大イベントが、ジャズ・エイジの大衆に、好奇の目でみられ、期待され、大好評を博したことはいうまでもない。技術開発は、ナショナル・イベントの放送を通じて検証され、発展させられていったのである。

無線電話からラジオへ

ところが、「有料放送」とそれにもとづく「チェーン放送」の中身は、AT&Tのビジョンから大きくズレたものになっていく。

第一に、ソフトウエアの問題である。「有料放送」構想では、AT&Tはメッセージにタッチしない予定であった。AT&Tは、ちょうど公衆電話のように、ラジオ放送施設を用意しておく。人々は、時間計算の料金を支払うことで、この施設を使い、自由にメッセージを送る。この方式は、「パブリック・アドレス・システム」と呼ばれていた。[11] しかし、ラジオは情報をまきちらしてしまう、プライバシーの保てないメディアである。人々は、ラジオを電話のような私的な会話のために使いはしなかった。いまとなっては当たり前のことであるが、当時はこうした人々の情報行動の視点からの、システムの検討はなされなかったのである。利用者は、後に述べるとおり、デパートや遊園地、企業などが大半を占めることになった。広告を送るためである。そして、メッセージじたいは、AT&Tが制作せざるを得なくなる。人々を引きつけるメッセージ＝プログラムを制作すること、それは単独局のばあいにも重要な課題であったが、「チェーン放送」においては、さらに重要度を増す。「チェーン放送」は、けた違いの数の人々によってエア・チェックされるためである。もはや、技術者の実験放送に毛が生えた程度の、室内管弦楽やアンサンブルのようなものでは満足されず、水準の高いエンターテイメントが要求されるようになった。しかも、それはたんにボードビル・ショーや映画の焼き直しのパフォーマンスではなく、ラジオらしい同時代性をもったメッセージでなくてはならなかった。

ＡＴ＆Ｔでラジオを担当したのは、長距離回線事業部のエンジニアたちである。本来メッセージ内容に関与する必要のないハードウエア担当の彼らに、エンターテイメント性の高い番組の制作能力を求めることは、無理であった。ＡＴ＆Ｔは、企業広告のためのメッセージ制作を、広告代理店に外注するようになる。スポンサー・システムのはじまりはここにある。放送事業には、送受信技術の運営だけではなく、ソフトウエアである番組の制作管理という、まったく異なる経営課題が存在することが、はっきりしてきたのだ(12)。

第二に、ＡＴ＆Ｔをアメリカ随一のテレ・コミュニケーション事業に発展させ、その公共性を唱えたセオドア・ベイル以来、コモンキャリア事業の常識となっていた経営環境が、ラジオにおいては整わなかった点である。ＡＴ＆Ｔは、徐々に連結可能な放送局の数を増やしていき、全米に向けての「同時放送」を実現するために三八局の開設を計画していた。そのさい、三八のラジオ局は、それまでの市外電話局と同じようなものとしてとらえられ、すべて自社所有することが当然のように考えられていた。AT&Tにとっては、放送局は独立した存在たり得ず、電話ネットワークを形成する設備の一部とみなされていたのである。電話ネットワークの一部なのだから、放送局が自社の設備であり、自己資産であることは当たり前のことだった。しかし、このビジョンは、ラジオ局の急増にともなって周波数の利用状況が大混乱をまき起こしたために、実現不可能となる。そのためAT&Tは、同社の送信機が装備されているか、あるいはAT&Tから許可を受けた外部の放送局と契約を交わし、それらを組みこむことで「チェーン放送」を実現するよう方針を変更する。(13)

放送は電波を利用する。電波は、大気に充ちている、いわば天然資源である。しかも、その天然資源のうち、放送に利用できる部分には限りがある。有限希少な放送用電波は秩序立てて分配されなければならない。そのため、放送局の設立にあたっては商務長官から免許を受ける必要があった。エーテルにのせられた声や音楽は、電話とは違い、ラジオをもつすべての人々によって、同時に聴取される。電話は、銅線に音声をのせて往き来させ、空間を超えて、人と人とを一対一でむすびつける。ラジオは、まるで湖水に石を投げいれてできる波紋のひろがりのようにして、送信機を中心としてメッセージを放送=ブロードキャストする。メッセージは、コミュニティをつつみこみ、さらにコミュニティを超えた地理的空間に均質にまきちらされていく。こうした条件によって成り立つラジオは、電話とは別のメディアとしての特性を備えていた。AT&Tは、このことを徐々に認識していったのである。

2　山分けのやりなおし――「一九二六年相互特許協定」の成立

テレフォン・グループ対ラジオ・グループ

ジャズ・エイジの人々のあいだでは、ラジオをめぐる産業動向はほとんど関心を集めていなかった。人々の関心は、もっぱら楽しみとしてのラジオ番組に向けられていて、ハピネス・ボーイズやルディ・ヴァリーの音楽番組に耳を傾け、大統領選挙をすばらしいショーとして楽しみにする毎日がはじまっていた。

しかし、人々の知らないところで、業界は大きく動いていた。ラジオ放送の予想外の発達によって、ラジオ無線による通信事業をイメージして提携された「一九一九―一九二一年相互特許協定」は、はやくもその意味を失いかけていた。無線通信の事業主体として設立されたRCAの業務内容も、放送用のラジオ受信機販売の占める割合が大きくなり、企業活動は大きく転換していた。RCAの売上げは、一九二一年の約一四七万ドルから、翌二二年の一一二九万ドル、二四年の五〇〇〇万ドルにまで激増していた。設立三年にしてRCAのラジオ受信機販売収入は、大洋間通信事業収入の約四倍にたっし、事業構造は完全に逆転した。一九二六年九月、RCAは自社が世界最大のラジオ受信機販売会社であると宣言している。(14)

協定に参加したビッグビジネスは、現実の経営環境の変化にもかかわらず、ラジオの古いイメージにもとづいて交わされた相互特許協定にしばられて活動しなければならなかった。こうしたなかで、RCA、GE、ウエスティングハウスなどのラジオ受信機製造・販売をおこなうビッグビジネスからなる「ラジオ・グループ」と、AT&Tを中心としたテレ・コミュニケーション企業からなる「テレフォン・グループ」の対立関係が、しだいにはっきりしてきた。それぞれが、協定の条項を自分に都合のよいように解釈してラジオに進出していたが、もっとも深刻な争点となっていたのは、「有料放送」の独占権の問題であった。

WEAFで成功をおさめたAT&Tは、放送用の送信機の製造・販売権、電話と同様に「有料放送」によって時間当たりの利用料金を収入として得る権利、チェーン放送のための局間電線の所有権の三つを同社がもっていると主張していた。(15)このために当時RCAの単独経営下に移っていたWJZをはじめとする「ラジオ・グループ」の放送局は、いわゆる広告収入を得ることができず、経営面で苦しんでいた。ニューヨークではげしい競争状態にあったWEAFが、一九二六年の一年間に約二五万ドルの広告収入をあげていたのにたいして、RCAはWJZに一〇万ドルを費やしていた[16]。さらにAT&Tは、他社にたいして長距離電話線の使用を認めなかった。ラジオ・グループはウエスタン・ユニオンやポスタル・テレグラフなどの電信線を使用せざるを得なかった。しかしそれらは、もともとモールス信号の送受信用回線であったため、音声の再生能力は低く、放送には不向きであった。電信線を用いた放送は、「ラジオ・グループ」の運営をいっそう困難にしていた[17]。

このころ、連邦議会の要請によって連邦取引委員会（FTC）は、RCAを中心とするラジオ産業についての調査を開始した[18]。そのさいのラジオ産業とは、ラジオ無線通信産業のことを意味していた。ただし、産業の変化はあまりにも速すぎた。すでに焦点は、ラジオ受信機と放送の領域に移ってしまっていた。いずれにしても、FTCは一九二四年に報告書を刊行し、RCAに関連する七企業にたいして、独占禁止法が適用されるべきである、との勧告をおこなった。RCAの独占的体制にたいする社会的反感は日増しに高まっていた。AT&Tもまた、「有料放送」の独占権を強硬に主張することが、反独占の世論をまき起こすことを予想して慎重になっていく。ついに「有料放送」に特許を導入し、一定の使用料を徴収することで、他のラジオ局がこのシステムを導入することを認めるように態度を変えたのである。

ＡＴ＆Ｔが一九二四年五月に新聞発表したところによれば、同社の「有料放送」特許権を侵害していた四〇の放送局が特許使用申請をおこない、正式に承認されたという。特許使用料は、局の規模によって異なり、五〇〇ドルから二〇〇〇ドル程度のものであった。しかし、特許料を支払わない放送局も出てきた。ＡＴ＆Ｔが同年冬に、ＷＨＮを特許侵害で訴訟する。すると、予想どおりの反論が社会的に起こった。[19]

一方「ラジオ・グループ」は、つぎの三点を主張していた。第一にラジオ受信機の製造・販売権は、相互特許協定加盟企業にのみ与えられること、つぎにすべての局が、少なくとも番組制作費についてはスポンサーから回収できるようにすること、第三にすべての放送局は、なんらかの方法によって相互にむすびつけられるべきであることである。これは、明らかにＡＴ＆Ｔの主張と対立していた。

「ラジオ・グループ」と「テレフォン・グループ」は、ともに独占禁止法の適用によって、本業に損害がおよぶことをなによりも恐れていた。[20] 企業間の争いが表面化しなければ、世論はラジオの楽しみに没頭して独占問題を忘れていてくれる。そのためには、ラジオ無線からラジオ放送へと急転換した実態に即した協定をむすべばよい。両陣営は、ラジオという新たな宝の山の分け方をあらためて考えなおすことにした。事態を打開するための新たな交渉に乗りだしたのである。

AT&Tの撤退

AT&Tは、はやくも一九二三年一月二三日にRCAの株式を売却する。きっかけは、RCAが製造業者にたいして部品製造のための免許制を敷いたことが、強い反対を業界内に引き起こしたことにあった。一方、「ラジオ・グループ」の放送局は広告収入を得られず苦しい状況にあったが、グループ企業自体は利益を享受しつづけた。二四年のFTC勧告にたいして司法の判決が下りるまでには、六年の歳月を要した。それまでのあいだGEとウエスティングハウスは、RCAからの株式配当による収益を得ていたのである。[21]

産業界のかかえる問題は、第一次世界大戦後のときにくらべて、格段に複雑化していた。ここで、ラジオのあらゆる側面について、知識と経験がもっともゆたかであったデービッド・サーノフが調停の中心に登場することになる。[22]サーノフは、一九二二年、三一歳の若さでRCAの副社長に抜擢されていた。まず彼は、これからのアメリカの放送のあり方について、基本的なビジョンを打ちだした。「中央放送組織（central broadcasting organization）」と呼ばれる構想であった。[23]産業界の動きは、これによって統制されることになった。一九二六年一月、RCAの役員会は、新しい放送組織を独立した会社として設立することを承認した。その株式は、RCA五〇％、GE三〇％、ウエスティングハウス二〇％という割合で所有されることになった。そして新会社は、WEAFの資産を買収し、AT&Tの回線を長期契約で賃貸することになった。AT&Tは二五〇万ドルを要求したが、最終的には施設費二〇万ドル、経営権利金八〇万ドルの総額一〇〇万ドルで取り引きが成立した。AT&Tは、五月に、同社が所有する放送関連事業部門を、「アメリカ放送株式会社（The Broadcasting Company of America）」という子会社として独立させ、売却の準備に入ったのである。

少しさかのぼるが一九二五年になって、両グループはサーノフの調停を受けいれることで正式に合意していた。約一カ月の公聴会の後、当然のことではあるが、彼はおおむねRCAに有利な結論を下している。その結果一九二六年七月七日に、一二文書からなる新たな「一九二六年相互特許協定」が締結された。規定された主要事項は、以下のとおりである。(24)

まず、一九二六年時点におけるラジオ放送の活況に照らして、「一九一九—一九二一年相互特許協定」を見直すことを承認する。AT&Tはラジオ放送事業から撤退する。AT&Tの子会社であるアメリカ放送株式会社が所有する放送事業資産は、新たに設立予定のRCAの子会社に売却される。WEAFも一〇〇万ドルで売却される。さらにAT&Tは、放送送信機の製造、賃貸、販売独占権を放棄し、「ラジオ・グループ」にたいしてそれらの権利を認める。そのかわりに「ラジオ・グループ」は、

「遠隔放送」、「同時放送」をおこなうさいには、必ずAT&Tの回線サービスを有料で使用することとする。これらの取り決めによって、ＡＴ＆Ｔは、テレ・コミュニケーション領域における地位を確実なものにすることができた。くり返していえば、ＡＴ＆Ｔは、「チェーン放送」にたいして独占禁止法が適用され、その被害が本業である電信・電話事業にまでおよぶことをもっとも恐れていた。一九二〇年代を通じて、電信・電話事業の収益は著しく伸びていた。リスクの大きな放送事業をつづける必要性は低かった。また「チェーン放送」のバラ色の未来を考えれば、放送に直接は参加しないでおいて、ネットワーク回線を供給することによる収益を見込むことの方が賢明な選択だったのである。

注目すべきなのは、この協定のなかに他のメディアの産業的編制にかかわる事項がみてとれることである。たとえば映画については、とりあえず当時展開されていた競合状態を容認するという合意にいたった。当時少しずつ研究開発がつづけられていたテレビジョンの領域についても同様であった。ただし、ＲＣＡがテレビの放送権、ＡＴ＆Ｔがテレビの有線送信権をもつことだけは確認された。将来、テレビジョンが社会的な地位を得たメディアとなったとき、また両陣営のあいだで利権を分配しあおうというのであった。

NBCの誕生

一九二六年八月に、RCAの放送事業部門の子会社に「ナショナル・ブロードキャスティング・カンパニー（NBC）」という名称が与えられ、九月にデラウエア州法のもとで株式会社として発足した。[25] 数週間後、NBCは協定にしたがってAT&Tに一〇〇万ドルを支払い、WEAFの資産を買収する。

NBCの初代社長には、全国電気照明協会役員の職を辞したメルリン・H・アイレスワースが、年俸五万ドルで就任した。自宅にラジオももたない、放送の素人であった。WEAFの有力セールスマンであったジョージ・マクリーランドが総務部長に着任、WJZのベルサ・ブレイナードが番組制作担当となった。[26] また、一般市民へのPRのため、有識者一二名からなる公共諮問委員会が設けられた。

RCAは、「ナショナル・ブロードキャスティング・カンパニーを発表する」と題された、NBC設立を告知する宣伝文を作成する[27]（図表**15**）。その概要はこうである。

いまやアメリカには、五〇〇〇万世帯にラジオがいきわたっている。が、のこりの二〇〇〇万世帯すべてに、この新しい公衆サービスをいきわたらせることが、RCAの社会的義務である。ついては、より品質の高い番組を、より多くの家庭にとどけるために、AT&TからWEAFを含む放送設備を一括購入し、「ナショナル・ブロード

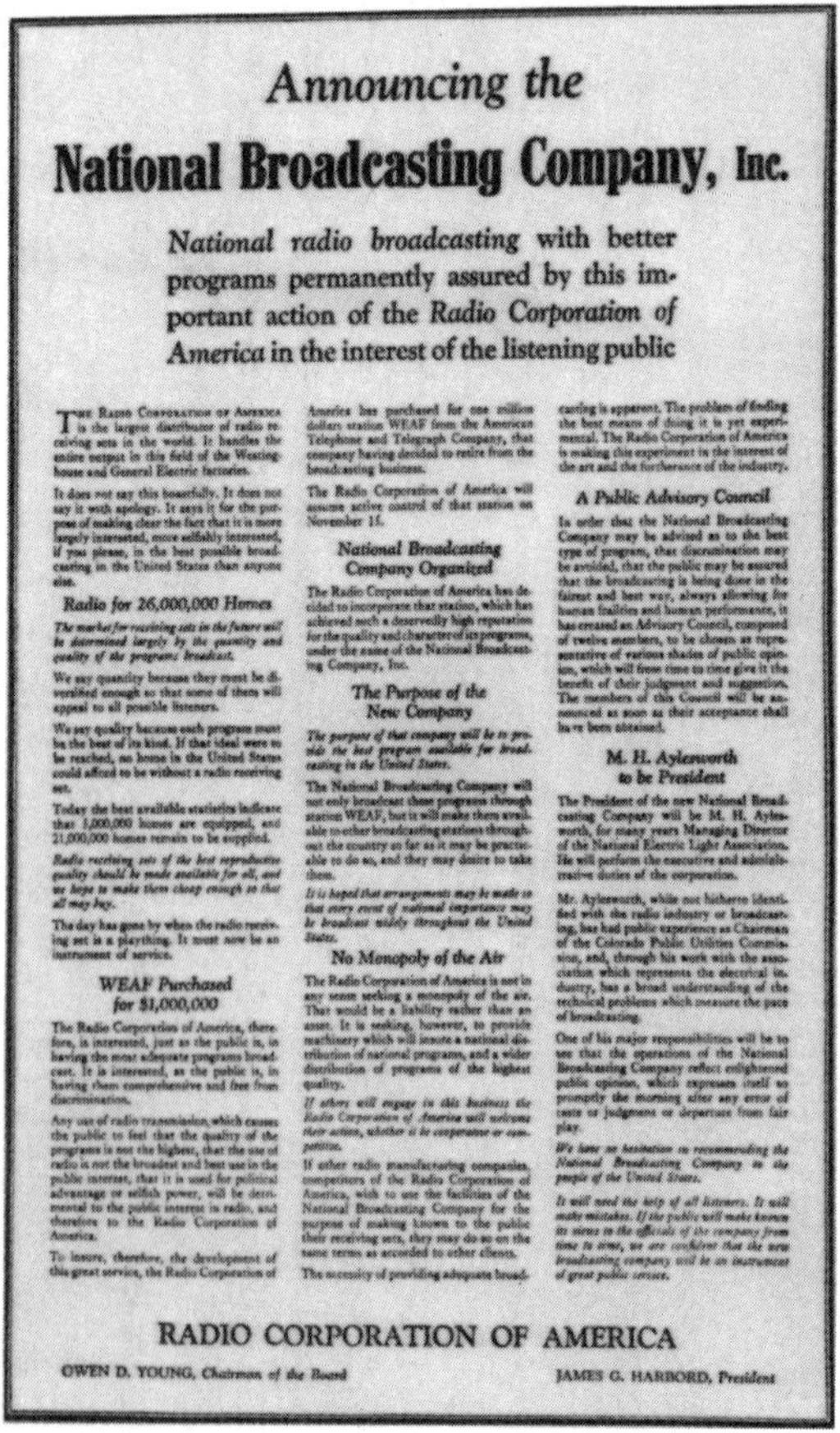

Announcing the

National Broadcasting Company, Inc.

National radio broadcasting **with better programs permanently assured by this important action of the *Radio Corporation of America* in the interest of the listening public**

THE RADIO CORPORATION OF AMERICA is the largest distributor of radio receiving sets in the world. It handles the entire output in this field of the Westinghouse and General Electric factories.

It does not say this boastfully. It does not say it with apology. It says it for the purpose of making clear the fact that it is more largely interested, more selfishly interested, if you please, in the best possible broadcasting in the United States than anyone else.

Radio for 26,000,000 Homes

The market for receiving sets in the future will be determined largely by the quantity and quality of the programs broadcast.

We say quantity because they must be diversified enough so that some of them will appeal to all possible listeners.

We say quality because each program must be the best of its kind. If that ideal were to be reached, no home in the United States could afford to be without a radio receiving set.

Today the best available statistics indicate that 5,000,000 homes are equipped, and 21,000,000 homes remain to be supplied.

Radio receiving sets of the best reproductive quality should be made available for all, and we hope to make them cheap enough so that all may buy.

The day has gone by when the radio receiving set is a plaything. It must now be an instrument of service.

WEAF Purchased for $1,000,000

The Radio Corporation of America, therefore, is interested, just as the public is, in having the most adequate programs broadcast. It is interested, as the public is, in having them comprehensive and free from discrimination.

Any use of radio transmission which causes the public to feel that the quality of the programs is not the highest, that the use of radio is not the broadest and best use in the public interest, that it is used for political advantage or selfish power, will be detrimental to the public interest in radio, and therefore to the Radio Corporation of America.

To insure, therefore, the development of this great service, the Radio Corporation of America has purchased for one million dollars station WEAF from the American Telephone and Telegraph Company, that company having decided to retire from the broadcasting business.

The Radio Corporation of America will assume active control of that station on November 15.

National Broadcasting Company Organized

The Radio Corporation of America has decided to incorporate that station, which has achieved such a deservedly high reputation for the quality and character of its programs, under the name of the National Broadcasting Company, Inc.

The Purpose of the New Company

The purpose of that company will be to provide the best program available for broadcasting in the United States.

The National Broadcasting Company will not only broadcast these programs through station WEAF, but it will make them available to other broadcasting stations throughout the country so far as it may be practicable to do so, and they may desire to take them.

It is hoped that arrangements may be made so that every event of national importance may be broadcast widely throughout the United States.

No Monopoly of the Air

The Radio Corporation of America is not in any sense seeking a monopoly of the air. That would be a liability rather than an asset. It is seeking, however, to provide machinery which will insure a national distribution of national programs, and a wider distribution of programs of the highest quality.

If others will engage in this business the Radio Corporation of America will welcome their action, whether it be cooperative or competitive.

If other radio manufacturing companies, competitors of the Radio Corporation of America, wish to use the facilities of the National Broadcasting Company for the purpose of making known to the public their receiving sets, they may do so on the same terms as accorded to other clients.

The necessity of providing adequate broadcasting is apparent. The problem of finding the best means of doing it is yet experimental. The Radio Corporation of America is making this experiment in the interest of the art and the furtherance of the industry.

A Public Advisory Council

In order that the National Broadcasting Company may be advised as to the best type of program, that discrimination may be avoided, that the public may be assured that the broadcasting is being done in the fairest and best way, always allowing for human frailties and human performance, it has created an Advisory Council, composed of twelve members, to be chosen as representative of various shades of public opinion, which will from time to time give it the benefit of their judgment and suggestion. The members of this Council will be announced as soon as their acceptance shall have been obtained.

M. H. Aylesworth to be President

The President of the new National Broadcasting Company will be M. H. Aylesworth, for many years Managing Director of the National Electric Light Association. He will perform the executive and administrative duties of the corporation.

Mr. Aylesworth, while not hitherto identified with the radio industry or broadcasting, has had public experience as Chairman of the Colorado Public Utilities Commission, and, through his work with the association which represents the electrical industry, has a broad understanding of the technical problems which measure the pace of broadcasting.

One of his major responsibilities will be to see that the operations of the National Broadcasting Company reflect enlightened public opinion, which expresses itself so promptly the morning after any error of taste or judgment or departure from fair play.

We have no hesitation in recommending the National Broadcasting Company to the people of the United States.

It will need the help of all listeners. It will make mistakes. If the public will make known its views to the officials of the company from time to time, we are confident that the new broadcasting company will be an instrument of great public service.

RADIO CORPORATION OF AMERICA

OWEN D. YOUNG, *Chairman of the Board* JAMES G. HARBORD, *President*

図表 15　NBC 設立告知文

キャスティング・カンパニー」を発足させた。この会社の目的は、高品質の番組を制作すること、それをＷＥＡＦを通じて放送すること、さらにはその他の放送局においても放送されるよう手配をすることである。ＲＣＡにはエーテルを独占しようなどという意思はかけらもない。競合企業の市場参入は大いに歓迎する。同社は、よりよい品質のラジオ受信機とラジオ放送を、全国にいきわたらせたいだけである。こうした説明の後に、諮問委員会の設置と、エイルスワース初代社長の紹介がつづいている。

今日ＮＢＣは、アメリカのネットワーク放送の象徴的な存在である。ケーブル・テレビの普及によってかつてのような圧倒的シェアは失いつつあるとはいえ、そのネットワーク網はアメリカの放送産業のなかで比類なき大きな存在である。しかし、一九二六年にこの告知文を目にとめた多くの人々にとっては、ネットワークはよく意味のわからない新規事業だった。しかもその活動内容は、きわめて公共的な性格をもったものとして受けとめられたことだろう。ＮＢＣ設立の主な動機となったはずの「有料放送」による運営にかんしては、一言も触れられていない。それどころか、「有料放送」という用語は、ＮＢＣ設立以後使用されなくなってしまう。

「一九二六年相互特許協定」の締結をめぐる政治経済的力学は、「チェーン放送」をおこなうことを業務内容とする最初の企業、ＮＢＣを生みだした。それは、アメリカの自由奔放だったラジオ、数えきれないほどの無線マニアによる実験送信と、ソング

&パターの歌声が共生していたエーテル空間に、まだそれほど大きくはないにしても囲いを作り、平地に杭を打ちこみ、工場を建設するような意味をもっていた。

ラジオ、産業となる

一連の転換は、つぎのような変化をもたらした。

第一に、NBCの誕生によって、ラジオ放送の産業的体制がはじめて確立された。それとともに、放送産業の相対的独立性が明らかとなった。それまでの放送局は、AT&Tの「無線電話」賃貸料政策にしたがって、特許使用料を支払わなければならなかった。その数は、一九二六年一月時点で五二八局あった全米のラジオ局の約半分にのぼった。しかし、二六年以後すべての局が自由に広告放送をおこなえるようになった。広告放送は、一九二八年までに、アメリカの放送の収益システムのうちでももっとも有力なものになった[28]。さらにこの協定は、たんにラジオ・メディア、放送産業の領域にとどまらず、技術的、経営的に融合、進出可能な関連領域にまで影響力をもった。長期的にみれば、テレ・コミュニケーション産業、放送産業、映画産業、家庭電化製品産業などの有機的連関を成立させる土壌を生みだすことになった。その中心となったのは、いうまでもなくRCAである。

RCAは、一九三〇年、GE、ウエスティングハウスとの和解によってラジオ受信機生産にまで業種を拡大した。三二年には、送信機の製造・販売権も獲得した。この時点から、RCAは、ラジオ送受信機の製造・販売におけるトップメーカーになった。さらに、二九年には真空管製造販売のためにRCAラジオトロンを設立し、この分野における支配的地位を確立する。またRCAは二七年秋に、ラジオの音声技術をもとにトーキー映画の領域に進出する。そして二八年一〇月二五日にラジオ・キース・オルフェウム（以後RKOと略す）という、ボードビル・シアターと映画館を所有する会社の設立に資本参加し、三二年までに株式の六一％を所有するようになった。RKOにおける音声再生設備は、RCAフォトフォンによって供給された。一方、蓄音機製造とレコード産業の領域への接近可能性についても、はやくから社内で認識されていた。二四年には、ブランズウィック・バルケ・コレンダーとのあいだでラジオ受信機の生産契約、および蓄音機会社のアーティストをRCA所有の放送局の番組に出演させる契約を交わす。同様の契約はビクター・トーキングマシーンとのあいだでも交わされる。ビクター・トーキングマシーンは、二八年には資産総額約七〇〇〇万ドル、総売上げ五〇〇〇万ドルを超える大企業であった。RCAは同社と二九年一二月二六日に合併し、RCAビクターという新会社を設立した。さらに三五年には、このRCAビクターがRCAラジオトロンと合併し、RCAの製造部門であるRCAマニュファクチャリングとなった(29)。

RCAは、音のテクノロジーを利用して、情報メディア、情報家電の領域でヘゲモニーを握ることに成功したのである。

3 混信とパブリック・インタレスト――全米無線会議の展開

ラジオが聴きにくくなってきた

「一九二六年相互特許協定」によってNBCが設立され、広告収入による放送局運営が一般化していったそのころ、ラジオはだんだんと聴きとりにくくなっていた。受信機の性能は上がっていた。しかし、船舶無線などが断続的にしか電波を飛ばさないのにたいして、放送用無線は、定時に連続的な放送番組を飛ばす。エーテルのなかを飛び交う放送電波は、たがいに干渉しあい、頻繁に混信を引き起こしはじめたのである。ラジオブームのなかで、ラジオ局は激増していたが、そのことと混信の頻発は表裏一体であった。

一九二一年、ハーバート・フーバーが、四六歳でハーディング政権の商務長官に任命された。彼が、無線・放送事業にかんして緊急に対処しなければならなかったのは、この混信問題である。フーバーは、着任早々放送局と無線局とを区分し、三六〇メートル（八三三・三キロヘルツ）の波長のみを放送局用として選定し、このチャンネルを用いてすべての放送局申請者に免許を付与する対策をとった（図表**16**参照）。

フルセットのラジオ受信機が販売されはじめた一九二二年には、一月から七月までのうちに全米で四三〇局が免許を取得した。電波の干渉を克服するために、各局は競って出力を上げはじめる。混信現象は全米にひろがる。ニューヨークやシカゴのような大都市においては、局間で時間割当をして放送をおこなう必要が出てきていた。[30]ラジオはブームになってしまっていた。一九二三年に商務省が免許を与えた放送局数は五五六にたっし、都市部を中心に事態は深刻化した。

この時点において、ラジオ無線・放送行政の法的根拠となっていたのは、いわゆる「一九一二年無線法」[31]であった。この法律が制定された当時、ラジオ無線はまだ実験段階にあった。無線電信も船舶や飛行機において利用されていたにすぎなかった。このため同法は、ラジオを、電信・電話という有線テレ・コミュニケーションの延長上にある地点間通信活動とみなしたうえで構成されていたのである。法律家も、一般大衆も同じような想像力の働かせ方をしていたのだった。ラジオ無線がその想像の範囲を超えなかった第一次世界大戦直後までの約一〇年間は、それでもほとんど問題がなかった。しかし、放送という新しいマス・コミュニケーション活動が社会的に発明され、爆発的に普及するなかで、事態は急変したのである。

図表 16　AM 放送用周波数帯の推移

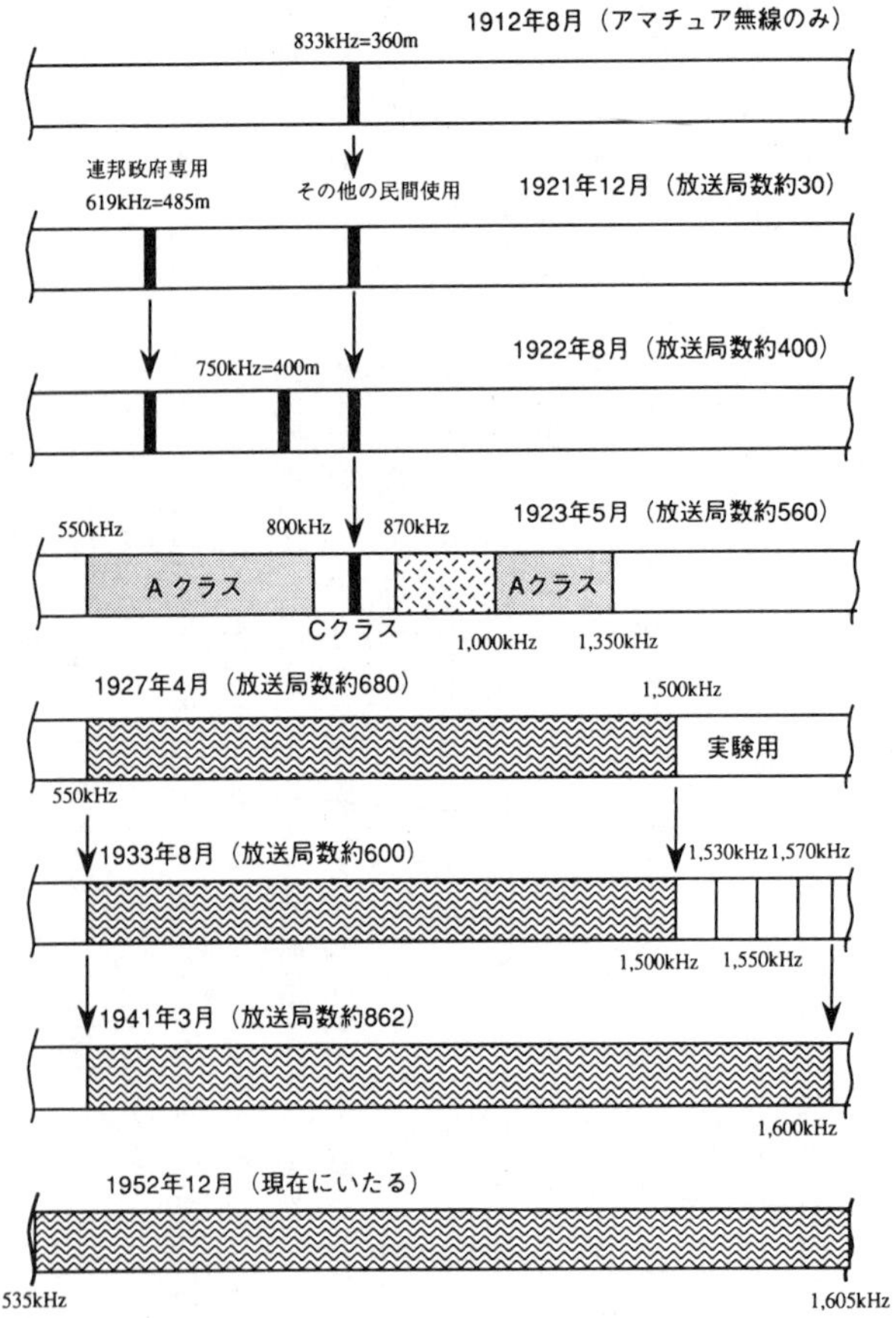

注：(1)　Sterling, Christopher H. and John M. Kittross, 1990, p. 86 の図から作成。
(2)　1912 年から 23 年までの期間は，周波数の単位はキロヘルツではなくメートルであった。

ここで少し、「一九一二年無線法」の成立の背景を明らかにしておこう。アメリカにおける電信・電話事業は、同じようなコミュニケーション手段である郵便よりも、トランスポーテーション・メディアである鉄道をモデルとして展開されてきていた[32]。事実、鉄道と電信は、相互に補完しあいながら一九世紀の世界で拡張されてきた。電信・電話は、表現のための道具というよりもビジネス・システムとみなされて、ハードウエアへの注目が先行したのである。このため、長いあいだテレ・コミュニケーションは、言論・表現の自由を保障する修正憲法第一条によって保護されるべき活動とはみなされないでいた。同じことは、当然ラジオ・コミュニケーションにもあてはまった。こうした電信以来のエレクトリック・メディアをめぐる社会的認識は、法律の性格にも強く反映し、アメリカでは、ラジオ無線が州を越えてなされるビジネス活動のようなものとみなされることになる。一九一〇年、「州際通商法」が修正されることで、ラジオにも連邦管轄権が行使される制度的基盤が発生した。同様の規制目的から、同年「船舶無線法」も施行される。アメリカの行政は、建国以来州を単位としておこなわれ、州を越える対象にかんしてのみ連邦政府が管轄するという体制にあった。しかし、電波は、州単位の区分を軽々と越えて伝播してしまう。そこで「州際通商」の枠組みに、ラジオ・コミュニケーションを組みこもうということになったのである[33]。

このような制度の特性は、「一九一二年無線法」にも受け継がれていた。「一九一二年無線法」は、商務労働長官[34]にたいして、商業目的、あるいはアマチュアでラジオ送信活動をおこなう無線局にたいして免許を与える権限を付与していた。しかし、規則制定権を与えず、細目にいたるまで法律として規定したため、長官には自由裁量権がほとんどなかった。免許申請者が、アメリカ国籍を所持する者であるという最低限の資格を満たしているばあいに、長官は免許を拒否する権限をもたなかったのである。[35]「一九一二年無線法」にもとづくシステムは、免許制度というよりも登録制度といった方が適当だった。フーバーがもちえた権限は、きわめて弱体なものだった。彼が混信問題にたいしてとりうる方策は、関係機関のあいだの調整と交渉に限定されていたのである。

全米無線会議の招集

フーバーは、実務能力に優れた人物だった。一九二二年、事態を打開するため、放送事業関係者二二名をワシントンに招集し、全米無線会議（National Radio Conference）を開催する。[36]放送をめぐって国家レベルで議論がおこなわれた最初の機会であった。同時に、放送事業が少数の産業資本の手で編制されてしまうきっかけともなった。この会議において、新たに四〇〇メートル（七五〇キロヘルツ）の波長をとりあげ、比較的大出力の局（Aクラス局）を三六〇メートル、小出力局（Bクラス局）を四〇〇メートルに振り分ける方策がとられた（図表16、一六〇頁）。しかしこの措置は、当時船舶局やアマチュア無線局にたいして採用されていた割当方法と変わりがないものだった。ラジオ放送という新しい社会情報現象に直面しても、「一九一二年無線法」の枠組みから抜けだすことができなかったのである。

それにしても、商務省が、全米六〇〇局近いラジオ局をふたつの周波数に集めることですませたというのは、今日の放送行政の常識からするとかなり無謀な措置である。会議に参加した人々は、問題が簡単に解決できると考えていた。当時、エーテルのなかを声や音楽が伝わることの神秘性が、ひろく社会に共有されていたことは、すでに述べたとおりである。とはいうものの、初期の放送事業関係者の多くは科学者や技術者であり、彼らが電磁波理論を科学的に理解していたことはいうまでもない。したがって、電波周波数についての科学的知識の欠如から、こうした政策がとられたわけではなかった。理由は、より社会的なものであった。ラジオは、当時相当な勢いで普及しはじめていたとはいえ、自動車や、冷蔵庫、アイロン、洗濯機といった家電製品のひとつにすぎなかった。ラジオは商品として売れればいいのであって、表現手段としてのラジオ・コミュニケーションの意義についての認識は、まだ深くはなかった。放送局の急増がもたらす問題についても、たんに技術的な事柄としてとらえる傾向が強く、社会的な次元で政策的に解決をはかろうという考え方は希薄だったのである。くわえて、アメリカは「ジャズ・エイジ」にどっぷりと浸っていた。自由放任主義のクーリッジ政権のもとでは、連邦政府が率先してラジオを規律していこうという気運は高まらなかった。

大規模ラジオ局は、むしろ積極的に制度的規律を望んでいた。海賊局や、割り当てられた周波数以外を勝手に用いる「ウエーブ・ジャンピング局」を取り締まってもらうためである。しかし、この会議では、より高品質のラジオ受信機の製造・販売と、地域コミュニティが一体となってよりよい放送活動の実践に向けてとりくみ、商務省に特別財政支出を認めるよう政府にはたらきかけていくことなどの勧告案が決議されたにとどまっている[37]。ラジオの社会的特性を、まだ誰もはっきりとはつかんでいなかったのだ。

一九二三年二月、コロンビア特別区控訴審は「インターシティ・ラジオ会社対フーバー事件」の控訴審において、ひとつの重要な判決を下した[38]。商務長官は、申請者に免許を拒否することはできないものの、周波数の割当には自由裁量権を認め、波長の選択は長官の判断に委ねられるとしたのである。この判決を受けてフーバーは、翌三月に第二回全米無線会議を招集し[39]、周波数割当について審議した。その主な勧告内容は、つぎの三つである。五五〇キロヘルツから一三五〇キロヘルツの周波数帯域をすべて放送用としてとっておくこと。全国を五つの地域に区分すること。放送局を三つのクラスに分類すること。すなわち、出力五〇〇ワット以下のAクラス、五〇〇ワットから一〇〇〇ワット以下のBクラス、さらに小出力局を従来の三六〇メートル（八三〇キロヘルツ）にとどめてCクラスとして、周波数帯を割り振ることである（図表**16**、一六〇頁）。

この勧告は、実施に移され、事態はいったんは大いに改善された。ところがラジオ局が出力を上げはじめると、前にもまして混信は深刻化してしまった。場当たり的にウエーブ・ジャンピングをくり返す者も多かった。行政担当者にも、電波を公共財としてとらえる視点は、まだ定着していなかった。一般市民はなおさらである。また、技術的な未熟さと、ポータブル送信機の普及による移動放送局の出現が混乱に輪をかけた[40]。それでもフーバーは、最低限の条件を満たした申請者にたいしては、免許を与えなければならなかったのである。

パブリック・インタレストとはなにか

一九二四年一〇月、第三回全米無線会議が招集された。この会議には、はじめてラジオの聴取者も参加していた。そして、いくつかの施策により、新たに約三〇の放送用チャンネル用の周波数を確保することができた[41]。

この会議で重要なことは、フーバーによってはじめて、放送が「公共サービス」であるという考え方が提出されたことである。

ラジオは、いまや公共サービスの偉大な機関であると考えられなければならないのです。そしてそのような見地から、この会議の行く手に立ちはだかる難問が論議され、解決されていくことを私は望んでいるのです。(42)

「一九二七年無線法」で構成されるアメリカの放送制度の基本理念は、このとき芽生えていた。そしてフーバーは、「公共サービス」を監理・運営するために、電波行政をおこなう公的機関の設置が必要であるとも主張した。また、放送におけるレコード使用は、番組内容の堕落をまねくものとして非難された。一方、「同時放送」、「チェーン放送」は、番組内容を向上させるテクノロジーとして推奨されていた。(43) しかしこの会議の勧告案にもとづいた政策も、放送局の高出力化、ウエーブ・ジャンピングの頻発にたいして根本的解決策を見いだすことはできなかった。

フーバーはさらに翌一九二五年一一月、四回目の全米無線会議をワシントンに招集した。これは、それまでの会議のうち最大規模で、放送局の所有者も含めたラジオ関係者約六〇〇名が参加した。フーバーは参加者にたいして、このままの状況がつづけば放送事業は活動を停止しなければならないと打ちあける。ついてはラジオをめぐるすべての人々の協力を求める、ということで以下の提案をおこない承認されたのである。

まず、ラジオは、「パブリック・インタレスト（公共の利益）」を満たすためのサービスであるという認識である。これは、いうまでもなくその後の放送行政の基本理念となった。そのような理念を満たす放送活動を円滑におこなうために、放送局数を限定する権限のある行政機関をつくること、放送局は公共事業ではないものの、その免許は商務長官が認めた者のみに付与されることが決議された。第四回全米無線会議における決議は、事実上の行政法であった。ハーバート・フーバーは、法的根拠はないものの、この決議にしたがい、周波数割当をおこなっていった。また、この会議の議事録は、第六九回の両院議会に提出された。それに対応して、メーン州選出のホワイト議員からは、無線通信を独立行政委員会によって規制するための法案が下院に提出されている(44)。

しかしこの時期にいたって、新たな問題がもちあがった。商務長官は、現存する政府および民間の無線局を妨害するような行動をとる無線施設の申請者にたいしては、免許を付与しない方針を明らかにしていた。しかし、一九二六年の連邦最高裁判所の「シカゴ・ゼニス・ラジオ局事件」判決(45)は、ウエーブ・ジャンピングも「一九一二年無線法」に違反しないとし、商務長官の周波数割当などの放送規制権限を否認したのである。この判決内容は、一九二三年の「インターシティ事件」判決のそれと、正反対の内容だった。そのことが、フーバーに周波数行政の根拠を失わせてしまったのである。

放送局の急増によって、同一地域内での混信防止のために設定されていた五〇キロヘルツの境界領域帯は、徐々にせまくなり、二キロヘルツしかないというケースさえ出てきた。ウエーブ・ジャンピングは頻発し、それに対応するために有力放送局は、出力をさらに増大させた。このような「送り手」側の混乱の結果、全米各地で受信状態は最悪となった。オレステス・H・カルドウェルは、一九二七年六月の連邦無線委員会（FRC）委員就任演説において、「ゼニス事件」後のラジオの様子を、「聴取者は受信機ではなくて、いろいろな笛のくっついたピーナッツ炒り機をもっていたのかと思ってしまうほど」だったと述べている[46]。ラジオがよく聞こえなくなると、スポンサーにとっての媒体価値は下落した。出力の強いものが生きのこる、弱肉強食の状況が生みだされた。ハーバート・シラーがいったように、アメリカ人は、森林やバイソン、砂金と同じように、エーテルを充たす電波という天然資源を搾取し、食い尽くしてしまうまで、制度的規律を受けいれなかったのである[47]。

4 「一九二七年無線法」とＦＲＣの発足

「一九二七年無線法」の成立

一九二七年二月二三日、「一九二七年無線法」が議会を通過した。[48] これは、放送事業を射程に入れた最初の法律となった。

「一九二七年無線法」において、はじめて無線電波が公共（public）の資源であるということが明文化された。公衆のものである電波を利用したラジオ無線、ラジオ放送をおこなう権利は、本来ならばすべての人々にたいして平等に与えられるべきである。ところが、混信現象を起こさずに使用できる電波周波数は、有限である。しかも、免許申請者数は利用可能な周波数の数より多い。したがって、なんらかの基準にしたがって免許選考をおこない、被免許者を選択する必要が生じる。そのさいの判断基準としてとりあげられたのが、放送は「公共の便宜、利益、必要（public convenience, interest, or necessity）」に資するものであるという考え方であった。[49] 被免許者は、ある周波数を所有できるのではなく、周波数を独占的に使用する特権を得るのである。

「一九二七年無線法」における免許制度には、「一九一二年無線法」とつぎの点で違いを見いだすことができる。[50]「一九一二年無線法」では、電波の使用は公共の権利であった。商務長官は、その権利を擁護し、また権利の行使者である放送局についての情報を得るために、免許の申請を強要した。しかし、免許付与を拒否できなかったので、この制度は結局一種の登録制度にとどまっていた。これにたいして「一九二七年無線法」は、電波の使用を市民の権利としてではなく、市民の特権であるととらえていたのである。

しかし、こうした法律の革新性とはうらはらに、この時期、ラジオが新聞・出版などと同様に、合衆国憲法修正第一条によって言論の自由が保障されるべき情報媒体であるという認識は、まだまだ一般的ではなかった。新聞・出版には、少なくとも一世紀以上の歳月をかけて、言論の自由を獲得してきた歴史があった。ラジオは、音楽やたわいのないおしゃべりのあいまに、ときおり選挙報道や、大事件のニュースが混じるぐらいの、まだまだ音が聞こえることじたいに関心がもたれているような、あたらしげな機械にすぎなかった。ラジオをめぐる法制度は、言論の自由を保障する理念よりも、混信防止のための現実的必要性から生じたものだった。

新しい電波行政のための法制度作りのなかで、もっとも論議を呼んだのは行政主体をどのようなものにしていくかという点だった。全米七〇〇局近い放送局は、混乱のきわみのなかに放置されていた。そのままにしておけば、ラジオ放送そのものが機能しなくなる。この事態を改善することが、立法のなによりの目的であった。しかも、行政にあたっては、RCAの設立のさいのような政府権力の直接の介入は避けるべきだとの主張が、全米無線会議において大勢を占めていた。このため、議会、政府、大統領などのあいだでの交渉の結果、活動期間を一年間と限定して、連邦無線委員会(Federal Radio Commission 以後FRCと略す)が設立される。FRCは、連邦政府から独立した、アメリカで五番目の独立行政委員会であった。

「くらげのような委員会」

FRCは、五人の委員によって構成されることになった。最初のメンバーは、フーバーによって選出され、クーリッジ大統領が上院に提出して可決承認された。しかし、常任メンバーは、一九二八年春にアイラ・ロビンソンが委員に就任するまで、なんとユージン・O・サイクスただひとりであった。

FRCは、のちに拡大改組され、連邦通信委員会(Federal Communications Commission 以後FCCと略す)を生みだす母体となった。今日のFCCは、アメリカの放送とテレ・コミュニケーションにたいして強大な権力をもっている。しかし、FRCは、当初一年間の期限付きの一時的な組織として発足していた。「一九二七年無線法」が成立し、FRCが発足したその年には、つぎのような報告が法律雑誌に掲載されている。

この法律は、委員会に一年間活動する権限を与えている。その後は、商務長官が起こりうるほとんどの問題をあつかうことになるだろう。そして、この委員会はおそらくときどき機能するだけになるだろう。(51)

つまり、当初、放送行政を独立行政委員会によって恒久的におこなっていくという発想はなかったということである。

一九三〇年三月号の『ラジオ・ブロードキャスト』誌は、FRCを「くらげのような委員会」だと表現している。骨がないということだろうか。バーナウの表現を借りれば、FRCは「机一つ、椅子二つ、テーブル一つ、荷箱一つ」ではじまったのだった。(52) FRCの緊急の課題が、全米ですでに六〇〇局を超えていたラジオ局がまき起こす混乱状態を解消することにあったことはいうまでもない。一九二八年春、FRCはそれまでの全局の免許を一次的なもの（六〇日間有効）とし、そのうえでほぼ全局の周波数の再割当をおこなった。「一九二七年無線法」第五条には、放送局の電波の既得権を認めないとする規定があったのである。

しかし、秋にはさらに根本的な改革が必要であることが認識された。FRCは、一年の後、権限を商務長官に移管する予定であったが、一九二九年一二月に、恒久的機関となった。だが、その存続期間中、放送局数の縮小という当面の課題にたいしては、あまり有効な対策をとることができなかった。

制度的規律と産業的発達

ＦＲＣの電波行政活動は、ラジオの政治経済的存立にたいしてどのような影響をおよぼしただろうか。

まず、電波行政がこのような貧弱な組織によって遂行されたことは、ネットワーク企業や、大規模なコマーシャル放送局にとってかえって有利な条件をもたらしていた。「公共の便宜、利益、必要」という理念は、「放送産業の便宜、利益、必要」にすりかえられてしまう危険性を当初からはらんでいた。ＦＲＣの周波数整理政策は、高出力局、すなわち産業的基盤をもった大規模なコマーシャル放送局を、優先的に存続させるかたちで展開されていたのである。(53)つぎに、当時緊急に対処すべきであった放送の産業的進展にたいして対応できなかったことがあげられる。ＮＢＣ、ＣＢＳを中心とするネットワーク・タイムセールス・システムは、一九二六年から三二年前後までに最大級の進展を示し、ラジオの産業的体制が確立してしまった。ところがＦＲＣの行政活動は、周波数割当という技術的課題の解決のための、より合理的な方法を開発、実施することに力点がおかれていたために、産業問題への対処はなされなかったのである。

ＦＲＣを生みだした「一九二七年無線法」には以下のような問題点があった。(54)

第一にタイムセールスが、重大視されていなかったことがあげられる。広告活動については、第一九条において、「当該放送をおこなう局が、個人、商会、会社、法人などからサービス、金銭、そのほかの有益な報酬を、直接的、あるいは間接的に支払われる、あるいは支払を約束される、あるいは請求する、あるいは受けとる場合、それが放送される時点で、放送局によって放送される内容が、前記個人、商会、会社、法人などから、報酬を得ていること、あるいは提供を受けていることを告知しなければならない」と規定されているだけであった。タイムセールスによって運営される放送局は、まだ少数派であったものの、コマーシャル放送の社会的影響力は急速に増大しはじめていた。「一九二七年無線法」によって、アメリカの放送局は公共サービスを目的としながら、一方でタイムセールスによって収入を得る営利企業として成立するという両義的様態を制度的に承認されたとみることもできる。

第二に、「チェーン放送」を考慮していなかった点である。当時ニューヨークで起こっていた、「ラジオ・グループ」と「テレフォン・グループ」の抗争からＮＢＣ誕生にいたる産業変動の重大性が認識されていなかった。「一九二七年無線法」における「チェーン放送」、あるいはネットワーク放送にかんする規定は、第四条（h）において、「当委員会は、チェーン放送に従事するラジオ局にたいして適用可能な特別規定を作成する権限をもつ」と記されているにすぎない。「チェーン放送」は、全米無線会議の進行のなかで、社会的影響力の大きな産業としてではなく、よりよい放送サービスをもたらす価値中立的なテクノロジーとしてとらえられていたのである。

一年前には、局間連結は一時的なもので、きわめて新奇なものだった。しかし、いまではありふれたことである。それはより体系化されつつあり、長距離をとりむすぶシステムの創造に向かって発展しており、全国的で統合的な放送を我々にもたらしてくれることになるだろう。ワールドシリーズの刻々と変わりゆく状況の劇的な再現に一喜一憂することができる人々の数を増やしていくことが、ラジオ放送のもっとも驚嘆すべき目標のひとつなのである。(55)

第四回全米無線会議において、フーバーはこのように楽天的にテクノロジーの未来を語っていた。

放送制度の形成と、「ラジオ・グループ」と「テレフォン・グループ」を中心とするビッグビジネスの闘争とのあいだにほとんど接点がないことには、注目しておく必要がある。これらの問題は、ニューディール政策のなかではじめて正面から対処される。ルーズベルト大統領政権のもと、一九三四年に「通信法（The Communications Act）」が成立し、テレ・コミュニケーションと放送活動を統括的にあつかう独立行政委員会であるFCCが設立されることになる。(56) ところが、ネットワーク・タイムセールスが先に確立し、FCCの制度・政策対応より前にアメリカにおける放送事業の全体を規定してしまった。Ⅳ章で検討するように、CBS、NBCをはじめとする「チェーン放送」にたいする規制を目的とした調査がはじまったのは一九三八年、最初の調査報告がまとめられたのは四一年のことであった。

第Ⅳ章

大恐慌による放送産業の確立

1 「暗黒の木曜日」とRCAの台頭

繁栄のバンドワゴン

フレデリック・ルイス・アレンは、『オンリー・イエスタデイ』のなかで、一九二〇年代のアメリカの生活が、つぎのようなラジオの様子に象徴的にあらわれているといっている。

三軒に一台の割合で全国に滲透したラジオ。全国に中継電波を送る巨大な放送局。アンテナの林立する共同住宅の屋根。旧式なフローレンス風のキャビネットに納まった受信機からささやくように歌うロキシーとその楽団やハピネス・ボーイズ、A&P・ジプシー楽団そしてルディ・ヴァリー（当時、もっとも人気のあった流行歌手）。「とうとう彼はやりました。たしかに彼はやった。タッチダウンです。みなさん、これこそ最高の試合の一つだと申し上げたい――」という叫び声を、居間のわれわれに聞かせて、いかなるアメリカ市民よりも民衆にとって親しい存在になったグレアム・マクナミー（人気アナウンサー）の声。一九二七年になって、遅ればせながら競合する放送局の波長の割り当てを主張した政府。イースト菌や練歯磨についてのちょっとした選りぬき文句をつけて、ベートーヴェンを紹介する特典に莫大な金を払う広告主。そして、個人で、アメリカ・ラジオ会社の株を一九二八年の八十五ドル四分の一の安値から、二九年の五百四十九ドルという高値にしたマイケル・ミーハンなどが、それである。(1)

だが、一九二九年一〇月二四日のニューヨーク株式市場の大暴落、いわゆる「暗黒の木曜日」にはじまる大恐慌は、ラジオ放送にたいしても甚大な影響を与えた。それまでのラジオは、まだまだニュー・メディアであり、アマチュアリズムを宿していたのだった。それが、大恐慌を経験することで、名実ともに産業的なマス・メディアとして確立していくことになる。

小春日和の崩壊

アメリカ資本主義経済は表面的に未曾有の繁栄を享受し、相対的安定を得ていた。この繁栄は、自動車産業を基軸に、住宅産業、家庭電化製品を中心とする耐久消費財産業が、相互に促進要因となりながら発展したことによってもたらされていた。一九二〇年代後半になると、耐久消費財需要の動向が、国家経済の動向を規定していくという傾向がはっきりしてきていた。生産力の増大は、対外投資の増加にともなう外国市場の拡大によってもたらされていた。企業家は、生産過程の合理化と、原料調達から販売業務までの事業統合を進めていった。これによって企業の巨大化がさらに促された。

ところが、一九二九年の夏以降、工業生産の諸指標は低下しはじめる。耐久消費財の需要が飽和状態にたっしたのだ。過剰生産の反動で、商品生産は激減する。農産物の過剰生産と価格の低迷とともに、ビッグビジネスによる消費財の独占的な価格維持政策が悪影響し、全面的な需要の冷え込みの引き金となったのである。(2)

一般に経済のピークは一九二九年八月だったが、工業生産のピークは七月であった。耐久消費財の生産量の減少率はとくに著しく、設備投資もこれ以後急速に縮小している。そのなかで、証券市場だけが信用に支えられ、投機ブームがつづいていた。実体経済から遊離した株式ブームは、累積した負債の圧迫のためもあって永続することができず、一〇月二四日の株価暴落にいたり、アメリカ経済は全面的な崩壊へと進んだのである。(3) アレンの『ザ ビッグ チェンジ』における次の指摘は示唆に富んでいる。

一九二〇年代は一種の旧体制の小春びよりだったかも知れない。つまりその時期に、ウォール・ストリートはいつにもましてアメリカを回転させる基軸のようにみえ、銀行家や株式仲買人は地上の王者のように威張って歩き、富者はますます富み栄え、その肉汁を一滴ずつ社会の下層にたらしてゆくことによって健全な基礎を持つ繁栄がもたらされているようにみえたかも知れない。しかし、それは差別をともなった小春びよりなのだった。その暖かさはにせの暖かさだった。というのは、それは実在しない価値にもとず《ママ》く暖かさであり、やがてひとりでにこわれてゆく運命となっており、しかも、富者と大衆のミゾをますます深めて行ったからである[4]。

ジャズ・エイジの名づけ親であり、一九二〇年代の精神を象徴する作家であったスコット・フイッツジェラルドもまた、つぎのように述懐している。

> ジャズ・エイジは死んだのだ。ちょうど「黄色い九〇年代」が一九〇二年には死んでいたように。しかし、あの頃をふり返ってみるとき、筆者は早くもノスタルジーを覚えるのだ。あの時代はわたしに元気を与え、期待を抱かせてくれたし、わたしがみんなと同じような気持でいたことを書き、戦時中に蓄積され、使うことのなかった精力を何とかしなければならないと書いただけで、夢みた以上の大金を与えてくれたのだ[5]。

「暗黒の木曜日」以前、株価はどれも著しく高騰していたが、なかでもラジオ関連株の伸び率は最大であった。ＲＣＡの株価は、一九二八年三月三日の寄り付きで九四ドル二分の一から、ダウ・ジョーンズ平均株価がこの年の最高となった一九二九年九月三日に五〇五ドルへと値上がりしている。ラジオ受信機は、二九年に平均的セットの価格が一三六ドルにまで上昇し、同時に過剰生産におちいった。このため、一九三〇年には同様の受信機が九〇ドル、三二年には四七ドルにまで下落してしまう。(6)

ＲＣＡ、ヘゲモニーを握る

大恐慌における電気機器産業の動向のうち、放送とのかかわりで重要なのは、ＲＣＡがＮＢＣをともなってＧＥ、ウエスティングハウスの子会社の地位から独立したことである。(7)一九三〇年、デービッド・サーノフがＲＣＡの社長に就任すると、ＧＥ、ウエスティングハウスのラジオ受信機製造部門は同社に吸収され、テレビジョン開発担当のウラジミール・ツヴォルキンや特許局長のオットー・シェーラーらの主要人物も、ウエスティングハウスからＲＣＡへ移動する。ＲＣＡの地位は高まり、企業統合がさらに進行しようとしていた。しかし、その矢先の一九三〇年五月、司法省はＲＣＡ、ＧＥ、ウエスティングハウス、ＡＴ＆Ｔにたいして独占禁止法を適用し、「一九一九—一九二一年相互特許協定」の解除と重役の相互乗り入れなどの諸規定の解体を命じ、特許プールの開放を要請した。FTCが、一九二四年に刊行された報告書で示した勧告案が、ようやく司法決定をもたらしたのである。

一九三二年に入ると、GE、ウエスティングハウス、RCAは、独占禁止法の適用を阻止するために特許協定解体について協議に入っていた。一〇月末、GE、ウエスティングハウスは、RCAとNBCの役員会から役員を引き揚げ、NBCは完全にRCAの子会社となった。GE、RCAは、ラジオ局を所有していたが、その経営権はNBCに譲渡した。一一月八日、大恐慌にたいしてついに有効な手立てを打つことのできなかったフーバーをやぶって、F・D・ルーズベルトが大統領に当選する。同月二一日には和解が成立し、独占禁止法違反の裁判は一応回避された。RCAは独立企業体となり、ネットワーク、放送局、製造工場、国際・船舶無線通信設備を所有することになった。しかし数カ月後、連邦政府は、前記の一九二四年に刊行されたFTCの調査をもとに、RCAの新規の体制をも独占禁止法違反で訴える。AT&Tは、独占禁止法の適用が本業である電話事業にまでおよぶことを恐れて、このときまでにRCAの株式を売却して撤退していた(8)。

RCAは一九三〇年にラジオ受信機生産にまで業種を拡大していたが、三二年の和解によって、送信機の製造販売権をも獲得した。同社は、国際通信事業、放送事業、通信・ラジオ機器の製造・販売事業を完全に手中におさめ、大恐慌から三〇年代前半にいたる不況の期間のあいだに、既存領域での地位を強化するとともに、新規領域においても支配的地位を確立していったのである(9)。

ラジオが受けたインパクト

ラジオ放送は、大恐慌のインパクトをどのように受けたのだろうか。まず放送局レベルで考察してみよう。放送局数は大恐慌が起こる前に減少している(図表7、九三頁)。これは、FRCによって混信防止のための一連の周波数割当の整理が政策的におこなわれたことによっている。大恐慌は放送局数の減少に、直接にはかかわっていないということである。不況の経済的影響が波及するのは、一九三二年から三三年にかけてであった。

ラジオは、ずいぶんとお金のかかる事業になりつつあった。FRCの行政措置にともなう送信出力の増大と、より高品質な送信活動のために、新たな設備投資が必要になってきた。リスナーは、より質の高い番組を望むようになった。スポンサーは、ラジオ広告と番組により多くの資金を注ぎこむことになる。番組制作費、中間業務経費などは、ただでさえかさみつつあったが、大恐慌の影響でさらに高騰した。一九三二年当時の局運営費は、NACRE(National Advisory Council on Radio in Education)の試算によれば、一キロワット局で資本金四万四九〇〇ドル、番組制作費を除く年間運営経費六万四四〇〇ドル、五キロワット局で資本金一二万七〇〇〇ドル、タレント出演料を除く経費一五万九〇〇〇ドル、五〇キロワット局で資本金三三万八〇〇〇ドル以上、経費二九万六一五〇ドルとなっている。[10]

このため財政基盤が弱体な小規模の事業主体の多くは、放送からの撤退を余儀なくされた。無線によって音を伝えあうことが目的だったアマチュア無線家たち、趣味と実益を兼ね、副業として運営していた洗濯屋、ホテル、デパート、レストラン、大学のなかの教育放送、教会による宗教放送局などが、こうしてエーテルのコミュニケーションから姿を消していった。[11]そして、彼らがのこしていった周波数は、ビジネスとして放送にとりくむ組織集団、つまりコマーシャル放送事業者の取り分となっていった。一方、既存のマス・メディアは、新規事業領域における地位確保と、地域社会におけるプレステージ確保のために、ラジオ放送へ参入しつづけていた。新聞社の兼営局数は、一九二五年には全米放送局総数の五・八%にすぎなかったが、三三年には一三・四%にまで増加している。[12]

放送局で働く人々はどうだったろうか。意外なことに、大恐慌のもとでもラジオは求心力をもっていた。失業した新聞記者、芸能関係者、技術者、ビルボードの芸人などが、放送局に仕事を求めて集まってきていた。一九三〇年度のネットワーク会社、放送局の全人員推計値は約六〇〇〇人であったが、三五年度には一万四六〇〇人にたっしている。[13] 放送局のなかにはスポンサーへの支払いが不可能な局も存在し、人件費も大幅に引き下げられていた。しかし放送の業務内容が多様化してきていたため、さまざまな技能をもつ者が、なんらかの職種につく機会を得ることができたのである。[14]「あなたはラジオでもっと儲けることができます。私の驚異の在宅訓練プランによって！」――一九三〇年代を通して、こんな広告が各雑誌に必ず載せられるようになる（図表17）。ラジオは人気の仕事であった。ジョン・スタインベックの『怒りの葡萄』に登場する貧農の一家の娘、「シャロンのバラ」は、カリフォルニアをめざすトラックの荷台の上で母親に向かってつぎのようにつぶやいている。

それから、ええと、そう――向こうでは、その教育課目を受けると、仕事も世話し

図表17 ラジオ求人広告

てくれるんですって――ラジオのように――とてもいい、きれいな仕事よ。それに将来性もあるわ。そして、私たちは町に住んで、行きたいときに映画にも行けるし、それから――そうね、あたしは電気アイロン買うつもりだし、赤ちゃんには、みんな新しい着物を着せるわ。(15)

人々のあいだで、ラジオは日々の楽しみとしてもっとも愛好されるようになる。

私、大恐慌が来て失業してしまうまでは、あまり音楽に興味がなかったわ。私は、なにもすることがなくて気がおかしくなっちゃいそうで、それでたくさんラジオを聴いたの。最初は、立派な音楽というのが好きじゃなかったけれど、だんだんそれが自分を励ましてくれることに気がついたの。ある日なんかチャイコフスキーを聴いて、すごく興奮してしまって、本当に身震いしてしまったわ。(16)

社会学者のポール・ラザースフェルドらがインタビューした、元タイピストで二九歳のこの女性の生活のなかでラジオが果たした役割は、けっして特別なものではなかった。多かれ少なかれ、この時期のすべてのアメリカ国民の生活において共通するものだったのである。

2　さまざまな可能性

ラジオに魅入られた人々

少し時代をさかのぼってみよう。一九二〇年代に、ラジオ放送をはじめていたのはどのような人々だったのだろうか。一九二三年の商務省調査によると、総計五七六局のうち、ラジオ・電気機器製造業者、販売会社による運営局が二二二、大学や高校などの教育機関が七二、新聞社・出版社六九、デパート二九などが上位を占めている。その他にも、自動車販売業、レコード・楽器店、教会・ＹＭＣＡ、警察や銀行、遊園地など、じつに多岐にわたっている（図表18参照）。こうした放送局のなかでは、第一次世界大戦に参戦した無線通信士たちが、リーダーシップをとっていた。

ラジオ局の運営主体も多様であったが、その運営目的も多岐にわたっていた。当時、アメリカでラジオについての産業・経営研究の分野で最初の博士号を取得したハイラム・Ｌ・ジョームの調査によれば、彼の調査に回答したのべ二七一局のうち、受信機販売促進を目的とする者が三一局、宣伝効果と信用獲得目的が四四局、広告時間の直接販売を目的とする者が二局、公衆一般へサービスする目的の者が一四六局などとな

図表18　免許取得者の内訳（1923年2月1日現在）

免　許　主　体	免許件数	構成比率（%）
ラジオ・電気機器製造業者，販売会社	222	38.5
教育機関	72	12.5
新聞社・出版社	69	12.0
デパート	29	5.0
自動車・バイク販売店	18	3.1
音楽・楽器・宝飾店	13	2.2
教会・YMCA	12	2.1
警察・消防署・市役所	7	1.2
機器販売店	6	1.0
銀行・証券会社	5	0.9
鉱業経営者	5	0.9
電信電話会社	5	0.9
屠殺・家禽業，農場・穀物販売業者	4	0.7
鉄道・電力会社	4	0.7
州官庁	4	0.7
クラブ・結社	3	0.5
遊園地・娯楽施設	2	0.3
劇　場	2	0.3
洗濯業者	1	0.2
不　明	93	16.1
総　計	576	100.0

注：(1)　Banning, William Peck, 1946, pp. 132–133より作成。
　(2)　Banningは，1923年2月1日現在の商務省調査を参照。

っている。[17]「公衆一般へサービスする」というのは、どういうことだろうか。多くの人々は、アマチュア無線家や、あるいはこうしたあたらしげなことが好きな好事家であった。自分たちが、マイクの前で話したり、ミュージシャンに音楽を演奏させたりすると、その反響が手紙や噂を通してフィードバックされる。ラジオが社会的な場でコミュニケーションの道具となって機能していることを確認することは、無上の喜びだっただろう。「公衆一般」とは、そんな場に参加する人々のことだった。つまり、マス・メディアとしてのラジオがのちに対象とする大衆よりは、せまい範囲のことを意味していた。彼らは、明確な目的をもってラジオに接していたわけではなかったが、ラジオが好きだからラジオを放送するといった、アマチュア精神に満ちていた。各地の大学のキャンパス内に、地域に向けてサービスをおこなう局が数多く存在した。ちょうど、一九七〇年代にマイコンの組み立てやプログラミングが、西海岸の大学でブームになったように、この時期の大学ではラジオが人気の的だった。

もちろん、放送そのものが目的ではなく、他の事業の補助や、宣伝媒体として用いていた者も多かった。ラジオ製造販売業者やデパートなどである。しかし、ラジオを聴くことが流行となっていたのと同様、ラジオ放送局を所有したり、放送活動をおこなったりすることじたいもブームだった。急増したラジオ放送局の運営主体の多くは、けっして人に説明しやすいような合理的で、展望のある目的などもっていなかったのだ。多かれ少なかれ、ラジオが始原的にもっていたコミュニケーション・メディアとしての魅力にとりつかれていただけだったのである。

このように多様な主体がさまざまな目的にもとづいて活動していたのは、くり返し述べるとおりアメリカに特殊な状況だった。イギリスには、公共的な事業にたいして独占的に免許を与える伝統があった。したがって、一九二二年に、BBCによる一元的な放送体制が、大した混乱もなく確立する。日本は、BBCを模倣して、一九二六年に社団法人日本放送協会を設立し、全国ネットワークを拡張していく。アメリカの放送を視察したイギリスや日本の放送関係者の目には、その状況は大混乱と映った[18]。第一回全米無線会議にオブザーバーとして参加したイギリスのF・J・ブラウンはつぎのように語っている。

大量の放送企業を設立することは不可能だと思われた。それはカオスのような状態、しかも合衆国で生じているよりも、さらに悪い状態しかもたらさないであろう。そしてカオスは、合衆国政府や、フーバー氏の統括する放送にかんして責任をもつ省庁に、私たちがいま、最初にしようとしていること、すなわち無線放送の監理のための相当思いきった規制を敷くことを強いたのだった[19]。

「誰が、いかにして支払うべきか」

ラジオの魅力にみせられ、放送をはじめる者がこれだけ増えていた一方で、放送局を安定して運営するためのシステムについての構想をもつ者が、ほとんどいなかったことには注目しておくべきである。どのようなすばらしいメディアも、定常的に活動するための経営体制を備えていなければ、すぐさま壁につきあたる。

放送がひろまっていくにしたがい、ラジオ局の番組編成や番組の人気に格差が生じはじめる。人気番組は、有名タレントを雇ったり、複雑な回線接続によって中継放送をおこなったりする必要から、必然的に番組制作費を多くかけるようになる。さらに局間の混信をとりあえず解消するための送信出力の増大などにともない、放送局の運営費、人件費、設備投資額などは、年々増大していく。こうしたなかで、収益システムをどのように確立するか、という問題を重視する機運が徐々に業界に高まってきた。一九二二年から二五年ごろにかけて、放送事業運営財源についての議論が、業界誌を中心として、さかんに交わされている。『ラジオ・ブロードキャスト』誌は、「放送に誰が、いかにして支払うべきか」というテーマの五〇〇ドルの懸賞論文を募集している。[20] この懸賞論文を中心に、この時期の運営財源、収益システム構想のいくつかを整理しておこう。[21]

まず、放送の聴取者が、サービスにたいする一定の対価を、サービスの送り手である放送局に、直接支払う方法である。たとえば、WEAFを中心とするネットワーク網の運営のために、AT&Tは、受信料基金を募る体制を構想した。WEAFは、より高品質の送信機器を整え、より有名なタレントを雇う必要があったのである。そして、受信者にたいし基金を募る委員会を設立するが失敗してしまう。また「空中波の座席指定」というアイデアも出てきた。エーテルを介した番組の聴取者を劇場の観客と見立てようというのである。放送局は、空中のみえない劇場を運営しているのであり、聴取者はその劇場の座席を買うという、劇場のメタファーであった。しかし、このアイデアでは実際にはチケットは売れなかった。ラジオは、電波によって四方八方に散布され、不特定多数の大衆に到達するものだからである。(22)

つぎに、間接的に料金を徴収するシステムをあげることができる。放送によってなんらかの利益を得ている企業や組織から料金を徴収しようという方法である。広告費による充当というのが、その典型であった。しかし初期の段階では、広告費以外にも、いくつかの可能性が指摘されていた。たとえば、寄付金制度である。カーネギーやロックフェラーといったアメリカ経済社会の大立て者は、すでに公共的な事業、図書館や大学設立のために巨額の寄付をおこない、その利益を社会に還元してきていた。それは、独占資本への世論の批判にたいする、ひとつの回答だった。同じように、ラジオをビッグビジネスからの寄付金によって成立させようというのである。しかし、実際にはそのような寄付をおこなう者は誰もいなかった。なぜなら、新聞と同様にラジオもまた公共的な働きをもつメディアであるという認識が、まだいきわたっていなかったからである。それが理解されかけたときには、すでに二大ネットワーク体制が確立され、ラジオじたいがビジネスと化してしまっていた。

　第三に、なんらかのかたちで選出、あるいは指名された委員によって運営される公共基金への、自発的な聴取者の寄付というアイデアも提出されていた。自治体の交付金制度は、初期においては各地で試行されていた。一九二四年、ＷＮＹＣがグローバー・ワレンとロッドマン・ワナメーカーという支援者を得て、ニューヨーク市の交付金によって放送をはじめている。ＷＮＹＣは、同様の試行を模索していた自治体にたいしてモデルとしての役割を果たしていた。しかし、そのような個人的支援者のいない多くの自治体にとって実現はむずかしかった[23]。

　第四は、ラジオ受信機購入費やラジオ使用経費などを、送り手の収入に充当するシステムであった。ＫＤＫＡ開局の段階でウエスティングハウスの経営陣が構想していた、ラジオ放送を販売促進媒体として利用し、ラジオ機器販売の収益によって局の経費をまかなうという方式がこれにあたる。ウエスティングハウス所有のＫＤＫＡ、ＷＪＺ、ＧＥ所有のＷＧＹなどが開局した一九二二年ぐらいまでは、運営費もそれほど高いものではなかったため、この方法で十分まかなえると考えられていた。ところがラジオはまもなく、それじたいで独立採算にしなければならないほど、金がかかりはじめる。「テレフォン・グループ」の有料放送方式を、「ラジオ・グループ」が採用したがったのは、このためであった。

デービッド・サーノフは、AT&Tの有料放送構想に対抗するために、ラジオ受信機に税金をかけて放送組織の運営資金とするという、一種の公共サービス機構を構想した。[24] 一九二二年六月一七日付のメモに記されたそのアイデアは、つぎのようなものであった。「公共サービス放送会社」、あるいは「アメリカ・ラジオ放送会社」といった名称の独立組織を設立し、RCAがこれを運営する。役員はGE、ウエスティングハウスからの出向、そして若干名は外部のアメリカ国民から選出する。財源は、RCA、GE、ウエスティングハウスなどの特許協定加盟企業がラジオ受信機の総売上げの二%をこの放送事業組織に納めることによって確保する。サーノフの試算によれば、一九二三年度の各社の経済状況からして七八万ドルの運営費が予想され、以後のラジオ放送の発展により、関連企業からも一定金額を徴収することで増収が期待される、というものだった。

これと類似した方式が、前記の『ラジオ・ブロードキャスト』誌の懸賞論文で優勝したH・D・ケロッグの構想である。[25] それは、一本の真空管当たり二ドル、あるいは鉱石ラジオ一台当たり五〇セントの受信機器税を中央組織に納め、それを全国の放送事業運営費にあてるというものであった。この類のシステムは、実際WNYCにおいて採用されたが、サーノフが想定したような全国的組織レベルでは実現しなかった。ところが、イギリスでは一九二二年以降、BBCがこの方式で放送事業運営資金を充当するようになったのである。

見えない受け手たち

さまざまな考え方が提示されたなかで、放送を公共サービスとしてとらえ、なんらかの公共的方式で財政基盤を確立しようという理念的構想が議論の主流を占めていたことは、注目に値する。これは、当時のイギリス、ドイツなどにおけるラジオのありようを研究した成果にもよっていただろう。いずれにしても、通常いわれるように、アメリカのラジオは、最初から完全にコマーシャルな、つまり商業主義的な放送としてはじまったわけではなかった。さまざまなオルターナティブが構想されていたことは、忘れるべきでない。サーノフの「公共サービス放送会社」、あるいは「アメリカ・ラジオ放送会社」というアイデアは、結果としてNBCとして具現化するわけであるが、そのさいにサーノフは、最後まで広告放送に反対していたのである。

しかし、このようなパブリック・インタレストを反映した放送局の運営は、結局アメリカでは実現されなかった。それには、いくつかの理由が考えられる。

まず、広大な国土において中央集権的な放送機構を成立させるためには、長期的な展望にもとづく計画が必要条件であったが、そんなことにはおかまいなしにラジオは普及してしまっていた。だいたい自由放任主義政策をとる一九二〇年代の連邦政府には、ラジオに公共的政策が必要だということを認識する土壌が基本的になかった。アメリカの放送行政は、局間の混信問題の解決策を模索するという、きわめて現実的な課題への対応に端を発していた。理念的問題にかんしては、ASCAP、NABなどの業界団体の内部で、業界団体の利益を擁護するための論理にしたがって議論されていたにすぎなかった。そして、フーバーが放送の公共サービスとしての側面を認識し、全米無線会議で議論が交わされ、それが「一九二七年無線法」において法的に規定されたのは、すでに商業的論理にしたがった放送活動が定着した後だったのである。

より現実的にいえば、すでに六〇〇局を超えていたラジオ局をいっせいに整理しなおすことは不可能だった。少なくともそのような強大な権力は、ニューディール政策以前の連邦政府にはなかったのである。このことは、FRCの設立さえもが、一九二六年前後のどうにもならない無秩序状態のなかで、期限付きでやっと承認されたことからも明らかである。放送を含む無線コミュニケーションと、電信・電話の有線コミュニケーションとを、統括的に規律する「一九三四年通信法」が成立し、そのもとで

FCCが発足するのは、F・D・ルーズベルトの第一期政権のもとでのことだった。

くわえて、もっと根本的な問題がある。ラジオは、放送局を中心とする同心円上の各地にちらばる不特定多数の受信機に向けて、同時にメッセージをばらまくことができる。これは、人々のコミュニケーション活動にとって、革新的な出来事であった。多くの人々は、この特徴を長所としてとらえていた。しかし、放送局の安定した経営のための収益システムという点においては、この放送の特性は一転して短所となったのである。すなわち、ラジオにおいては、受け手を特定することができない。このため、番組の送信サービスにたいする対価を直接受領することが、基本的にはできないのである。したがってサーノフのいうハードウエアにたいする課税ないしは販売収入の一定比率を運営維持費にあてるという方法には、一定の有効性があった。ただし、ラジオ受信機が将来どの程度売れるかという長期的展望がなかったこと、放送がメーカーのお抱え事業となることがよいのかどうかなど、一九二〇年代においては解決しえない問題が山積していた。

放送の誕生期において、すでに今日議論されているマス・メディア事業における自由な表現活動の可能性と経営的安定、あるいはメディアの多様性と収益システムのあり方の関係性についての問題は、ほぼ全貌を現わしていたのである。そこには、歴史的背景や社会特性をはじめ、多様な要因が介在していることがわかってくる。

3 「コマーシャル放送」の展開

ラジオは、さまざまな可能性のなかから、結果として広告とのむすびつきを深めていく。まずその過程を、放送の外側からマクロに眺めておこう。一九世紀後半以来のビッグビジネスの台頭と、マス・ペーパー、マス・マガジンの登場によって発展してきた広告は、一九二〇年代の大量生産・大量消費にともない、経済活動の中心に位置するようになり、さらに人々の心性にまで影響をおよぼすようになっていたのである。

アメリカの広告

はじめに、産業の側からとらえてみよう。鉄道、食肉、缶詰、電気機器などのビッグビジネスは、南北戦争以後、資本の蓄積と集中が進行するなかから台頭してきた。それは企業の設備投資と、固定資産の増大をもたらす。巨大な資本は、それじたい自律的な運動をはじめ、簡単に移動させることが困難になる。このため、市場を維持し、継続的に発展させていく必要が生じたのである。また、生産力の増大にともない、商品の価格政策が重要な経営課題となり、その結果として流通経路のコントロール技術が発達する。こうして、資本は原料供給から流通販売にいたるまでの業務を水平統合

するとともに、流通、マーケティング活動の一環として、広告を重視するようになったのである。(26)

第一次世界大戦以後の耐久消費財産業の発展によって、いっそうの資本合理性の追求が大企業の課題となった。その過程で、せまい地域を市場とする商品から、全国市場向けの商品へと、企業内部の生産流通体制が変化していった。缶詰や化粧品のような雑貨だけではなく、自動車やラジオのような複雑なテクノロジーをパッケージングした工業製品が、生活のなかに浸透していくことになる。そうした商品には、ナショナル・ブランドという記号が付与された。ナショナル・ブランドを告知し、人々に購買意欲を喚起するためのマーケティング活動が発展する。セールスマンが各地を旅してモノを売りこむ伝統的な配給システムから、マス・メディアに掲載される広告への依存を強めていったのである。(27)

一方、メディア側からすると、この変化は、一九世紀中期に現われ、世紀末にかけて発達したマス・ペーパーと、一九一〇年代のいわゆる「マックレーキング・エラ」の産物であるマス・マガジンの登場に起因している。(28)まず新聞についてである。南北戦争以後、新聞印刷技術においてグラフィック革命が進行し、電信を利用した国際的なニュース・ネットワークが発達した。そのことは、マス・ペーパーの出現を促した。同時に、新聞は広告媒体としての可能性を高めたのである。いわゆる「イエロー・ジャーナリズム」の時代、新聞社の広告取扱高は、年々増加する。新聞社総収入の構成比率は、一八八〇年に販売収入五六％、広告収入四四％であったものが、九九年には販売約四五％、広告約五五％と逆転する。(29)

マス・ペーパーの発達とともに台頭した広告は、狭域市場流通型の商品をあつかったものであった。一八九八年の定期刊行物の業種別広告掲載数をみると、医薬品、家庭用品、衣服、食料品、書籍・定期刊行物などが卓越していることがわかる。(30)これらの広告主は、いずれも伝統的な生産、流通体制を維持する企業であり、ローカル広告を中心に地域密着型の広告活動をおこなっていた。全国広告が台頭するようになるのは、一九一〇年代のマス・マガジンの発達によっている。そして、第一次世界大戦以後、全国普及をめざす工業製品の広告需要が引き起こされ、それらが広告市場に占める割合も大きくなっていく。(31)

ところで、広告にたいする社会的な評価はどのようなものだったのだろうか。一九一〇年代、第一次世界大戦以前の革新主義時代における広告の社会的地位は、きわめて低かった。広告代理業など、まともな職業とはみなされていなかったのである。マーケティングは、ビッグビジネスによって重要視されはじめていたが、まだ組織内部や垂直統合された販売・流通会社内部でおこなわれはじめた段階だった。(32)企業グループ外部の代理店が、そうした大きな仕事を抱えることは無理だったのである。しかし第一次世界大戦が終わり、商品があふれる大衆消費社会が登場すると、広告の生活革新機能が社会に浸透しはじめる。それとともに、広告業界にたいするイメージも大きく変わってきた[33]。前述のシンクレア・ルイスが描いた「バビット」的なパーソナリティは、「ジャズ・エイジ」のなかにひろく浸透し、それにともなって大衆の消費者化が進行していった。

一九二〇年代におけるマス・メディアの広告媒体としての活用は、大衆を、マス・メディアの受け手であると同時に広告の受け手としたのである。そのことは、マス・メディアが受け手を、広告の訴求目的である商品の消費者として潜在的に規定したことを意味していた。新聞や雑誌は、広告を掲載し、受け手の購買行動を喚起する。同時に、広告は、大衆が準拠すべき、新しくてゆたかな生活像、人間像を刷りこんでいった。広告は、伝統的な倫理観とうまくむすびつくことによって、生活文化に浸透し、環境化していったのである。

広告の環境化は、ラジオがコマーシャル放送という形式の上に存立し、エンターテイメント・メディアとして大きく発達する前提として不可欠の条件となった。

時間を売ります

放送を公共サービスとしてとらえた理想主義的な財源構想は、一九二〇年代のアメリカ社会において、いずれも定着しえなかった。現実的には、ウォルター・ギフォードのもとで構想された、AT&Tの「有料放送」が、クローズアップされてくる。一定時間、放送のための無線電話機器を賃貸するということは、ラジオ・コミュニケーションによって成立する時間を売ることを意味していた。

最初の「有料放送」は、WEAFの開局から約一〇日後におこなわれた。一九二二年八月二八日午後五時一五分、クイーンズボロウという不動産会社がジャクソンハイツにもっていたコンドミニアムの宣伝をおこなったのである。ジャクソンハイツは、当時ニューヨークの郊外にできた新興住宅地のひとつだった。一五分間にわたって、コンドミニアムの宣伝文を読みあげる内容で、料金は一〇〇ドルであった。(34) 宣伝を流した後、すぐに二件が売約された。クイーンズボロウは、数回にわたってこの放送をおこない、驚いたことに数千ドルの収入をあげたのである。

WEAFは、「お知らせの時間」として定期的な番組枠を設け、そのなかで宣伝を放送するようになった。九月には、タイドウォーター石油、アメリカン・エキスプレスも、宣伝文を読みあげるために、WEAFの放送時間を購入している。このころの宣伝では、商品の価格や、形態、色合いなどを説明することがタブーとされていた。そうしたことを、多くの人々が聴きいっているであろうエーテルの広場でひけらかすことは、不謹慎なことだったのである。とくにアマチュア無線家たちは、「コマーシャル放送」じたいに露骨な嫌悪感を示していた。したがって、宣伝とはいっても、はでな演出やキャッチ・コピーなどはなく、格調高い文語体の文章を読みあげるだけであった。多くの聞き手は、ニュースやトーク・ショーとの区別さえ、あまりつかないでいたかもしれない。

宣伝をおこなった企業のなかには、めざましい効果をあげたところもあった。しかし全体としてみれば、「有料放送」はさっぱり売れなかった。WEAFは、二カ月経っても、放送時間を三時間しか販売することができず、五五〇ドルしか集金できなかった。翌年三月までに広告放送をおこなったのは、メイシーズ・デパート、メトロポリタン生命保険、コルゲートなど二三社にとどまった。これは、AT&Tのもくろみからすると、大はずれであった。

初期の「有料放送」がこんな状態だった理由を、ギフォードはつぎのように弁明する。

放送局がたった五〇〇〇ドルの実収入しかあげられなかった最初の四カ月のあいだ、広告メディアとしてのラジオのポテンシャルを理解できたのは、長期的見通しをもったほんのわずかな企業——デパート、政治組織、映画製作会社などを含む——だけであった。(35)

有料無線電話からコマーシャル・ラジオ放送へ

ＷＥＡＦでは、無線電話装置の借り手が見つからない時間――ほとんどがこれだったが――には、自分たちで音楽やスピーチ、本の朗読などを流していた。長距離回線部門の社員が、自分たちでパフォーマンスしたのであった。

やがて彼らは、無線電話は、人々になんらかのメッセージを送りたい者が放送をおこない、それを受信機を所有する人々が聴くという、従来の電話のような使い方では、いっこうにひろまらないことに気がつく。しかも、局に送られてくる手紙から、人々が宣伝などではなくて、どうも余分な時間に自分たちが演奏している音楽や、おしゃべりを楽しみにして聴いてくれていることがわかってきた。一九二三年の末には、聴取者からの手紙が、毎日八〇〇通も送られてくるようになったが、このころになると、エンターテイメント性の高い音楽や、ウィットに富んだプロの芸人のおしゃべりが、無線電話の人気を左右することが、はっきりしてきたのである[36]。

こうして、ＡＴ＆Ｔの無線電話の有料賃貸システムは、「コマーシャル放送」へ転換した（**図表19**参照）。「有料放送」においては、人々は、まるで公衆電話をかけるようにして無線電話局を訪れ、無線電話機を使うだろうと想像されていた。そこで放送されるのは、契約者たちが流したい自由なメッセージであり、その内容にAT&Tは立ちいらない。しかし、契約者の大半が企業であり、彼らによって放送される内容が、PRや商品宣伝ということになってみると、このシステムのとらえ方は見直されなければならなくなったのである。すなわち、放送される主なメッセージは、音楽やスピーチなどのパフォーマンスであり、宣伝はそれに付随するものとなった。主客が逆転したのである。宣伝は、番組パフォーマンスのあいまに、つまりスポットに流される。したがって、送り手は、ただたんに無線電話施設を賃貸するのではなく、積極的に番組を制作し、送りだす作業に従事しなければならなくなってきた。

「コマーシャル放送」の初期の形式は、番組の切れ目であるスポットに宣伝文を読むだけのものだった。音楽放送のあいだに広告を挿入する方式を開発したのは、ブラウニング・キング社だとされている。最初のスポット・コマーシャル放送は、ニューヨークのギンベル・ブラザーズ会社によって、一九二三年三月一日におこなわれた。番組のタイトルは、「ギンベル・ブラザーズ・ニューヨーク店からおとどけする、ラジオ博覧会からの直接放送」といった。[37]

ここでのコマーシャルもまた、商品の購買を直接に勧めたり、商品の色や形を説明する「直接広告」ではなく、間接的な表現しか許されなかった。これは、ひろい意味では社会通念によっていた。しかし直接的には、AT&Tが世論の批判をかわすため

図表 19　無線電話からラジオ放送へ

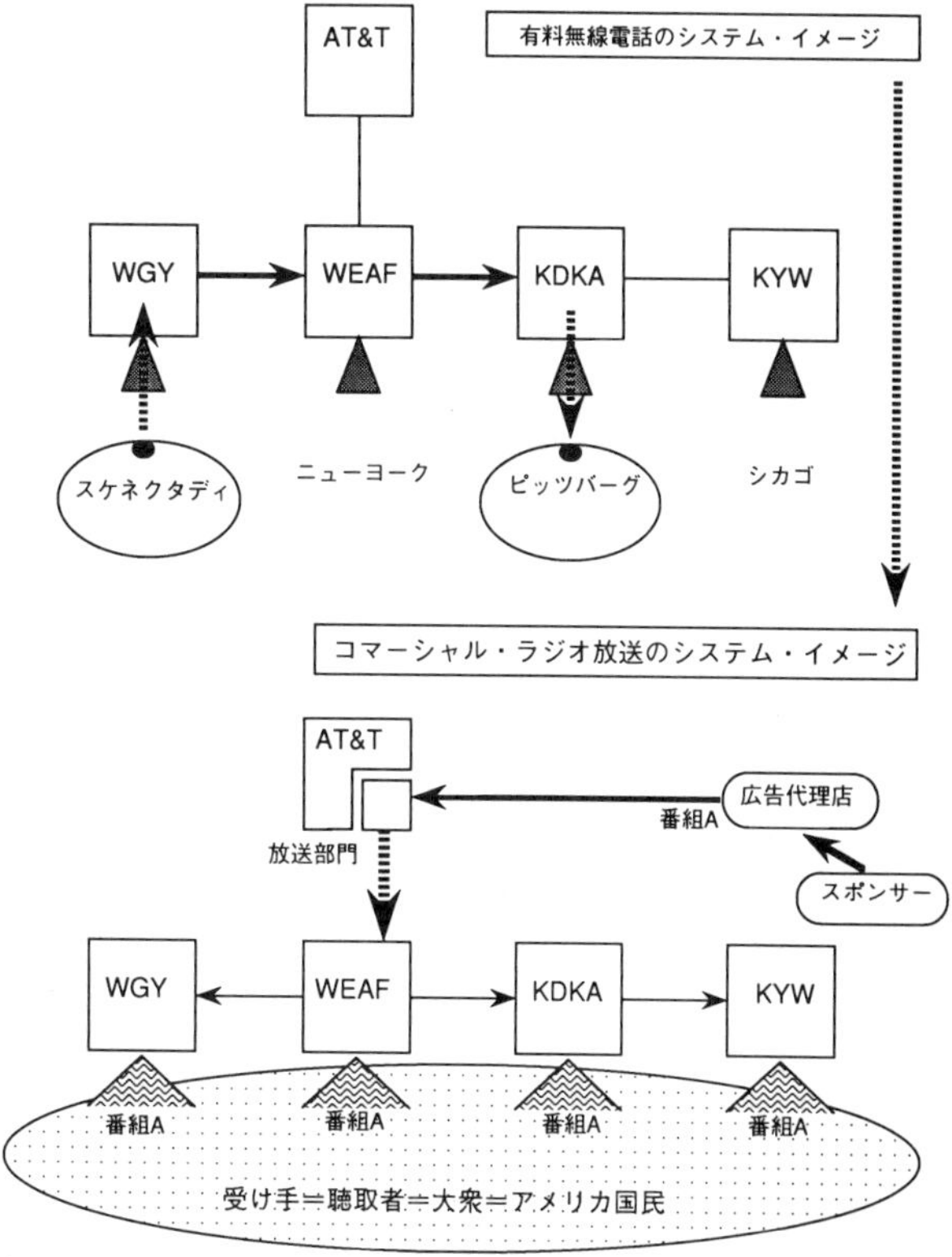

注：1923 年 6 月 7 日に成立した最初のネットワークを題材として，筆者が作成。

に、広告の自主規制をおこなったからである。先述のとおり、広告は、一九二〇年代に入ってもまだ、ごまかしやインチキ商法の手先のようなものであり、不謹慎なものだとされていた。ましてやラジオ無線は、エーテルにたいする宗教的観念と、社会を進化させる新しいテクノロジーとしての高い評価が入りまじったものとして、大衆によって意味づけられていた。そんなラジオに、広告などを載せていいはずがない。とくに、技術者志向の者たちの多くは、「コマーシャル放送」に反発した。自分たちがはぐくんできた、コミュニケーション・テクノロジーが、広告媒体などになっていいものだろうか。

象徴的なのは、「ラジオ・ミュージック・ボックス」のようなビジョンで、ラジオのエンターテイメント性を誰よりも早く予言していたデービッド・サーノフの反応である。[38]彼は、「コマーシャル放送」に最後まで反対し、寄付金による公共的な運営を主張した。この点では、ハーバート・フーバーも同様である。フーバーは、個人的には、政府による放送活動の掌握を嫌い、民間企業としての存立を希望していた。しかし広告については、強硬に反対した。彼は第三回全米無線会議でつぎのようにさけぶ。

放送をだめにするもっとも手っ取り早い方法は、直接広告のためにそれを使うことだと思う。新聞の読者には、広告を読むか読まないかを選択する自由がある。しかし、もしも大統領の演説が、ふたつの売薬広告のサンドイッチのあいだの肉のように使われてしまったら、ラジオはきっとなくなってしまうだろう。[39]

ところが、一九二〇年代以降の「リスナー」は、広告を必要とし、愛好しさえする「消費者」なのであった。大衆消費社会の形成に歩調を合わせて、消費者としてのオーディエンスが台頭してきていた。二〇年代のなかば以降、広告はラジオのなかでだんだんと認められるようになる。送り手からすれば、財源確保のために、「コマーシャル放送」は必要条件となってくる。一九二八年ごろには、広告放送が、社会的に承認されるようになった。「コマーシャル放送」は、大恐慌を経ることで、さらに台頭する。一九三二年時点で、全米の放送局数は六〇四であったが、このうち「コマーシャル放送」をおこなうことができる放送局が、九〇%以上を占めるようになっていた。また三一年一二月現在運営していた一二の州営または市営局のうちの七局、二八の宗教局のうちの五局、四四の教育局のうちの一二局が、スポンサー番組を受けいれていた。[40]「コマーシャル放送」の発達によって、アメリカのラジオは、産業的色彩がきわめて強くなりつつあった。

4　サーノフとペイリー

ネットワークの始原「チェーン放送」

一九二六年に発足した「全国放送会社」、いわゆるNBCは、RCAをはじめとする「ラジオ・グループ」が経営権を握り、AT&Tを中心とする「テレフォン・グループ」がそれまでもっていた設備、資材を買収して作られた、アメリカで最初のチェーン放送会社であった。アメリカは、ラジオを国営の一元的ネットワーク体制として発達させる政策を結果として選ばず、それぞれ異なる免許主体によって運営される局をチェーン（連結）するスタイル、「チェーン放送」として展開することとなったのである。エリック・バーナウはつぎのように語る。

ネットワークとはなんであろうか。とても不思議なことだが、ある意味でそれはほとんど無に等しい、幻である。それは主として多くの局が運営上むすびつけられる契約の集まりである。局間の連結は、大部分が賃貸された電話線によってなされてきたが、その電話線を、事業主であるネットワークは所有していない。そのように連結された各々の局は、空中波のチャンネルを使用するが、それは公共資源であって、ネットワークや局が所有できるものではない。したがって、ビジネスとしてのネットワークはまったく弱体な基礎にもとづいているようにみえるだろう。しかしネットワークはアメリカの覇権の時代のなかで、全世界規模の支脈をもつ、主要な権力中枢でありつづけてきた。(41)

ネットワークは、AT&Tによって拡張されてきた。そのため、NBCという独立企業体となった後も、実務的な次元において電話会社のスタイルがしみついていた。なにより、このころ局間連結によるラジオ放送が、ネットワークではなく「チェーン」と呼ばれていたことに気をつけなければならない。このコトバは、コモンキャリアが電話局をリレーすることを表わす技術的専門用語だった。たとえば、FCC(連邦通信委員会)が、この種の事業領域にたいしておこなった総合的な調査のタイトルにも、「チェーン放送」というコトバが使われていた。『チェーン放送報告』は、ネットワークの産業的実態を総合的かつ詳細に分析し、それによって放送産業において独占集中化が進行していることをはじめて指摘、警告した、アメリカの放送行政史上画期的な試みであった。

テレビジョンが一般化する以前のアメリカでは、この事業のことを、現在当たり前のように使っている「ネットワーク」ではなくて、「チェーン」という概念で示すことの方が多かった。これは、ただの用語の違いではない。一九四〇年代までは、局と局とを電話線でむすびつけ、ソフトウエアをやりとりすることは、テレ・コミュニケーション技術を応用した工学的手段として表層的にとらえられていたのである。その現象の奥に、ラジオのヘゲモニーを掌握するための独立した重要な社会的システムが実体化しつつあるという認識は、まだ一般的ではなかった。ふたつのコトバの違いは、そのことを傍証しているのである。

アメリカの「チェーン放送」は、後述するNBC、CBSがどれだけ支配力をもっていたとしても、基本はばらばらな免許主体の連鎖体であった。アメリカ以外の諸国では、アマチュア無線の延長で登場したラジオは、簡単に国家の独占事業に、あるいは、電話のようなコモンキャリア・システムになっていく。そこにはふたつの大きな違いがみられる。第一に多くの国家では、ラジオ・ネットワークはツリー構造のシステムであった。日本であれば、NHK東京放送局（JOAK）を中心に、大阪（JOBK）、名古屋（JOCK）を三大中心局とする、一元的ツリー構造が全国に拡充されていった。[42] それは、日本軍の中国大陸侵略が進むなかで、整然と、まるで電信や電話網の拡張のように計画され、遂行された。アマチュア愛好家やらデパートが勝手に免許を取得できること、その結果として混信が大問題となるなど、混乱のきわみであり、馬鹿げたことである。当時の日本の人々の目には、アメリカの状況はそのように映っていた。日本だけではない。放送制度のあり方を模索していたイギリスの人々にとっても同様であった。テオドール・W・アドルノがアメリカのラジオや映画が造成する大衆文化イデオロギーを看破したさいに、彼の心に映しだされていた像もまた、彼らの印象からそれほど遠く離れてはいまい。

第二に、個別企業、それも製造業など、今日からすればコミュニケーションとは異なる領域の事業の動向が、ラジオ放送の産業的存立構造を直接規定するようになったのはアメリカに独特のことだった。もちろん、ラジオ受信機の製造・販売の次元では、各国ともさまざまな思惑が入り乱れていた。たとえばイギリスでは、一九二二年にマルコーニ無線会社を中心とする六大電気機器メーカーが中心となって営利法人としてイギリス放送会社を設立した。だが、その放送内容はコマーシャリズムから用心深く守られていた。そしてその後、一九二七年には公共事業体としてのイギリス放送協会（BBC）へと転換しているのである。[43] ヨーロッパ諸国では、当初ラジオは、市民の自由なコミュニケーションの場であるというよりも、テレ・コミュニケーションの延長上で軍事・外交の手段として展開されるべき国家の掌握事項とみなされた。少し経つと、ラジオは、近代国家の市民に相応しい情報を与え、教育をほどこし、慰安するための道具、啓蒙の手段であるという認識に変わっていく。そのための合理的体制として、全国ラジオ放送ネットワークは政策的に位置づけられていたのである。こうした認識は、ラジオ先進国アメリカに派遣された諸国の人々が抱いた、ジャズ・エイジの混乱にたいする嫌悪的ともいえる印象の反動で成り立っていた。

サーノフとNBC

「チェーン放送」は、一九二六年に設立されたNBCにはじまるが、翌年にはCBSが登場する。ふたつの企業体は、一九三〇年代のアメリカの二大勢力として競合展開していった。それぞれの成り立ちの経緯と、動向を確かめておこう。

最初の「チェーン放送」企業であるNBCは、同時に「コマーシャル放送」を自由に流し、収入の約九〇%を広告でまかなうシステムで運営された最初の企業体となった。一九二七年四月には、「一九二六年相互特許協定」によって買収したWEAFをキー局とするレッド・ネットワーク、WJZをキー局とするブルー・ネットワーク、パシフィック・コースト・ネットワークの三系統のネットワークを所有・運営していた。(44) レッドとブルーという呼び方は、AT&Tの「チェーン放送」計画の図面上で、それぞれが赤と青のインクで描き分けられていたことによる。(45)

一九三三年までに、NBCは全米で一〇のラジオ局を直接所有していた。このうち七局は五万ワットの大出力による送信能力をもち、九局は時間制限のない免許を受けていた。所有局が二局併存する大都市では、一局がレッド・ネットワーク、のこりの一局はブルー・ネットワークに所属した。そして、これ以外にも各地域の放送局と、ネットワーク加盟契約を提携していた。加盟局数は、漸増する。開局当初の、一九二六年一一月には一九局であったが、翌年には、レッド・ネットワーク二二、ブルー・ネットワークは六となる。一九三三年には、レッド・ネットワーク二八、ブルー・ネットワーク二四、補足契約局が三六となり、全米放送局数の一四・七％を占めるようになった。[46] NBCは一九三一年時点で、社員一三五九人、税引前収入二六六万三二〇〇ドル、七五局をネットワークしていた。番組についていえば、二五六回の特別番組、三四カ国から一五九の国際番組、二八回の大統領、三七回の閣僚、七一回の上下院議員の出演番組を放送していた。[47]

もっとも人気のあった番組は、「エイモス&アンディ（Amos & Andy）」である（**図表20**）。白人が黒人のまねをしておしゃべりをするボードビル・ショー以来のパターンで、フリーマン・F・ゴスデンとチャールズ・J・コレルが演じていた。このコメディは、人種差別に根ざしたギャグのくり返しと、南部訛りをモチーフにしたブラック・ユーモアで、ラジオがはじまって以来の空前のヒットとなった。大統領であったクーリッジも、この番組の放送される時間には、ホワイトハウスで執務することを嫌がったといわれている。[48]「エイモス&アンディ」というただひとつの番組のために、

図表 **20**　エイモス＆アンディ（1928 年）

NBCは番組シンジケート機構を設立することになった。また、連続番組という発想も、この番組の登場によって、はっきりと形式化されたのである。[49]

NBCの経営の中心には、もちろんデービッド・サーノフがいた（図表21）。彼は、三五歳の若さで初代会長に就任する。サーノフは、一八九一年、ロシアのミンスク近郊にあるウスリャニという寒村に生まれた。一九〇〇年、ニューヨークに移民、一九〇六年に、アメリカン・マルコーニに給仕として就職する。フェセンデンが、音声の無線送受信に成功した年である。一九一二年のタイタニック号事件のさいには、救助のための七二時間にわたる無線通信によって名声を築きあげ、「ラジオ・ミュージック・ボックス」構想によって放送の時代をいちはやく予言した。三〇歳で、RCAの総支配人となり、「テレフォン・グループ」との攻防の指揮をとる。「一九二六年相互特許協定」を画策、NBCを育成し、RCAの社長にまでのぼりつめる。[50]

サーノフは、基本的にエンジニアだった。大企業のトップとなった後も、エンジニアの視点からラジオをとらえていた。誰よりも早くからマス・メディアとしてのラジオの普及を思い描いていたが、逆にそうしたラジオのありようが、ひとつの様態にすぎないということも冷静にとらえていた。したがって、「ラジオ・ミュージック・ボックス」構想の後にも、ポータブル・ラジオ、ラジオ放送の農業利用、アメリカの国際ラジオ放送としての「ボイス・オブ・アメリカ」、国際連合が独立した国際放送シ

図表 21　デービッド・サーノフ
（1939 年ニューヨーク世界博のテレビジョン・キャンペーン）

ステムをもつことを提唱した「国連の声」など、ラジオ無線をめぐるさまざまなアイデアを提出し、実現していくことができた。また、いちはやくラジオ無線を利用して映像を送受信するための技術、すなわちテレビジョンの研究開発も推進させた。RCAとNBCの密接な関係は、こうしたサーノフの性格を反映している。サーノフにとって、ラジオを用いたコミュニケーションの可能性を探求することは、製品作りとしてのラジオ・テクノロジーと不可分の関係にあった。NBCというはじめてのラジオ・ネットワーク企業が、RCAを母体として成立したことは、アメリカが他の国家にくらべて産業の論理が卓越していたためだというマクロ・レベルの説明だけでは十分ではない。この新しい事業領域において、デービッド・サーノフという卓抜な能力をもったテクノロジストが経営者としても成功したこと、そして彼が、ラジオ無線の応用領域のひとつとして放送をとらえていたという、個人的な要因も、大きく介在していたのだ(51)。

サーノフは、ロシア系のユダヤ人であった。二〇世紀初頭にアメリカに渡った移民労働者のなかでももっとも低い階級に所属し、ロワー・イーストサイドで貧しい少年時代を過ごした。学問を尊び、科学技術に惹かれ、無学な大衆にはなるまいと心に誓っていた。そうした生活経験から、みずからの所属階級の文化であるボードビル・ショーや、ニッケル・オデオンのようなマス・エンターテイメントよりも、ヨーロッパ的な古典的で高尚な文化に憧れる気持ちを強くもっていた。そのために、「コマーシャル放送」以外に現実的な収益システムが見当たらないことがはっきりした後も、ラジオに広告をもちこむことにもっとも強硬に反対しつづけたのである。ラジオ放送は、アメリカ国民の教育啓蒙、「公共サービス」のためにこそ育成されるべきである。イタリアからアルトゥーロ・トスカニーニをよび、クラシック音楽の時間帯を定常化したのもサーノフの意向であった[52]。

もちろん、放送をめぐる、とくにハードウエアについての独裁的ともいえる経営手腕を見落とすわけにはいかないのだが、サーノフのこうしたものの考え方の傾向は、NBCの体質にも強く反映されていたのである。NBCは、事業の実態はどうあれ、理念的には公共サービス事業としての、お堅い企業体質を備えていた。このことは、営業ノウハウの欠如、つまり広告にとって重要な番組編成の研究開発にたいする認識不足にも、後々むすびついていくことになる。

ペイリーとCBS

「一九二六年相互特許協定」は、NBCの独立だけではなく、同時にさまざまな民間組織にたいして、「チェーン放送」市場を開放するきっかけになった。しかし、もともと電話会社が運営した資産をもとに設立されたNBCの既得権益は大きく、ライバル・ネットワークが簡単に登場するとは思われなかった。そうしたなかから二年後に登場した「コロンビア放送システム」、いわゆるCBSは、さまざまな曲折を経て、ある意味でNBCとは大きく異なる体質の企業体として展開していく。

新しいチェーン放送会社を発足させようとする動きのはじまりは、ラジオ業者の全国的組織であるNABと全米規模の著作権団体であるASCAPの、ラジオにおけるレコード使用をめぐる論争のなかから生じてきた。一九二六年九月のNAB第四回大会において、ASCAPへの依存を減らすために、今後ラジオ局が番組制作会社を設立して、自前の音楽ソフトを確保すべきだという提案がなされた(53)。一カ月後、これとは別に、フィラデルフィア・オーケストラのビジネス・マネージャーで、エンターテイメントに通じていたアーサー・ジャドソンが、ニューヨークでジャドソン・ラジオ番組株式会社を設立する。ジャドソンは、NBCへのタレント出演契約料によって儲けることをもくろんでいたのだ。しかしサーノフは、彼と一度は手をむすぶ約束を交わしながら、それを反故にしてしまう。これに腹を立てたジャドソンは、NBCに対抗するチェーン放送会社を設立しようとし、一九二七年一月、ユナイテッド・インディペンデント・ブロードキャスターズ(UIB)を発足させた。しかし、NBCとの関係が悪いままであったため、当初から経営基盤は安定せず、AT&Tの回線使用料も支払えない状態であった。

ここで、レコード業界の動向も大きく影響した。当時、RCAがビクター・トーキングマシンと合併して新会社を興すという噂が立っていた。ビクターのライバルであったコロンビア・フォノグラフは、UIBの資産を吸収し、新会社「コロンビア・フォノグラフィック・ブロードキャスティング・システム」を設立して対抗しようとしたのである。しかし、当時ラジオにおいて収益をあげるためにできることは、すべてNBCが押さえている感が強かった。新会社の欠損は累積していった。これをみたコロンビア・フォノグラフは、早々に経営から撤退してしまい、社名も「コロンビア・ブロードキャスティング・システム(Columbia Broadcasting System 以後CBSと略す)」に変わってしまったのである。

こうして点々と会社名を変えてきた不安定な事業体は、コングレス・シガー・カンパニー(Congress Cigar Company)のウィリアム・サミュエル・ペイリー(通称ビル・ペイリー)の手にわたらなければ、大恐慌をまたずしてつぶれていただろうというロバート・メッツの推測は、かなり現実的なもののようである。[54] 一九二八年九月二八日、二七歳のペイリーは、約三〇万ドルでCBSを買収する。

ビル・ペイリーは、まずそれまで二系統あったネットワークをWABCを中心として統合し、合理化をはかった。そして、後述する新しい加盟契約のシステムの導入によって、加盟局数を買収時の一七局から、一九三三年には九一局へと急増させることに成功した。全放送局数に占める比率でいえば二・五%から一五・二%への増加であった。ビル・ペイリーは、チェーン加盟契約をはじめて公式化し、興行的な営業の世界に合理的な業務体制をとりいれた。また一九三〇年には、パラマウント映画と株式契約をむすび、経営資本を安定させることにも成功したのである。[55] CBSは、とにかく急成長した。一九三一年には、社員四〇八人、税引前収入二六七万四二〇〇ドル、七六局を加盟局にした。番組面では、四一五回の特別番組、一九地点から九七の国際番組、一九回の大統領、二四回の閣僚、六五回の上下院議員の出演番組を放送していた。[56] そして、不況の余波がラジオにもおよびはじめた一九三二年から三三年にかけては、加盟局数においても、税引前収入においてもNBCを凌駕してしまうのである(**図表22**、**図表23**参照)。

じつはサーノフと同様ビル・ペイリーも、ロシア系ユダヤ人であった(**図表24**)。ペイリーは、サーノフにはなかった抜群の商才と、エンターテイメントの価値を見抜く見識眼をもっていた。

ペイリーこそ現代放送の父である。生まれたばかりの放送界にそびえ立つ巨人といってよい。彼の足跡をたどれば放送の歴史が書けるだろう。お互いを食い合うこの野蛮な世界の草分けということだけではない。真に傑出した存在だった。資本主義

図表22 ネットワーク加盟局数の推移

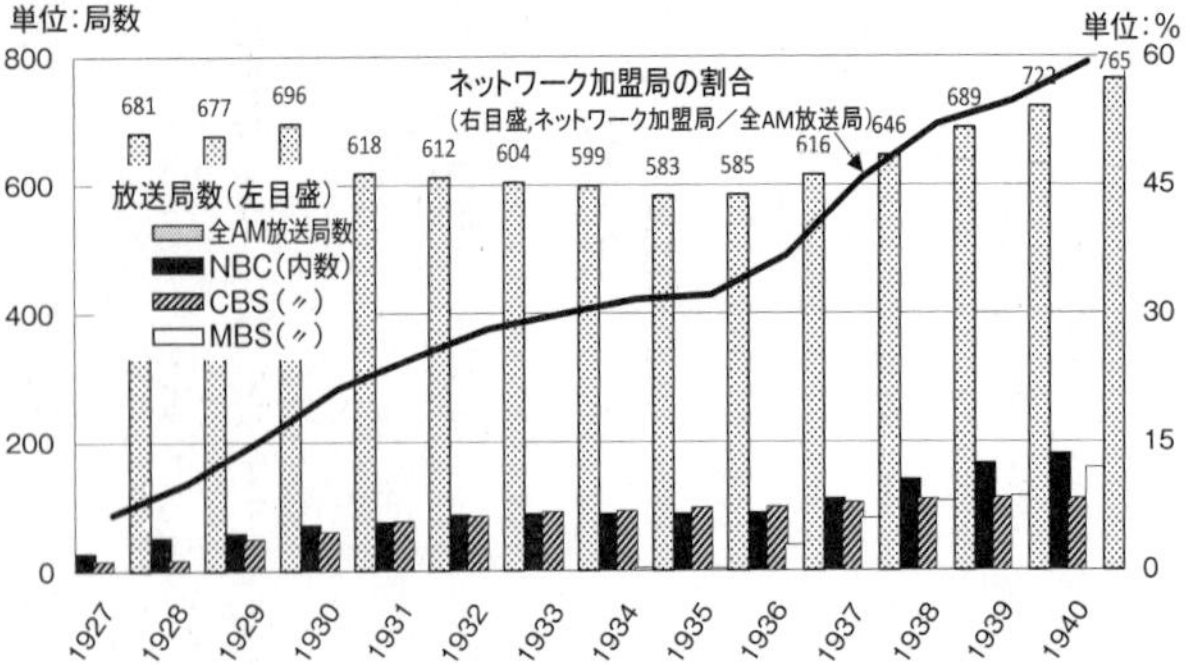

注:(1) Sterling, Christopher H. and John M. Kittross, 1990, p. 634, Table2-4より作成。
(2) 総局数は,1927-33年はFRC調査値,1934年以降はFCC調査値。
(3) 各ネットワーク加盟局数は,各ネットワーク公表値。
(4) 加盟局数については,FCC, 1941, p. 15, p. 23も参照。

図表23 ネットワークの売上げ・税引前収入の推移

年度	ネットワークの売上げ		全放送時間に占める広告時間の割合		ネットワークの税引前収入	
	金額	増加率(1927年=100)	%	増加率(1927年=100)	NBC	CBS
1927	3,832,150	100.0	20.5	100.0	464,400	220,100
1928	10,252,497	267.5	27.7	135.1	427,200	179,400
1929	19,729,571	514.8	24.7	120.5	798,200	474,200
1930	26,819,156	699.8	29.2	142.4	2,167,500	985,400
1931	35,787,299	933.9	36.5	178.1	2,663,200	2,674,200
1932	39,106,776	1,020.5	25.5	124.4	1,163,300	1,888,100

注:(1) 最初の4コラムの数値は,Hettinger, Herman S., 1933, pp. 113-118, Table 19, 20, 23より引用。
(2) 後半の2コラムの数値は,FCC, 1941, p. 17, p. 24より引用。
(3) 後半2コラムのうち,1927年のNBCの数値は,26年度の2カ月分が含まれ,CBSの値は,27年度の8カ月分を示している。
(4) 金額の単位はドル。

図表24　ウィリアム・S・ペイリー（1929年CBS新社屋落成式にて。中央の男性）

社会の巨大なサメの群れのなかで半世紀も泳ぎながら、傷一つ負わず、しぶとく生き抜いてきた。（中略）初期の放送局にあって、誰よりも番組制作とエンターテイメント、つまり娯楽番組に関心を寄せ、企画の細部にまで気をくばる。国民が毎夜自宅で何を聴き、やがては何を見るかを決めるのに影響力をもったのだ。それゆえにビル・ペイリーは、アメリカ人の生活に、これほど重要な位置を占めたのだ。[57]

デービッド・ハルバースタムは、このようにペイリーを語る。

彼が、ラジオ・メディアの潜在的可能性を最初に認識したのは、フィラデルフィアのWCAU局に、父の経営するタバコ会社のスポンサード番組「ミス・ラ・パリィーナ・アワー」を提供した一九二五年であった。週五〇ドルの広告料金で、驚くほど「ラ・パリィーナ」というタバコは売上げを伸ばしはじめたのである。ビル・ペイリーは、ラジオ・チェーンの経済価値を明確にとらえていた、最初の人物の一人である。彼は営業業務を重視し、弁護士エドワード・L・バーナイの部下であったエドワード・クローバー（通称エド・クローバー）を宣伝部に採用する。エド・クローバーとビル・ペイリーのコンビを営業活動の中核として、CBSは発展していった。[58]

NBCとCBSの競合関係は、**図表22**、**図表23**からも明らかなように、新興のCBSが加盟局数、税引前収入などにおいて、ビッグビジネスRCAの傘下にあってほぼ独占的に「チェーン放送」を牛耳ってきたNBCを追撃するというかたちで展開していた。CBSの営業活動の当面の目標は、一九二八年の放送開始以来、国民的エンターテイメントとなっていたNBCの「エイモス&アンディ」に対抗することであった。

「エイモス＆アンディ」じたいは、午後七時からの一五分番組にすぎなかった。しかし、この番組の存在によってNBCの知名度はきわめて高くなり、そのことが広告媒体としてのNBCの価値を、比類ないものにしていた。

この対抗策としてCBSは、良質の自主番組作りに励むことになる。ひとつは、タレント養成システムを自前で開発することであった。一九三〇年、CBSは株式の五五％を所有するコロンビア・コンサートを設立した。同社の主要業務は、CBSのネットワークにのるタレントの養成とマネージメントであった[59]。ここで、ビル・ペイリーのエンターテイメントにたいする洞察力が大きな原動力となった。ビング・クロスビーやケイト・スミスは、ペイリー自身が見いだし、スターに仕立てていった。さらにCBSは、NBCが未開拓な放送番組の領域を見つけだす。放送ジャーナリズムである。放送ジャーナリズムの倫理基準を他に先駆けて設置し、世論の評価の獲得に努めた。そして、番組編成にたいする研究と対策も、CBSネットワークの発達をソフトウエアの面から支えていた。この結果、CBSは番組制作の権限を、広告代理店からとりもどすことにも成功した[60]。

その他の可能性

ところで、アメリカのネットワークは、NBCとCBS以外にはなかったのだろうか。そうではなかった。二大ネットワークがしのぎを削って寡占市場を形成していったあいだにも、数多くの地域ネットワークが存在したのである。一九三八年のFCC調査では、「カリフォルニア・ラジオ・システム」、「ヤンキー・ネットワーク」、「コロニアル・ネットワーク」をはじめとして、一三の地域ネットワークが検討されている。[61] ただし、それらのネットワークも、基本的な目的は二大ネットワークと同じく、番組供給と局間連結による営利追求にあった。したがってほとんどの地域ネットワークは、同時に二大ネットワークに加盟することで組みこまれ、補完的な機能を果たしていたのである。

これとは別に、一九三四年九月、二大ネットワークに有利な加盟契約に不満を抱いたシカゴのＷＧＮやニューアークのＷＯＲなど、主要都市の大規模局によって「ＭＢＳ（Mutual Broadcasting System）」が設立されている。ＭＢＳは、ＮＢＣ、ＣＢＳとはまったく異なるシステムによって運営されたネットワークであった。まず、ＭＢＳは放送局を所有しておらず、逆に加盟局によって所有されていた。そして、各加盟局が制作した番組、あるいはスポンサーや広告代理店がもちこんだ番組を電波にのせるだけで、それじたいは番組制作には関与しない方式を採用していたのである。[62] しかし、経営上の統制がとれない複雑な業態を形成しており、専属加盟契約制やオプション・タイム制などのシステムの導入にも積極的な対応をとることができず、広告市場においては従属的な立場におかれていた。一九三五年時点で、ＮＢＣの広告収入が二六六〇万ドル、ＣＢＳが一六〇〇万ドルをそれぞれ超えていたのにたいして、ＭＢＳはわずか一一〇万ドルにたっしていたにすぎなかった。[63]

ＭＢＳにおいても、ネットワークの基本的な性格は変わらなかった。ネットワークは、放送による表現活動の展開のために放送局をむすびつけていたというよりは、経済原則にしたがった産業として、資本のゲームを展開していたのである。

5 ネットワークの勃興

ネットワーク加盟契約

一九三四年、ニューディール政策の一環としてFCC（連邦通信委員会）が設立された。これは、「一九二七年無線法」をより体系的に整備し、テレ・コミュニケーションと放送の統一的法律として策定された「一九三四年通信法」のもとで、FRC（連邦無線委員会）の拡大改組によって成立した、より強力な独立行政委員会であった。

FCCの設立によって、行政機関がようやく放送の産業的側面を正面からあつかう機会が訪れた。一九三八年に開始された「チェーン放送」にたいする調査は、ジェームズ・ローレンス・フライ委員長のもとで『チェーン放送報告』として四一年に提出されている。[64] この報告書は、「チェーン放送」による放送市場の独占集中化状況を認識するさいの視座として、第一にNBCとCBSという二大ネットワーク会社をとりあげ、第二にネットワーク加盟契約をあげている。[65] ネットワーク加盟契約とは、「チェーン放送」が産業的実体を備え、ラジオの世界で権力をもつことを可能にした仕掛けであった。そのあり方が問題となる理由は、アメリカのラジオが、ヨーロッパ諸国や日本のように統合的な放送システムとして形成されず、ネットワークと放送局がそれぞれ別の経済主体として存立していたことによる。このため両主体間に競合市場が成立し、これがさまざまな社会的影響を与えながら産業的展開をすることになった。ここでは、その仕掛けについて明らかにしておこう。

ネットワーク加盟契約のあり方は、一九二〇年代後半の短期間のうちに、つぎのように変化してきていた。一九二六年にNBCが設立されるまでは、チェーンと加盟局の関係は、正式に規定されたものではなかった。この時代には、チェーン放送会社が、加盟局にたいして特定の夜間時間帯に番組の供給をおこなっていた。加盟局は、それにたいする時間当たりの使用料と、制作費の一部となる料金を支払う。このことが、非公式に言い交わされているだけだった。NBCの設立によって、一日一六時間のネットワーク番組放送計画が立案された後も、いぜんとして加盟契約の形式は非公式なままであった。(66)

NBCの契約方式には、つぎのような特徴があった。第一に、加盟局は、ネットワークにたいして事前除外規定に則った権限を行使することができた。これによると、NBCのスポンサーが全国中継を求めている時間でも、加盟局が自前のローカル番組をローカル・スポンサーの提供で放送したいと思えば、NBCは全国完全中継ができないのであった。加盟局は、NBCから受けいれた番組の放送料として、夜間一時間当たり、一律三〇ドル、のちに五〇ドルを得ていた。大規模局は、この一律料金にたいして、常に不満をもっていた。そのため、NBCが新しい連続スポンサー番組を開始しようとすると、小規模局は喜ぶが、大規模局が不満を抱き、ローカル・スポンサー提供番組を独自に放送してしまう、ということがしばしばあった。NBCのやり方は、それぞれの地域のニーズや、個別のラジオ局の事情を無視してしまいがちだったのである。第二に、ネットワーク提供番組の放送に料金を課していた。当初は夜間一時間当たり九〇ドル、三二年までにやや値下がりして五〇ドルとなった。これは、小規模局にとって大きな負担となっていた。(67)

CBSの加盟契約

これにたいして、CBSがペイリーを中心に開発した加盟契約には、つぎのような改良が加えられていた。まず、オプション・タイム制の導入である。これは、加盟局が、CBSがチェーン放送をおこなう一日一〇時間から一二時間分の番組を、いつでもすべて無料で放送できる仕組みだった。契約のための手続きも簡略化され、大恐慌以後、局の経営に四苦八苦していた多くの経営者にとって魅力的なシステムだった。(68)

一方で、全国スポンサーが、全国チェーン放送をおこなおうとするばあい、たとえローカル局でもっとも聴取者が多い夜間のプライム・タイムであっても、CBSが無料でチェーン放送を強行することができた。CBSは、その出発の時点で、加盟局数を増やすことを至上の目的としていた。この方法は、そのためにとても有効に機能したのである。

スポンサーは、放送局に一定の料金を支払うが、それはCBSと加盟局が分けあった。番組制作費、送信費、AT&Tの電話線賃貸料などはCBSが負担したため、収入の多くはCBSの収入となった。料金率は、加盟契約書に明記され、局の取引能力にしたがって異なっていた。加盟放送局は、平均して放送時間販売料の三〇%を受けとる。この収入は、なんの苦労もなく手に入ったわけである。この方法は、ネットワークの業務を、とくにスポンサーとの交渉手続きを大幅に簡略化した。またCBSが、一定回数以上ローカル局の時間に割りこんだばあいは、ローカル局に補償金を支払うスライド制も採用した。加盟局からすれば、CBSのネット番組を多数受ければ、補償額も多くなるわけであった。

一連の方式によってCBSは、加盟局側の事情にわずらわされることなく、自由にスポンサーと契約できるようになった。加盟局数も増加した。こうして、CBSはNBCと競合できる地位を築くことができた。NBCも一九三三年には同じ契約方式を採用することになる。ビル・ペイリーは、加盟局数を増やし、より多くの聴取者を獲得することで、ＣＢＳにたいする需要を増大させることを経営上の最重要課題として認識していた。この発想が、ネットワーク・タイムセールス・システムにおいてもっとも重要な転換をもたらしたのである。

そしてもちろん、こうしたネットワークの論理こそが、ＦＣＣによって厳しく糾弾されたのであった。『チェーン放送報告』はつぎのように告発する。

われわれは、全国ネットワークのタイム・オプションが、放送局免許取得者の自由を制限し、彼らがローカル・コマーシャル番組や他の全国ネットワークの番組、スポット録音番組などを放送しようという試みを妨げてきたという結論にいたった。われわれは、タイム・オプション制のもとでネットワーク運営が「安定すること」がもたらすとされている、いかなる利益よりも、こうした問題の方がはるかに重大であると確信している。そして、免許を取得している放送局によってこのシステムが用いられることが、パブリック・インタレストに反して機能していると評決する。(69)

たしかに、オプション・タイム制の定着は、個別のラジオ局が、本来地域コミュニティにおいて果たす社会的機能や、一九二〇年代初頭のアマチュア無線と入りまじったような状態のなかから命脈を保ってきていたはずの免許主体の独自性といったものを、経済合理性のもとで消し去ってしまった。それによって個別局は、ネットワークという中央集権的な番組供給ラインにぶらさがり、送信出力や可聴範囲内の人口などによってその価値が判断される端末局になってしまったことも否定できないのである。

寡占市場の形成

CBSが、わずか数年のうちにNBCを脅かすライバル・ネットワークになるとは、RCA、NBCを中心としていたそれまでのラジオ業界で、おそらく誰も想像していなかっただろう。しかし、オプション・タイム制の導入とタレント養成政策、番組編成への注力などによって、CBSは、NBCに比肩しうるまでに勢力を伸ばした。CBSの対抗戦略は、「テレフォン・グループ」の運営方式が色濃くのこっていたNBCのそれとは異なり、よりコマーシャル放送に適したものだったとみることができる。ペイリーが率いるCBSの発展は、たんに一企業の成功を意味するにとどまらなかった。それは、競合企業を得たNBCの活性化を促すとともに、ラジオの発展方向そのものを明確に定める要因となった。すなわち、ネットワーク・コマーシャル放送の方向である。

NBC、CBSを中心とするネットワークの動向を概観しておこう。ネットワーク・システムは大恐慌によって、よりいっそう発展していた。まず**図表22**（二二四頁）に示されているとおり、ネットワーク加盟局が全局数に占める比率は、ビル・ペイリーがＣＢＳを買収した一九二八年には一〇・二％であったが、三〇年には二一・二％、ＦＣＣ発足の三四年には三一・六％にたっしている。より重要なのは、ネットワーク加盟局の送信設備数が、全米の総送信設備数の過半数を占めていたことと、加盟局のほとんどが高出力であったことである。送信機数の比率は三一年一一月時点で、六八・七％にたっしていた。また一九三二年時点でＮＢＣの総出力は二七万七五〇〇ワット、ＣＢＳは二一万四〇〇〇ワットにたっし、二万五〇〇〇ワット以上の大出力局三二局のうち、三〇局までが両ネットワークに加盟していた(70)。

ネットワーク広告の売上げは、一九二七年に約三八〇万ドルであったものが、三〇年に二七七〇万ドル、三三年に落ちこんだものの利益は維持されて、三四年には四二六〇万ドルにたっした（図表25）。またＦＲＣ調査によれば、三一年度のラジオの全放送時間のうち、ＮＢＣのスポンサー番組は三三・八％、ＣＢＳでは二一・九％を占めていた。広告は、いまや明白に主要財源となったのである(71)。こうして一九三二年前後には、全米のほぼ八〇％以上のラジオで、ＮＢＣかＣＢＳの番組を聴くことができた(72)。

ＮＢＣ、ＣＢＳをめぐって、さまざまな関連事業が発生していた。番組の独立制作会社、録音会社、録音物配給連盟、脚本配給連盟、販売促進サービス、業界紙、プレス・エージェント、業界連盟、そして労働組合などである(73)。これらの業種、業務の複合体として放送産業は体制的構造体として確立したのである。

図表 25　広告売上げ額の推移

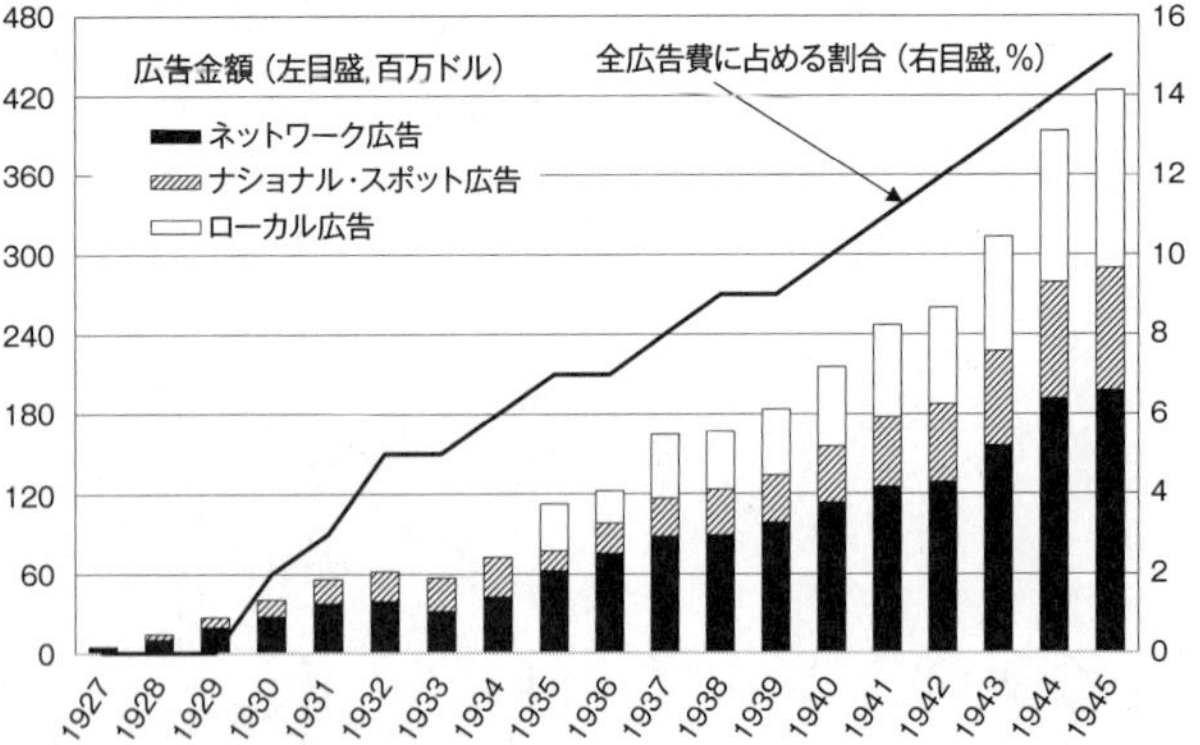

注：(1)　1927-34 年は，Broadcasting Publications Inc., *Broadcasting Yearbook* 1951, p. 12, Table 5 を参照。

(2)　1935 年以降は，マッキャンエリクソン社研究部調査値を参照。

(3)　金額の単位は 100 万ドル。

(4)　合計のうち 1927-34 年は，ネットワーク広告とナショナル・スポット広告の合計値を示した。

第V章

エーテルの劇場化——番組という文化の形成

1　日々の楽しみたち

ラジオの黄金の日々

ラジオの産業的な次元から、文化的次元に視点を移してみよう。アメリカの一九三〇年代の生活文化はどのような様子だったのだろうか。アメリカの放送通史である『チャンネルはそのままに』の著者たちは、つぎのように描写している。

多くのアメリカ人にたいして、一九三〇年代は新しいレジャーをもたらした。週五日間、一日八時間の勤労スタイルが一般化しつつあった。より多くの人々が、毎週映画を見に集まった。ウォルト・ディズニーの最初のフルカラー・アニメーション映画である『白雪姫』は、一九三七年に登場した。さらに創造性に富んだ『ファンタジア』は四〇年の作品である。マーガレット・ミッチェル原作の『風と共に去りぬ』の映画は、「くそっ（damn）！」という話しコトバまで銀幕で解禁した。ベニー・グッドマン、グレン・ミラー、そしてドーシー・ブラザーズのような、ビッグ・ダンス・バンドが、大学のダンス・パーティーにもナイトクラブにも、スウィングを流していた。ラジオと、ジュークボックスのおかげである。人々は、本もよく読んだ。同世代の一群の小説家たちは成熟期を迎えていた。シンクレア・ルイス、エドナ・ファーバー、アーネスト・ヘミングウェイ、そしてジョン・スタインベックたちである。新しい写真誌である『ライフ』と『ルック』は、たちまちすごい発行部数を達成した。(1)

もっとも一般的な余暇の過ごし方はラジオを聴くことであった。大恐慌を経て産業的に確立したラジオにとって、一九三〇年代は、まさに黄金時代となった。テレビジョンという新しいメディアがラジオのライバル・メディアとなり、第二次世界大戦が勃発するまで、まだ一〇年以上あった。

いくつかのデータで、ラジオの隆盛を裏づけておこう。全米のラジオ局数は、一九三〇年に六一八、三五年には五八五、四〇年に七五四局へと推移した(図表7、九三頁)。このうちコマーシャル放送局数は、それぞれ三〇年が五六九局、三五年が五四三局、四〇年に七三〇局と、徐々にその割合を増していく。また、ネットワーク加盟局も、三〇年の一三一局から、三五年に一八八局、そして四〇年には四五四局へと著しく増加し、ネットワーク加盟のコマーシャル局の割合は、それぞれ二一%、三二%、五九%と増えてきている(図表**22**、二二四頁)。ラジオは、はっきりと全国市場をもつ産業になったのである。その収益は、一九三〇年の七七〇〇万ドルから、三五年に一億一三〇〇万ドル、四〇年には二億一六〇〇万ドルへと伸びていた。(2) 放送産業は、不況が慢性化したニューディール期の経済状況のもとで、きわだった展開をみせていた。放送を監督規律するFCCも、より大きな組織へと展開していく。一九三五年には職員総数四四二人であったが、四〇年には六二五人にまで拡大している。(3)

ラジオ受信機の世帯普及率は、すでに一九三〇年には四五・七%にのぼったが、三五年に六七・二%、四〇年には八一・一%にまでたっした（図表**11**、一一八頁）。しかも、この数値は都会と農村、西海岸と東海岸で、あまり大きな違いがなかった。ラジオは、アメリカのあらゆる地域のリビングに浸透していったのである。

インダストリアル・デザインされたラジオ

ラジオが楽しまれる状況には、どのような変化があっただろうか。まず、受信機そのものをみてみよう。

『ラジオ・クラフト』誌の一九三八年三月号（図表**26**）は、ラジオ無線五〇周年記念号だったが、そこには三〇年代と二〇年代、つまり三八年と、ほぼ一〇年前の広告を見開きの左右の頁に配して比較できるような企画が載せられている。(4) ここに示されたふたつのRCAのラジオは、どちらもその時代の最高級品であるから、ある程度差し引いて考えなければならないが、およその様子はうかがい知ることができるだろう。

すぐに気がつくことは、一九三〇年代に入ってラジオが安くなっているということである。ラジオ受信機の平均価格は、一九二五年に八三ドル、以後五年毎に七八ドル、五五ドルと低下して、四〇年には三八ドルと下がってきていた。(5) それと反比例するかたちで、性能は向上した。真空管、コンデンサーといった部品の品質、受信感度、スピーカーの再生能力はもちろん、あらかじめ指定した放送局の周波数をボタンひとつで呼び出すことのできるプリセット機能のような付加価値も備わるようになった。そして**図表26**のような蓄音機と一体となったコンソール・タイプも普及しはじめたのである。

また、商品としてのラジオの付加価値をより高めるために、計画的にインダストリアル・デザインが導入されるようになった。たとえば一九三二年のアエリオラ・グランドと比較して、三八年のモデル87K1は、明らかに、マホガニー材の研磨度が増し、チューニングする部位周辺の光沢が高まっている。また、微妙な曲面の側板が多用されており、スピーカーを覆うテクスチャーにも、波状の曲線をあしらったデザインが施されている。これらのデザイン・レトリックは、廉価版のモデルにも共通して見いだすことができる。二〇年代のラジオは、むきだしの無骨なテクノロジーがリビングに入りこむ資格を得るために家具・調度品のデザインを模倣、流用し

What a difference in VALUE a few years make!
NOW..for only
$89.95*
RCA Victor
ELECTRIC
TUNING!
RCA Victor Electric Tuning Model 87K1...In addition to Electric Tuning this beautiful new instrument offers the famous Magic Eye and RCA Metal Tubes. Straight-Line Dial, 12" dynamic speaker, phonograph connection. American-foreign reception, police, aviation and amateur calls. $89.95*.
Compare the value! The advertisement on the opposite page tells about the Aeriola Grand selling for $409.50. That was in 1922.
And now—look at present-day radio value! A beautiful 7-tube RCA Victor Radio with Electric Tuning—for only $89.95*! In all radio history few developments have captured the public fancy as quickly and completely as has RCA Victor Electric Tuning! Just imagine the thrill of getting any one of your six favorite stations with the simple push of a button! That's all there is to it! Just push a button—there's your station, and it comes in tuned "right on the nose."
Visit your nearest RCA Victor dealer today or tomorrow. See this amazing instrument that can be yours for so little. Notice its many other fine features. Every one of them is proof that RCA Victor offers great radio value—and that this set is one of the greatest values of all time!
When buying radio tubes, say "RCA". First in Metal—Foremost in Glass—Finest in Tone.
RCA presents the Magic Key every Sunday, 2 to 3 P.M., E. S. T., on NBC Blue Network.
*Price f.o.b. Camden, New Jersey, subject to change without notice.
RCA Victor
RCA MANUFACTURING COMPANY, INC. CAMDEN, NEW JERSEY
A SERVICE OF THE RADIO CORPORATION OF AMERICA

図表 26　1920 年代（左），30 年代（右）のラジオ広告

図表27　ヘンリー・ドレイファスの電話（1937年）

たもので、いわばマイナス・イメージを隠蔽するためのパッケージングだった。三〇年代なかば以降、全米の過半数のリビングに浸透したラジオは、すでにマイナス・イメージを払拭して、誰もが使うことのできる日用品となった。ここにみられるのは、日用品にたいして、デザインによって高級志向の付加価値を付与する手法である。堂々として格調があり、自律的にプラス・イメージを醸成するためのデザインに転じていることが読みとれる。ラジオのデザインは社会的に定着し、企業は新たな付加価値戦術を探しはじめていた。

ラジオのデザインが一定の社会的意味のコードを備えたこの時期に、電話の標準的なデザインも確立されている。AT&Tは、一九三七年にヘンリー・ドレイファスのデザインを採用した。**図表27**が、そのとき採用された電話機である。これがいわゆる黒電話、のちに日本でも四号自動式卓上電話において流用され、半世紀近くにわたって私たちの電話のイメージそのものとなる、あの電話機のプロトタイプであった。ドレイファスは、バウハウスの影響を強く受けており、人間工学的な配慮をしつつ、近代的な企業組織におけるビジネス・メディアとしての機能性を追求した形態を、電話に与えたのである。(6) ラジオは、家庭のなかのエンターテイメントの窓口、「テレ・シアター」となり、電話は用件電話に代表されるパーソナル・コミュニケーションのための機器、「テレ・ビークル」として、はっきりと枠づけられた。なおドレイファスは、三〇年代に登場した最初期のインダストリアル・デザイナーのひとりであったが、この成功によってデザイン事務所という新しいビジネスを確立する。

ところで、このころRCAは、独占禁止法をめぐる訴訟などが長引いたことによって、徐々に市場支配力を失いつつあった。一九三五年には、それまでRCAが製造したラジオを販売していたGE、ウエスティングハウスが、独自にラジオ製造を開始する。一九三〇年代なかばからは、フィリコ、ゼニスなどの新しいメーカーが人気を集めるようになり、一〇ドル以下の小さな卓上ラジオを市場におくりだしたエマーソン・ラジオなども、成功をおさめていた。一方で、一九二〇年代に好調だったグリグズビー＝グルナウ、アトウォーター・ケントは大恐慌のあいだにつぶれ、クロスリーも急激に凋落した。カー・ラジオ市場では、一九四一年までに市場の三分の一のシェアをモトローラが占めるようになった。(7) ラジオ回路は標準化、ユニット化され、工場の生産工程も合理化が進められ、ラジオは大量生産・大量消費型の商品となっていた。それとともに、利幅は小さくなっていった。成功した企業は、いずれも積極的に営業活動を展開し、広告・宣伝、マーケティングにも力を入れていたのである。

聴き手たち——「二次的な声の文化」

一九三〇年代のラジオの社会的インパクトは、きわめて大きなものとして人々の目に映っていた。ラジオは、人々の行動や社会にどのような影響を与えているのだろうか。こうした関心が、産業領域からも学問領域からも寄せられるようになる。ユダヤ系オーストリア人で、一九三三年にアメリカへ亡命したポール・ラザースフェルドは、当時コミュニケーション研究を専門としていたわけではなかった。しかし、ラジオの影響にかんする強い関心から、ロックフェラー財団の財政支援を受けたプリンストン大学ラジオ研究所を指導することになった。のちにこの組織はコロンビア大学へと移転し、応用社会調査研究部となる。この組織において、マス・コミュニケーション研究の古典のひとつとされる「ラジオ・リサーチ」というプロジェクト研究が継続的に展開されることになった。「ラジオ・リサーチ」のうち、もっとも初期に刊行された報告（一九四一年）を中心に、一九三〇年代のラジオの聴き手たちの状況を明らかにしてみよう。

ラジオ受信機の普及が、比較的地域格差がなく均等に進んでいたことはすでに述べたとおりである。ただし、まったく差異がみられないわけではない。もっとも普及率が高いのは、ニューイングランドからメリーランドにいたる東海岸と、西海岸に面した地域であり、五大湖周辺からロッキー山脈にいたる北部内陸地域がこれにつづいた。これにたいして、南部諸州ははっきりと普及率が低かった。これは、地域の経済力や居住者の所得、エスニシティなどを反映している(8)。一九三〇年代のラジオは、電話、自動車といった、同じように日常化したどの消費財よりも、多く普及していた(9)。しかしエスニシティの違いや、都市部か農村部かによるラジオの受容の違いが見いだせる。一九三〇年におこなわれた国勢調査によれば、ラジオの普及率は、いわゆるWASPにおいてもっとも高く、つづいてその他の白人系の移民となっており、黒人とのあいだには三〇ポイント以上の差がついている。そして、都市部は概して農村部よりも高い値を示している(10)。ただしラジオが、都市においても農村においても人気があったことに変わりはない。

人気番組は、音楽番組、コメディ、ドラマ、スポーツなどで、地域による違いはあまりみられない。音楽のなかでは、ダンス・ミュージックが群を抜いて人気があった(11)。『ラジオ・リサーチ』（報告論文集）では、一九三〇年代後半のアメリカにおいて、音楽に興味をもち、愛好するようになった人々の八割が、音楽にとってラジオがもっとも大切だと答えていたことが紹介されている。[12]若者が、とくにラジオを好んだ。最初の調査プロジェクトにおいて、若者がニュース・メディアとしてもっともよく利用しているのは、新聞を抜いてラジオが第一位であることが明らかにされた。「若者にとってのラジオと新聞」という論文では、ニュースの情報源としてラジオを新聞より好んでいる属性として、若者、女性、そして低学歴の人々があげられている。[13]

ラジオは、一日のうちで夜間によく聴かれた。人々が仕事や学校から帰ってきてひとやすみする時間だからであり、またそれに合わせてネットワークの、よりエンターテイメントとして質の高い番組がこの時間帯に放送されたからである。週末には、遅い午前の聴取率が少し高かった。もっともよく聴かれる時間帯は、七時過ぎから九時過ぎにかけてであった。[14]家族がリビングにそろって、ラジオに耳を澄ませる、いわゆるプライム・タイムが確立する。

ラジオは、レジャーのなかでもっとも多くの時間が費やされる楽しみのためのメディアとなっていく。ジョージ・ガーシュインが好きなブルックリン大学のある学生は、つぎのように語っている。

僕は、宿題をやりながらラジオを聴くのが好きなんだ。気分がよくなるし、勉強がはかどるんだよ。時には、くつろいでなにもしないで聴くのさ。ラジオはとても気持ちがいいよ。[15]

ラジオをもつ前は、聴きたい時に聴きたい曲を選べるからということで、蓄音機が好きだったように思います。でもいまでは、『ニューヨーク・タイムズ』の番組欄をみてラジオを聴けば、前よりずっとバラエティに富んだ、幅広いレパートリーの音楽を聴くことができることがわかりました。もう一度ビクトローラ（蓄音機：筆者注）に自分を縛りつけるなんてことは、馬鹿げたことだと思います。[16]

のちにラザースフェルドのパターン化した経験主義を批判することになるリンド夫妻も、一九二〇年代後半の「ミドルタウン」を対象とした古典的な社会調査において、同じような人々の声を聞きとっている。

晩はラジオを聴いています。その時間に以前は読書をしていたものですが。[17]

ラジオが映画に向かう出足を鈍らせます。とくに日曜の晩はそうです（トップクラスの映画興行師の言より）[18]。

『ラジオ・リサーチ』のなかの「音楽への招待――ラジオによる新しい音楽の聴き手の形成についての研究」という論文において、エドワード・A・サッチマンはつぎのような結論を導きだしている。

ラジオが新しい聴衆を形成していることには、ほとんど疑いがない。しかし、それがよいことばかりではないと考えなくてはならないこともまた確かである。ラジオによって、音楽にたいするみせかけの関心（pseudo-interest）が高まってきていることが、実証された。音楽が本当に理解されているという形跡が、見受けられない。理解のない親しみ、というのが答えのようだ。音楽は、ロマンティックなくつろぎや興奮のために聴かれるのであって、その音楽を発展させたり、関係をもったりすることには、まったく関心がもたれていない[19]。

ここでは、サッチマンやラザースフェルド、そして「ラジオ・シンフォニー」という論考をまとめているテオドール・W・アドルノらにとって、よい音楽とはヨーロッパではぐくまれたクラシック音楽であったことを忘れてはならない。クラシックを、コンサート・ホールで紳士淑女が静粛に聴く。彼らのような知識人にとっては、そういう聴衆の姿があるべき姿であり、真の音楽文化のあり方であった。したがって、サッチマンは、ラジオが形成した新しいタイプの音楽の聴き手たちが、みせかけの関心しかもたないことを嘆いているのである。ヴァルター・ベンヤミンは、写真や映画といったメディアにおいて同じようなことを「アウラの消失」として批判的に検討した。アドルノは、ラジオを文化産業の典型としてとらえていた。[20]日本でも室伏高信、長谷川如是閑、廣津和郎らによって展開されている。[21]同様の批判は、日本でもが、江戸の名残をのこす東京の社会空間を台無しにしていくものとみなしていた。一九三七年の東京・大阪『朝日新聞』夕刊に連載された『濹東綺譚』のなかで、主人公が私娼街へ足を踏みいれるきっかけとして描かれているのもラジオである。

夕方少し涼しくなるのを待ち、燈下の机に向おうとすると、丁度その頃から亀裂《ひび》の入《い》ったような鋭い物音が湧起《わきおこ》って、九時過ぎてからでなくては歇まない。此の物音の中でも、殊に甚《はなはだ》しくわたくしを苦しめるものは九州弁の政談、浪花節《なにわぶし》、それから学生の演劇に類似した朗読に洋楽を取り交ぜたものである。ラディオばかりでは物足らないと見えて、昼夜時間をかまわず蓄音機で流行唄《はやりうた》を鳴《なら》し立てる家もある。ラディオの物音を避けるために、わたくしは毎年夏になると夕飯《ゆうめし》もそこそこに、或時は夕飯も外で食うように、六時を合図にして家を出ることにしている。[22]

しかし、新しいタイプの音楽の聴き手としてのラジオ・リスナーは、アメリカはもちろん、ヨーロッパ、日本でも圧倒的な割合で増殖していく。ラジオは、それまでの芸術文化のまがいものを供給したというよりも、それらとは位相の異なる新しいメディア文化、「二次的な声の文化」を生みだしつつあったのである。(23)

2　番組という文化コード

「明日、また同じチャンネルで」

ラジオにおいては、送受信技術の開発、送受信機の製造・販売といったハードウエアの領域における活動が先行し、ソフトウエアに相当するメッセージ内容の開発が、それらを後追いするかたちで展開することになった。これは、アメリカに特徴的なことではない。一九二〇年代に放送がはじまったすべての国で、似たような状況が起こっていた。メディアのハードウエアが先行し、そこに盛りこまれるソフトウエアが追随するというのは、新聞・雑誌、電信・電話といった先行メディアにはみられない、新しいパターンであった。このパターンの出現には、コミュニケーション・テクノロジーの研究開発のスピードが以前にくらべて格段に増したこと、ラジオが情報のまきちらしをおこなうという特性を備えていたことなどが影響している。また、情報メディア機器が商品というかたちをとり、はじめて受け手の手元に置かれるようになったことも要因のひとつであった。ハードウエア先行・ソフトウエア追随のかたちは、後のテレビジョンにおいても顕著にみられた。さらにいえば、ケーブル・テレビや高品位テレビ、マルチ・メディアにも通底する傾向となった。

ラジオのソフトウエアである番組は、一九三〇年代にその様式を確立した。ラジオやテレビで番組が流され、その番組が通時的に編成されていることは、いまではあまりにも当たり前すぎて、あらためて対象化してとりあげられることもない。しかし、番組や編成といった事柄は、ラジオにはじめから備わっていたシステムではなく、この時期にはじめて考案されたのである。

番組＝プログラムという概念は、いうまでもなく劇場で芝居や音楽会が催されるときの構成から流用されたものである。ラジオは、第一次世界大戦以前には、特定の周波数の電波にのせて、情報を送受信する活動を一般的に意味していた。無線で、離れたところにいる不特定の人々と、好きな時間に、自由なメッセージを送ったり、受けとったりする。それがラジオの、始原的な楽しみである。そこでは、情報を送ることと受けることは、等価だった。ところが、一九二〇年に定時放送がはじまって以後、受け手と送り手が区別されるようになる。受け手は、本来なら送信機能も備え、双方向コミュニケーションが可能なラジオではなく、メッセージを受ける機能だけにしぼりこまれたラジオ受信機を据えつけて、毎晩決まった時間に、一定の周波数帯でエア・チェックできる音楽やおしゃべりを、楽しみにするようになった。メッセージは、たがいに送信能力をもつ主体のあいだで、相互作用によって展開されるものではなくなり、固定的な記号形式をもつイベント、あるいはテクストとして享受され、消費される対象へと転換していった。エーテルが劇場化して、いわば「テレ・シアター」となったのである。ここに番組という文化コードの起源がある。

定時放送は、たんに送り手の都合によって生じた形式であっただけではない。それまで受け手の生活文化において内面化されていた時間に、くさびを打ちこむことになった。スポンサー番組の終わりに、司会者はきまってこういうのであった。「明日、また同じチャンネルで」。大量生産・大量消費の社会経済システムが定着し、家庭で過ごす時間がレジャーの時間となっていくなかで、ラジオは、日々の楽しみの媒体として、リビングの意味空間のなかで地位を確保する。楽しみは、人々の生活行動を編制したのである。こうしたメディア利用が定着していく過程は、一九二三年ごろからの急激なラジオ受信機の普及、放送局の開局によって裏打ちされている。ラジオを電話のようにして利用しようとした「有料放送」構想がうまくいかなかったのは、技術的要因よりは、むしろこうした生活文化的要因に負うところが大きい。ただし、「有料放送」構想は、スポンサー・システムをもたらした。

番組という文化コードが、スポンサー・システムのもとで展開され、「チェーン放送」によって全米各地に流されるようになると、編成という営みをともなうようになった。ラジオは、番組が時間軸に沿って帯状に連なった情報システムとなったのである。番組編成は、はじめはある演奏と、あるコメディのあいだの時間をどのようにして埋めるかといった、現実的な課題に応えることからはじまった。そこに、週単位、月単位の番組スケジュールの策定、チェーン放送会社から購入した番組の時間調整などの仕事が加わってくる。そのうえ、一九三〇年代には、スポンサーのマーケティング活動に即した放送時間、放送内容の検討が、局の運営にとってもっとも重要な課題としてとらえられるようになった。放送局は、個別番組の生産に加え、その流通管理までおこない、そのもとで聴取者をも統合していく文化産業となったとみることもできる。いずれにしても、編成活動は放送の死命を制するような重要性をもつことになった。

図表28は、そうしたラジオ編成の通時的な展開過程をまとめたものである。ここからは、つぎの三点をみてとることができる。

第一に、放送時間の拡大傾向である。一九二三年には、夜間に数時間であったものが、二四年には、夕方、夜間の三つの放送の帯が生じている。一九三〇年以降は、一

1930年11月4日（火）		1937年11月	
分	WEAF	分	WTMJ
		0	友情の輪
		30	キティ・キーン＃
	（略）	45	ニュース
		0	子供向け冒険活劇
		15	ヘイニー
		45	スポーツ・フラッシュ
0	ブラック・ゴールド・オーケストラ	0	今日の議会
		15	カントリー音楽＃
30	名前の後ろに誰がいる	30	イージー・エイセス：コメディ＃
45	ブラック・ゴールド・オーケストラ	45	キロワット・アワー
0	エアスクープ＃	0	バーンズ＆アレン：コメディ＃
15	法律と治安社会		
30	ソコニーランド・スケッチ＃	30	ファイヤーストーン：歌謡＃
0	トロイカ・ベル	0	マクジー＆モリー：コメディ＃
15	スヌープ＆ピープ		
30	フローシャイム・フローリー＃	30	アワー・オブ・チャーム：音楽＃
0	エバレディ・プログラム＃	0	満たされたひととき：音楽＃
30	ハッピー・ワンダー・ベーカー＃	30	グレン・グレイ・オーケストラ＃
0	エナジェッティ・ソングバード		
15	ラッキーストライク・オーケストラ＃		
0	ミステリー・アワー		（略）
30	ヴィンセント・ロペス・オーケストラ		
0	デューク・エリントン・オーケストラ		
30	ジャック・アルビン・オーケストラ＃		

(5) WTMJは，『ミルウォーキー・ジャーナル』紙所有の放送局。Sterling, Christopher H. and John M. Kittross, 1990, p. 163より作成。
(6) 放送されていない時間帯は網かけで示した。
(7) ＃はネットワーク番組。

図表 28　番組編成の推移（夕方以降）

1923年8月3日			1924年9月12日（金）	
時間	分	WBAY（後のWEAF）	分	WEAF
16			0	婦人クラブ／コンサート
			10	A・ウエスタマイヤー氏のお話
			25	J・バーンハム氏のピアノ演奏
			35	婦人参政権についての講演／50 ピアノ演奏
17				
18			0	ワルドルフ・アストリア・ホテルからの音楽中継
19				
	30	レコード，ピアノ演奏	30	G・R・キンディ提供の物語
			45	ピアノ演奏／55～05 少年のバイオリン演奏
20	0	開局のご挨拶	5	スコッチ・ソングス提供の歌番組
	8	ヘレン・グレイブ嬢の歌	20	ピアノ演奏
	23	ラジオ無線によるスピーチについて	35	テノール独唱
	34	バイオリン独奏／45 野球解説	50	10歳の少年のバイオリン演奏
21	0	アンナ・ハーマン嬢の歌	0	アスター・コーヒー ダンス・オーケストラ
	15	ピアノ独奏／22 天気予報		
	29	ミンストレル・ショーの思い出		
	50	開局のご挨拶（再度）		
22	6	エディス・ミルズ嬢の独唱	0	ジョセフ・ホワイト氏テノール独唱
	7	ピアノ独奏	15	国防記念日の特別番組
	14	バイオリン独奏		
	25	おやすみのご挨拶		
	27	「ホーム・スイート・ホーム」独唱		
23				
24				

注：(1) 1923年WBAYについては，Banning, William Peck, 1946, pp. 85-86より作成。
(2) 1924年WEAFについては，*ibid.*, pp. 248-249より作成。
(3) 1930年WEAFについては，"Radio Advertising," *Fortune*, December 1930, p. 113より作成。
(4) 夕方以降の編成のみを示した。ただし1930年，37年の放送は朝から真夜中まで間断なくつづいていた。

二時間から一八時間におよぶ放送番組が、切れ目なく連綿と編みあげられている。このことは、放送を支えるコミュニケーション・テクノロジーの発達による当然の拡張過程だと思われるかもしれない。しかし、今日でもヨーロッパやアジアなどの多くの地域のテレビ放送は、午後の長い時間は放送を中断しているばあいが多い。朝起きてから夜眠るまでのあいだ、間断なくプログラムが流され、生活文化のなかに環境化しているような状況は、むしろアメリカと、その影響のもとで戦後の放送がはじまった日本において特徴的なのである。

つぎに、スポンサー番組の占める割合が、徐々に増えてきたということがあげられる。ラジオにおいて直接広告が解禁されるのは、一九二八年から二九年にかけてのことであり、図表28でいえば三〇年の夜間の番組において、スポンサー番組が多くみられるようになっている。それ以外の時間は、放送局が自主制作した番組が流されていた。スポンサー番組の登場によって、編成には特徴的なことが生じている。ひとつの番組が、きっちり一五分単位で構成されるようになったのである。一五分を超える番組も、三〇分、四五分、一時間といった、一五分の倍数の時間にまとめられた。こうした放送時間の標準化は、電波料、番組制作料などの料金計算の合理化を進展させていたスポンサーの論理にしたがった部分が大きい。

これとならんで、ネットワーク番組の登場も注目される。ネットワーク番組は、午後七時から一一時までの、いわゆるプライム・タイムに集中している。一日のうちでもっとも聴取率が高い時間帯のラジオは、NBCとCBSが、高額の制作費を投入した番組によって占められるようになった。ネットワーク番組は、アメリカ全土に同一の音楽やエンターテイメントを浸透させることになったのである。ラジオがナショナル・メディアとなったのは、ネットワークの発達によるところが大きい。

ラジオのメッセージは番組として定式化され、番組は一五分単位に区切られて、そのあいまには広告がはさみこまれた。広告と番組は、スポンサーの意向を反映し、また家庭を中心とするリスナーの情報行動に対応して帯状に編みあげられた。朝と夕方にはニュース番組、午後の早い時間には主婦をターゲットとするソープ・オペラ、午後の遅い時間には子供も楽しめるような連続ドラマ、プライム・タイムには家族みんなで楽しむことができるバラエティや音楽番組などが並べられる。いわゆる全日総合編成が確立したのである。このことは、たんに送り手の編成システムが確立したことを意味しただけにとどまらない。ラジオのソフトウエアが文化的に形式化されたことは、文化産業としてのラジオの定着と、そのもとでの人々の日々の楽しみの通時的な規範化を引き起こしたのである。そして、「ラジオ・リサーチ」に代表されるマス・コミュニケーション研究は、こうした編成活動を発展させるためのメディア産業の活動と、人間の心理やふるまいを実証科学的にとらえようとする行動科学的社会科学の目的が一致した時点ではじまっていた。一九四一年、四四年刊行の報告論文集において、ビル・ペイリーの片腕といわれ、ＣＢＳの副社長となったフランク・スタントンが、ラザースフェルドとともに編者となっていることは、そのことを象徴している。

私たちが、今日「テレビ的なもの」として享受しているメディア文化、すなわちレイモンド・ウィリアムズが「流動性のある私生活中心主義」と呼んだ文化様式のはじまりが、ここにある。(24)

ベニー・グッドマンとバッハ(25)

では番組編成という文化的枠組みのもとで、どのような番組が実際に社会に向けて流されたのだろうか。音楽番組の人気は、ラジオのはじまりの時期から変わらずつづいていた。ただし一九二〇年代に幅をきかせていた、オーケストラによるクラシック音楽が占める割合は徐々に減少し、かわってポピュラー音楽が台頭してくる。

クラシック音楽の番組は、ラジオ局のステータス・シンボルとして機能していた。いかに質の高いオーケストラと指揮者による演奏を定期的に放送できるかが、人気の如何にかかわらず、その放送局の実力を示すことになったのである。したがって、自主放送の枠内で放送されるばあいが多かった。同様のことはネットワークにおいてもあてはまる。デービッド・サーノフは、ＮＢＣ交響楽団を設立し、アルトゥーロ・トスカニーニを説得して指揮者を引き受けさせることに成功した。一九三七年以来、NBC交響楽団の放送はNBCのもっとも啓蒙的で、文化的な番組として定着する。一九三〇年代にNBCは、一週間にほぼ二〇近くのクラシック音楽番組を放送していた。[26]

クラシックとの二項対立でポピュラー音楽としてくくられるものは、タップダンスやフォーク・ソング、カントリー・ミュージックなどさまざまだった。それらの多くは、大恐慌の後にラジオに流れてきたボードビル・ショー出身の歌手などによって支えられていた。ビング・クロスビーもそのひとりであり、CBSのペイリーの抜擢で一九三一年からラジオに出演しはじめる。ポピュラー音楽番組は、クラシックのばあいとは違い、多くがはじめからスポンサー番組であった。タイトルにも「クリコ・クラブ・エスキモーズ」、「ミシュラン・タイヤマン」などといった、すぐにスポンサー名が想起できるようなレトリックが用いられていた。そのなかでも人気があったのは、ベニー・グッドマン、ドーシー・ブラザーズ、オジー・ネルソン、グレン・ミラーなどのビッグ・バンドによるジャズ、スウィングで、さかんにネットワーク放送されるようになる（図表**29**）。ベニー・グッドマンは、一九三八年一月にカーネギー・ホールではじめてのジャズ・コンサートを開催し、大成功をおさめる。三〇年代後半には、ラジオにおいてもジャズが市民権を獲得するようになった。

ポピュラー音楽番組のなかで有名であったのが、アメリカン・タバコの「ラッキー

図表 **29**　ジャズとラジオ

ストライク」がスポンサーであった「ユア・ヒット・パレード」である。一週間のレコードの売上げ、リクエスト葉書の枚数などを集計し、ベスト・テン形式で音楽を紹介する番組だった。「ユア・ヒット・パレード」は、一九三五年秋からネットワークに登場し、五三年まで放送された。また五〇年から五九年まではテレビでも放送され、長寿番組となった。「ユア・ヒット・パレード」の成功は、歌の流行や「ヒット・チャート」といった新しいエンターテイメントのスタイルを、人々のあいだに定着させたことによっている。音楽バラエティの司会者も人気の的であった。初期のクラシック番組のように、ただたんに曲目を紹介するのではなく、その人物がいなければショーが成り立たないほどのパフォーマンスを発揮する、いわゆるパーソナリティが登場する。後に喜劇映画でも有名になるボブ・ホープも、三五年にラジオのパーソナリティとして登場している。(27)

ただし、一九三〇年代のラジオにおける音楽番組が、すべて一九世紀的で啓蒙的なクラシック音楽と、ハリウッドやレコード業界との連係のなかから生みだされるポピュラー音楽に占拠されていたわけではない。アマチュア・アワーも健在だったのである。これは、いわば素人のど自慢のようなものだった。一般の人々が、特技のタップダンスやものまね、ピアノ演奏を披露する番組である。フランク・シナトラも、アマチュア・アワーののど自慢から、デビューしたのだった。(28)

ラジオの音楽番組の定着は、アメリカ人と音楽とのかかわりを大きく変化させた。一九世紀にははっきりと区別されていたコンサート・ホールという非日常的な空間と、日常的な空間の区分があいまいになってきたのである。(29) 渡辺裕が指摘したとおり、一九世紀的な高尚な音楽文化は、作品鑑賞を目的とし、そのためにコンサート・ホールという日常生活から隔離された空間の内部で発達した。コンサート・ホールにおける高尚な音楽の文化的価値は、芸術の一回性の原理に支えられていた。もちろん、民俗歌謡や街の辻音楽師は存在していた。しかし、それらと、コンサート・ホールにおける音楽文化とは、まったく別のものだったのである。

ところが、蓄音機や自動ピアノ、そしてラジオといった音楽の複製技術の発達にともなって、高尚な「本物」の音楽のコピーが、リビングへ、ダンス・ホールへと浸透することになった。「アウラの消失」であった。それだけではない。ラジオは、高尚なクラシックも、流行のスウィングも相対化して聴取するという、新しい経験を人々にもたらすことになった。トスカニーニが指揮し、NBC交響楽団が演奏するモーツァルトやバッハは、スポット・ライトを浴びてトランペッターやクラリネット奏者が交互に立ち上がり、曲のテーマをめぐって即興演奏をくり返すベニー・グッドマンのホット・ジャズと同じように、時間枠によって切りそろえられて番組となり、プライム・タイムの編成の帯のなかに埋めこまれることになったのである。(30)

バラエティとソープ・オペラ

ポピュラー音楽番組とある意味では同じ次元から、バラエティ番組も展開してきた。歌やおしゃべりをとりまぜ、軽妙なテンポで進行される、いわゆるジェネラル・バラエティは一九二六年から二七年のあいだに登場する。二九年一〇月からは、ルディ・

ヴァリーの「フライシュマン・イースト・アワー」がはじまって、ジャンルとして定着していく。この番組は、一〇年以上もつづくことになった。カントリー・ウエスタン系のバラエティも人気になる。大恐慌前に南部のローカル局に登場したものが、すぐにネットワークで放送され、全米で人気を得るようになった。「ダッチ・マスターズ・ミンストレル」、「ナショナル・バーン・ダンス」などが、三〇年代初頭にあいついで登場し、定着していく。バラエティ番組は、パーソナリティやコメディアンの人気によっているところがきわめて大きかった。一九三一年から三二年あたりに、テレビの時代まで活躍する、多くの人々が登場している。エディ・カンター、初のトーキー映画である『ジャズ・シンガー』で有名になったアル・ジョルソン、そしてマルクス・ブラザーズ。ジャック・ベニー、ジョージ・バーンズ、フレッド・アレン（**図表30**）などは、ラジオ、テレビを通じて三〇年以上も人々に親しまれることになった。後に「エド・サリバン・ショー」でテレビに二〇年以上も登場することになるエド・サリバンも、この時期の音楽バラエティからキャリアをはじめている。[31]

彼らによって、一九三〇年代前半のうちにコメディの典型的な形式が確立されていったことにも注目しておく必要がある。たとえば、つっこみ役が、ぼけ役の相棒を徹底的にだましたりいたずらをして笑いをとる「サイド・キック」、決まり文句で笑わせる「セカンド・バナナ」、大笑いしながらやがてちょっぴり涙を誘うような物語の

図表**30**　フレッド・アレンとポートランド・ホッファ

形式、世相を皮肉るジョークをおりまぜたおしゃべりなどである。こうしたパターンは、ラジオの時代を越えて、テレビのバラエティにおいても、ほとんどそのまま受け継がれていった。[32]

　音楽、バラエティが、一九二〇年代後半のラジオの産業化がはじまった当初から発達したのにたいして、ラジオ・ドラマの領域は遅れて定着した。[33] そのなかでも、主婦をターゲットとした一五分モノの連続ドラマが人気を呼ぶようになる。それらの多くが、石鹸会社をスポンサーにすることが多かったため、このジャンルはソープ・オペラと呼ばれるようになった。三二年から三三年あたりには、ネットワークにおいて一週間に三つ、のちに五つぐらいが放送されている。四〇年には、全ネットワークで一週間に七五時間が割かれていた。

　ソープ・オペラには、典型的なパターンがあった。簡単なオルガンによるオープニング・メロディーが奏でられ、ナレーターによってこれまでのあらすじとその日の舞台設定が語られる。ドラマは大きくふたつのプロットに分けられ、その間には広告がはさみこまれる。そして、事態の進行を予期させるような締めくくりのナレーションで終わるのである。「バックステージ・ワイフ」、「アワー・ギャル・サンデー」など、女性の主人公が、恋愛、結婚、幾多の風雪を経てしあわせな家庭を築いていくような物語の展開が典型である。対話は単純で、一度や二度聴きのがしても大丈夫なように物語はゆっくりと進行する。ひとつのドラマは一五回ぐらいで構成される。「ヘレン・トレントの物語」と「マ・パーキンス」は、一九六〇年まで三〇年近くもつづいた(34)。

一九三〇年代後半になると、ソープ・オペラのほかにも、「ラックス・ラジオ・シアター」、「コロンビア・ワークショップ」、「マーチ・オブ・タイム」、「ローン・レンジャー」などのシリアス・ドラマも定着するようになる。三八年一〇月に全米を騒がせたオーソン・ウェルズの「宇宙戦争」を放送した「マーキュリー・シアター・オン・ジ・エア」もまた、この系統に属していた(35)。

エド・マローと放送ジャーナリズムの形成

ラジオに報道番組が定着するのは、クラシック音楽、ポピュラー音楽、バラエティ、ドラマのどれよりも遅かった。もちろん、一九二〇年代の初頭から、ニュースはラジオに登場していた。たとえば、KDKAが最初に放送をおこなったのは大統領選挙速報であったし、ボクシングの世界タイトルマッチ、チャールズ・リンドバーグの大西洋単独飛行などの、ナショナル・イベントに対応したニュースには、各局が積極的にとりくんできた。ナショナル・イベントの報道は、放送を支える各種のテクノロジーの研究開発、実用化のための目標として設定され、機能した。無線によって、同時に不特定多数の受け手に向けて出来事が伝えられることじたいがもっているニュース性は、ナショナル・イベントのような非日常的な出来事において大いに発揮された。だがそのばあいには、イベントを生で伝えることに力点がおかれていて、ジャーナリズム機能を果たすことは意図されてはいなかったのである。

一九三〇年代に入ると、三二年のリンドバーグの子供の誘拐事件、ハーバート・フーバーとF・D・ルーズベルトの大統領選挙、そしてルーズベルトの「炉辺談話」によるニューディール政策についてのアメリカ国民への直接の呼びかけなどがラジオでおこなわれる度に、このマス・メディアの威力は無視できない大きさになっていった。そのことに、もっとも危機感を抱き、敵対心を強めていたのが新聞である。新聞とラジオの対立が激化し、「プレス・ラジオ戦争」と呼ばれるまでになったのは、一九三三年のことだった。(36) この年、新聞社はラジオ番組欄掲載の有料化を要求し、強硬な態度をとる。一二月には、ニューヨークのビルトモア・ホテルで、いわゆる「ビルトモア協定」が取り交わされる。同協定では、プレス・ラジオ・ビューローを設立し、ラジオはこの機関のみをニュース・ソースとすること、ニュース番組の放送は、朝の九時三〇分、夜の九時の二回のみとし、時間は五分間、スポンサーはつけないことなどが承認された。ラジオは、いまだ産業としては弱小であったうえ、多くの局が新聞社によって運営されていたことなどから、こうした要求を受けいれざるを得なかったのである。

しかし、「ビルトモア協定」は、一年も経たないうちに効力をなくしてしまう。一番の理由は、この協定には全米に約六〇〇局存在したラジオ局のうち、半数以下の局しか参加しておらず、そのほかは自由にAP、UPIなどの通信社からニュースの供給を受けたり、取材活動をおこなっていたためである。また、ネットワークの一方の雄であるCBSが、協定をあえて無視したことも大きかった。CBSにしてみれば、そんな理不尽な協定を守っていたのでは、先発のNBCに追いつくことなどできなかった。CBSは、「トランスラジオ・プレス・サービス」というラジオ専門のニュース配給会社を設立し、独自の取材網を拡大していく。「ビルトモア協定」は、社会生活のなかで重要な位置を占めはじめたラジオのジャーナリズム性を、押さえつけておくことはできなかったのである。

この協定が事実上無効となった後も、ラジオに登場した報道番組は、新聞記事からめぼしいものをひろってきて、読みあげるような次元にとどまっていた。いわゆるヘッドライン・ニュースであった。ところが、「プレス・ラジオ戦争」が終結し、かわって本物の戦争の気配が、ヨーロッパ大陸や中国大陸に現われるようになると、ラジオ独自のジャーナリズムが、かたちをなしはじめる。アメリカで最初のニュース解説者として活躍していたH・V・カルテンボーンなどは、一九三二年にヒトラーに面談して以来、何度もドイツを訪問し、三六年にはスポンサーなしで独自にスペイン内乱を取材していた(37)。

ラジオ・ジャーナリズムが多くの人々から評価を受け、新聞や雑誌とは異なる独自の価値をもつものとして認められるようになるこの時期の状況を象徴するのが、エドワード・R・マロー（通称エド・マロー）の存在である（**図表31**）。エド・マローは、今日のアメリカにおける放送ジャーナリズムの基礎を築いた人物であり、CBSに「報道のCBS」というイメージを定着させた立役者として評価されている。戦時中のロンドン大空襲を屋根に登って生中継したことや、マッカーシズムにたいし、フレッド・フレンドリーとともに「シー・イット・ナウ」において昂然と批判をおこなったエピソードなどは、とくに有名である(38)。

彼のジャーナリストとしてのキャリアは、一九三七年、CBS入社から二年にして、ヨーロッパ支局長として赴任したときからはじまる。マローは当初、報道活動のためにヨーロッパに着任したのではなかった。NBCに先行されていた、ヨーロッパの著名人のトーク番組や、コンサート、祭典などのイベントの手配をする総務担当だったのである。彼に期待されたのは、イベント・レポーター、コーディネーターとしての役割だった。ロンドンに赴任したマローは、放送人、新聞人だけではなく、数多くの政治家、財界人、芸術家などの著名人と、積極的に交流関係をつくりあげていく。しかし、同時に、マローは第二次世界大戦前夜の不穏な国際状況を敏感に感じとれる立場に、身を置くことになる。当時新聞は、ヨーロッパ主要都市に記者を配して、すでにさかんに報道をおこなっていた。放送メディアも新聞記事をそのまま読みあげるようなことはやめて、独自の報道活動を切りひらくべき時期にきていた。ところがマローは、もっぱらイベントの企画や放送契約といった事務仕事に追われていた。NBCのフレッド・ベイトもまた、似たような状況であった。

こうしたなか、CBSは、エド・マローと同僚のビル・シャイラーを中心にして、ナチスによるオーストリア併合のさいの多元中継番組を企画する。CBSは、当時レポーターをヨーロッパ支局に置いていなかったため、彼らはまず、交流のあったヨーロッパ各地の新聞人、放送人に現地レポートを依頼した。パリのエドガー・アンセル・マウラー、ローマのフランク・ガーバジ、ベルリンのピエール・フスらである。

図表31　ロンドンのエド・マロー

ロンドンではビル・シャイラー、ニューヨークでは、報道局長ポール・ホワイトのもとでロバート・トラウトがまとめ役を受けもった。そしてエド・マローは、ウィーンに乗りこむ。彼は、ベルリンからウィーンまで、ルフトハンザ機をなんと一〇〇〇ドルでチャーターし、たったひとりでウィーン入りしたのだ。彼らは、各地の短波送信機と電話回線を用い、綿密な打ち合わせをおこないながら、番組を準備した。こうして、アメリカ・ニューヨーク時間の一九三八年三月一三日午後八時から、三〇分間の短波多元中継番組、「ワールドニュース・ラウンドアップ」が放送された。CBSは、数千マイルの距離を克服して、五つのヨーロッパ各国の首都をむすぶ中継番組を、リアルタイムに放送することに成功したのである。[39]

このときの報道体制は、ミュンヘン危機、チェコスロバキア侵攻、ロンドン大空襲などヨーロッパ戦線の拡大とともに充実していく。ＣＢＳは、エド・マローを「顔」とする短波多元中継によって、戦況をリアルタイムにアメリカの数百万のリビング・ルームへと伝えた。巨額の支出をつづけ、ＮＢＣと競合しながら、放送ジャーナリズムを確立したのだった。

マローらの活躍によって、ラジオははじめて、報道メディアとしての地位を確立した。それまで、音楽やソープ・オペラ、バラエティを楽しむためにあったピカピカ光るラジオという木箱の前で、人々はニュースを聴くために息をひそめるようになった。ネットワークは戦争をきっかけにニュース番組の枠を増やしていく。とくにＣＢＳは、ちょうど衛星コミュニケーションによって台頭してきた現在のＣＮＮのように、ラジオ・コミュニケーションを積極的に活用した。

マローは、生中継のジャーナリズムの手法を編みだし、現場からの音声情報をリアルタイムで伝え、レポーター自身の言葉によって、出来事の意味を「ありのまま」に語った。はるか離れたアメリカ大陸の人々は、フェージングにともなう音声のひずみはあるものの、軍隊の足音や、爆撃機の低周波音、対空砲火や炎の音などを背景に、マローの落ち着いた声音のレポートで描きだされる戦況を、まるでその場で体験しているような臨場感とともに経験した。それは、生放送というアリバイのもとで「ありのまま」をレポートする、というドラマであった。彼のレポートは、「メタリックな詩」と形容された。マローは、放送メディアがゆたかにもっていた現実の再構成力を、ジャーナリズムのために縦横に駆使したのである。のちにマローがアメリカに帰国したさい、ニューディール政策の精神をうたい、ラジオ・ドラマの構成も手掛けていた詩人のアーチボルト・マクリーシュは、つぎのように彼をたたえた。

あなたは我々の家のなかで、ロンドンの街を燃やした。そして我々は燃える炎を感じ取った。あなたはロンドンの死体を我々の戸口に置いた。そして我々は、その死体が我々の死であり、すべての人々の死、人類の死、我々自身のものであることを知った。言葉の遊びや脚色や必要以上の感情を抜きにして、あなたは距離と時間——相違と時間——という迷信を打ち破ったのである。(40)

「ワールドニュース・ラウンドアップ」の定常化は、ネットワークに報道局組織を確立する引き金となった。この点では、マローはむしろ組織の一員である。ポール・ホワイト、エド・クローバー、そしてビル・ペイリーらが、この時期のCBSの報道体制を作っていった。また、一連の番組は、成功するかどうかわからない状態であったため、CBSにおいてもNBCにおいても、スポンサーのつかない自主番組の時間帯のなかで、実験的にはじまった。長期的にみれば、経営陣は、ニュース番組の開拓によって、提供番組の拡大と、ネットワークの産業的発展をはかったのだった。

3　スポンサーの定着

ラジオ広告の発達

ラジオ・コミュニケーションにおける表現が、総合編成されたさまざまなジャンルの番組として、より精密にシステム化されていく過程は、営利追求を運営目的とするラジオ放送の存立基盤が整備されていく過程と連動していた。[41]

ラジオの産業的形成は、さまざまな関連業務を生みだし、周辺産業の発達を促した。その中心に位置していたのが広告であったことはいうまでもない。

ラジオ広告は、一九二八年から翌年にかけて、ようやく社会的に承認されるようになっていた。[42]そして大恐慌の時期に、ラジオ放送の経営基盤としての地位を確立する。一九三一年の全放送時間の三七・五％がスポンサー提供番組（このうちローカル広告番組が七八％）で、のこり六二・五％が自主放送番組であった。[43]スポンサーは、他のメディアへの出費をおさえてでもラジオへ広告費をまわした。大恐慌時のラジオ広告売上げの減収はわずか〇・五％にとどまったが、それは新聞と雑誌の広告費となるはずの金額をラジオが吸収したことによっていた。[44] 失業者はもちろん、家具や自動車などの大型消費財を購入する余力のない大部分の大衆は、ラジオを「無料」のなぐさめとして、日々を過ごしていたのである。[45] スポンサーは、そんな人々を広告市場として有望視したのだった。大恐慌はまた、「直接広告」をこばむ障壁をとり払うための最後の要因となった。そのうえ広告時間が長くなり、時間制限もなくなった。プライム・タイムにおける広告料が、もっとも高価格になったことはいうまでもない。

ネットワークの発達と、スポンサーの広告需要の高まりによって、タイムセールスにかんする業務は複雑度を増し、莫大な投資が必要とされるようになった。それにともなって、タイムセールスと番組制作にたずさわる中間業務も発達した。その中心が、メディアとスポンサーのあいだに介在した広告代理店である。初期のラジオ番組は、ほとんどのばあい、放送局またはネットワーク企業が自社のスタジオで制作していた。そのころラジオにかかわっている人間の多くは、ラジオ・テクノロジーに魅力を感じて集まってきていた。そうした人々が、なれない手つきで番組を構成し、演出し、上演していたのである。ラジオ・メディアの広告媒体としての有用性にもっとも早くから着目した広告代理店であるエイヤー＆サン社は、一九二四年にはじまったエバレデイ・バッテリー社の「エバレディ・アワー」の制作協力をおこなっているが、これはむしろ例外的な事例であった(46)。

広告業界は、「ラジオ広告」への進出にかんして、当初きわめて慎重であった。その最大の理由は、「一九二六年相互特許協定」が成立するまでは、AT&Tのネットワークにおいてしか「コマーシャル放送」ができず、市場がごく限られていたためである。さらに、「直接広告」にたいする反発がきわめて強く、そのようないかがわしい領域に進出して、あえて信用を落とすようなことを避けるためでもあった。また広告メッセージは、いまだ宣伝文を朗読するような代物であり、その広告効果を見抜くことは、スポンサーと同様、広告代理店にとっても至難の技であったこともあげられる。

しかし、一九三一年までには、ネットワークのスポンサー番組のほぼすべてが、広告代理店によって制作されるようになっていた。電話システムを提供するAT&Tが通話内容に関与しないのと同様に、ラジオ局は、放送される中身にタッチしない。そして、中身である番組は、スポンサーから広告代理店に外注され、制作されるというシステムが確立する。このために、アメリカの代理店は、今日でもメディアよりはるかにスポンサーに近い立場で活動している。これは、代理店がメディアに近い日本の状況と対照的である。番組持ち込みの慣習は、ラジオを、ソープ・オペラに代表されるようなエンターテイメント・メディアとして発達させる大きな要因となった。主だった広告代理店は、一九三〇年代前半のうちにラジオやハリウッドから多くの人材をスカウトし、ラジオ部門を新設している。広告代理店のなかで、ラジオ部門はエリート・コースとして位置づけられるようになっていった。(47) 一九二九年以後、広告代理店が局やネットワークから受けとる手数料は、新聞、雑誌の伝統を受け継いで、売上金額の一五％という慣例が形成された。たとえば、三一年にNBCが大陸を横断する五〇局のネットワークで番組を放送したとき、一時間に一万ドルの放送料金収入があったが、このうち一五％が広告代理店の収入となった。また、番組制作費六〇〇〇ドルのうち、一五％が広告代理店の収入となった。したがって代理店の一時間番組の売上げは、合計二四〇〇ドル、三九週で九万三六〇〇ドルにのぼった。(48)

スポンサーと広告代理店

放送局に番組をもちこむスポンサーの動向はどのようであったろうか。くり返していえば、一九二七、二八年ごろまでは「直接広告」が厳しく自主規制されていた。そのため、スポンサーの目的は、商品売上げの直接的な増加よりも、企業名、ブランド名の告知普及にあった。本格的に広告活動が定着するのは、各企業の経営状況が悪化した大恐慌期である。**図表23**（二二四頁）で示したとおり、ネットワークの売上金額

図表**32**　全国ネットワーク・スポンサー数と支出額の推移

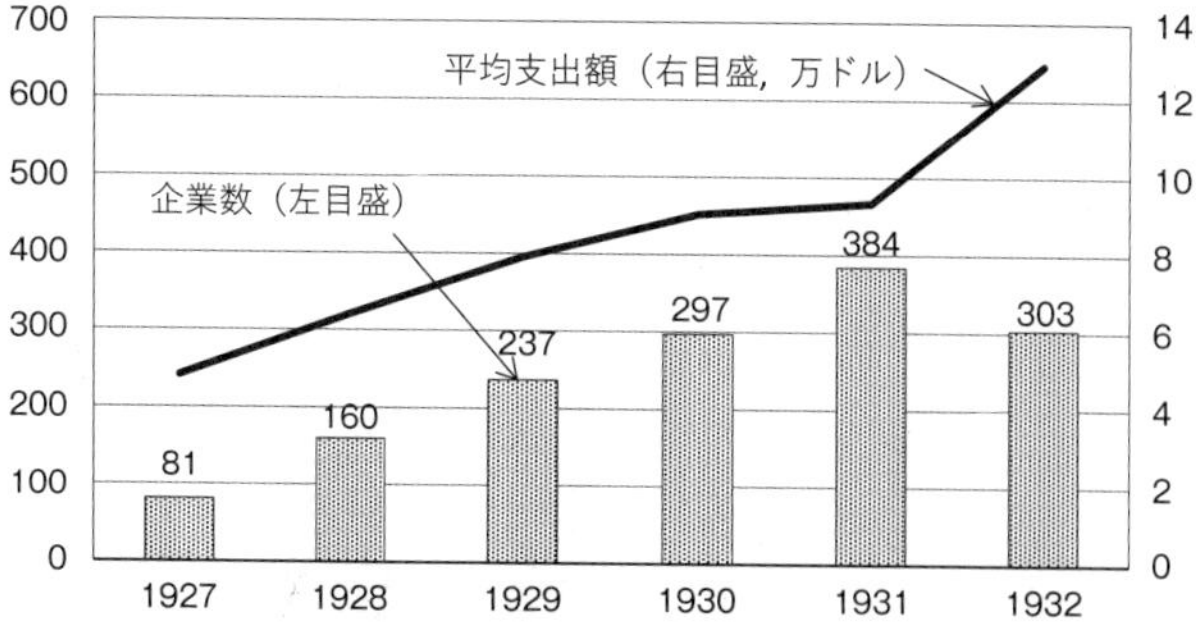

注：(1)　Hettinger, Herman S., 1933, p. 118, Table 23 より引用。
(2)　Hettinger は，*Tabulations of the National Broadcasting Company* より作成。
(3)　増加率は，いずれも 1927 年＝100 とした値。
(4)　金額の単位は万ドル。

は、一九二七年以降毎年増加して、三一年に約三五七九万ドルにたっし、ラジオ広告の総額は約七〇〇六万ドルであった[49]。総広告費の約半分が、二大ネットワークに投資されていたわけである。両ネットワークにおけるスポンサーの動向を調べてみよう。

まず**図表32**をみると、提供企業数は一九三一年まで毎年増加し、翌年に減少している。これは、スポンサー一社当たりの平均支出金額が毎年増加しつづけ、スポンサーが、資金面で余裕のある大企業に限定されてきたためである。一九三〇年代を通じてネットワークの全放送時間に占める広告放送時間は一貫して増加しており、また広告費も同様の傾向を

図表 33　契約期間別ネットワーク・スポンサー数の推移

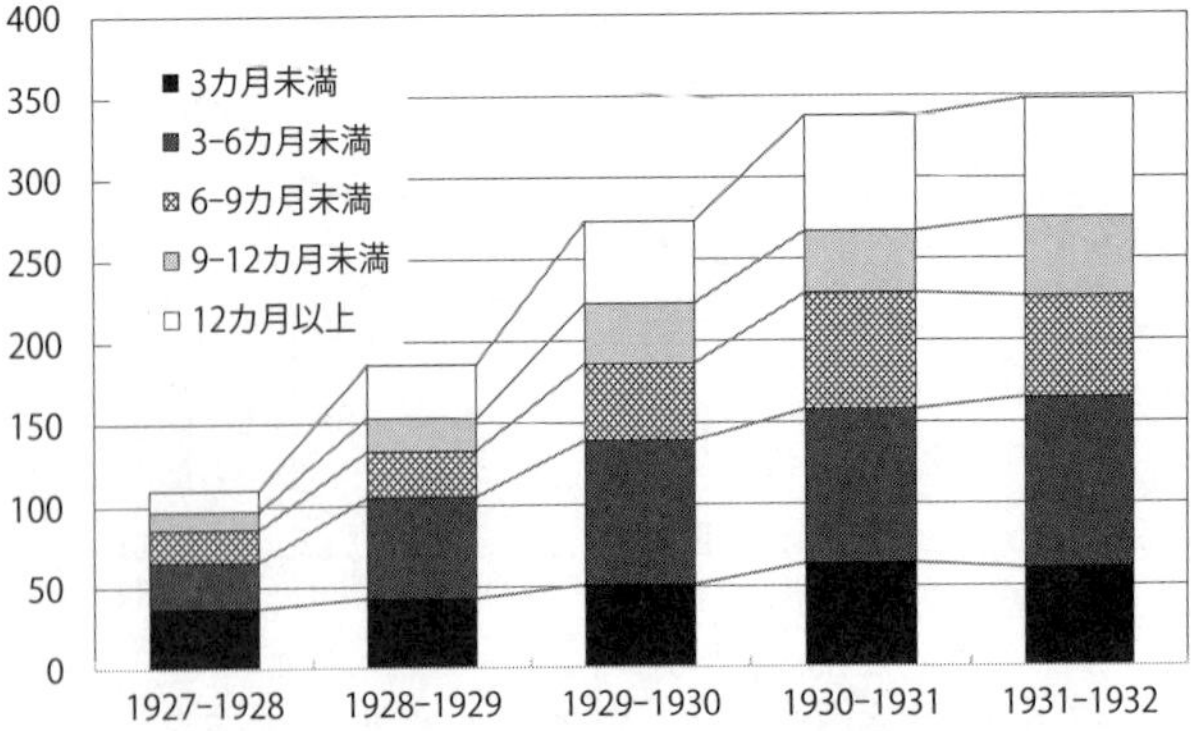

注：(1)　Hettinger, Herman S., 1933, p. 120, Table 24 より引用，作成。
(2)　この時代の放送広告のシーズンは，10 月から翌年の 4-5 月にかけてであったため，ここでは 6 月 30 日から翌年の 6 月 30 日までの期間を 1 年間として年次を設定してある。

示していた。また図表**33**からは、九カ月以上の長期間にわたる広告契約が順調に伸びていたことがみてとれる。ラジオの広告効果が認識され、より多くのスポンサーがより継続的な広告放送を望んでいたのだ。さらに三カ月未満の契約が確実に減少していることからは、長期契約に移行する積極的なスポンサーがいる一方で、試験的に広告費を投資してみたものの思うような効果が得られずに撤退していったスポンサーが存在したことがわかる。こうしてラジオのスポンサーは、一九三一、三二年前後に、多額の広告費をまかなうことのできる大企業で、しかも放送による広告活動によって売れ行きに効果が現われるようなタイプの商品・サービスを生産する企業に限られていった。それらのスポンサーの約半数が、半年以上の期間にわたってラジオ・コマーシャルを流す契約をむすんでいた。こうした産業的動向と、この時期にポピュラー音楽、バラエティ、ソープ・オペラなどの番組の文化的パターンが確立されたことが、構造的に連関していることを見落としてはならない。

この時期のスポンサーの業種別支出金額の推移をみてみよう（図表**34**）。まず、一九二七年以来、食品・飲料水、医薬品・化粧品、タバコ産業の三業種の支出金額が増加しつづけ、三二年には全支出の約六七％を占めるようになっていることに気がつく。これらの商品に共通する特性は、大量生産され、低価格で継続的に消費される日用品であること、ブランドやメーカー・イメージなどの付加価値によって選択されやすい

図表 34　全国ネットワークへの業種別広告支出金額の推移

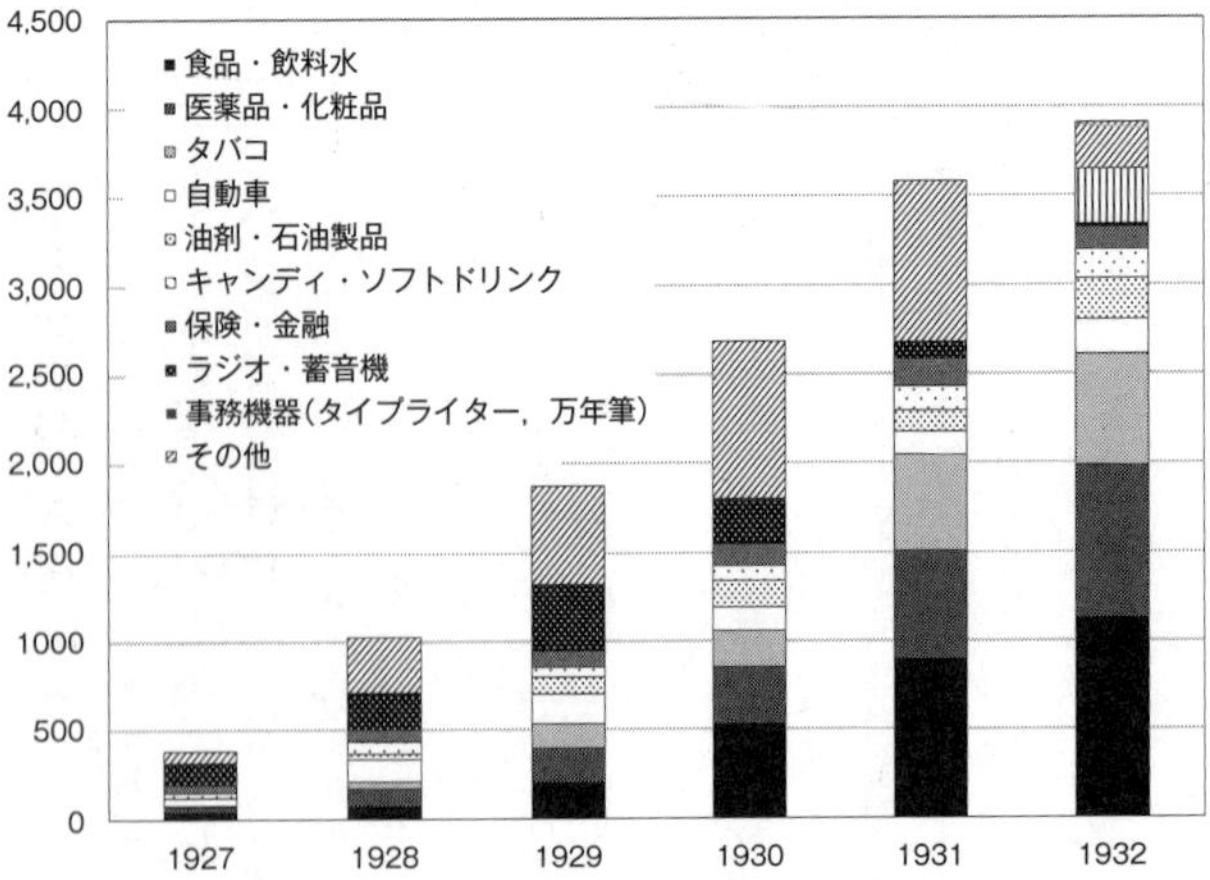

注：(1)　Hettinger, Herman S., 1933, p.123, Table 25 より引用。
(2)　金額の単位は万ドル。
(3)　Hettinger は，National Advertising Records の年次報告書より作成。

ことなどがあげられる。ラジオは、番組のタイトルや、ショーのはじまりや終わりを告げる曲のなかに、さりげなくメーカー名や商品名をおりこんだり、番組と番組のあいだにコマーシャルをはさみこんだりすることで、人々の日常生活のなかに、毎日くり返し消費社会のメッセージを送りこむことにもっとも適したメディアとなっていた。日用品、必需品の選択的購買には、そうした商品の記号価値の環境化が要件だったのである。

広告支出額は、一九二〇年代の大衆消費社会の発達とともに市場において寡占的地位を占めた企業が多かった。食品産業におけるアトランティック&パシフィック・ティー、医薬品・化粧品におけるプロクター&ギャンブル、タバコ産業におけるアメリカン・タバコなどである。一方、第一次世界大戦後に発達してアメリカ経済の基幹産業化した耐久消費財産業の広告支出は、大恐慌の影響を受けて伸び悩んでいる。それは、設備投資額が軽工業にくらべて格段に大きいために、不況の影響がより大きかったこと、また比較的高価で買い替え周期も長いという商品特性と、ラジオ・メディアの特性が合っていなかったこと、あるいは商品特性に適したコマーシャルのテクニックがまだ十分開発されていなかったことなどが理由としてあげられよう。また当時、耐久消費財が特定の販売店系列でしか購入できなかったことも、マス広告の効果を限定的なものにしていた。

こうして、ラジオのスポンサーは、ネットワーク・コマーシャル・システムの展開とともに、一定の傾向をもつようになってきた。それにともない、ACニールセンをはじめとする聴取率調査産業なども発達することになった。

第Ⅵ章

テレビジョンの到来

1 「テレ＋ビジョン」の徴候

電気、テレ・コミュニケーション、テレビジョン

ラジオが産業的に確立し、さまざまな文化的形式によって成り立つ番組が全日総合編成の帯のなかに組みこまれ、人々の生活文化のなかでメディアとしての実体性を固めた一九三〇年代の後半、テレビジョンが実用化の段階に入っていた。

ラジオ・メディアの生成発展をたどり、現代メディアの起源を探る試みのしめくくりとして、テレビジョンというメディアがどのような経緯で社会的様態を確立したかを検討しておきたい。ここで、「テレビ」といわずに「テレビジョン」というやや生硬な言葉を用いるのは、当時このメディアが、まだコミュニケーション・テクノロジーからメディアへの過渡的な状態におかれていたことを表現したいからである。「テレビジョン」が社会的に定着して「テレビ」、「TV」となるのは、一九五〇年代以降のことだった。

重要なことは、ラジオとテレビジョンの構造的連関である。今日、ラジオの発達の延長上でテレビジョンが構想され、実用化され、普及してきたと、当たり前のように

とらえられている。まず最初に、無線で音声を送受信するテクノロジーが開発され、それが十分普及した後に、こんどは音声プラス画像の送受信という、いちだんと高度なテクノロジーが実用化された、と。ところが、こうしたコミュニケーション・テクノロジーの直線的な進歩史観は、テレビジョンの出現当時の状況を必ずしも正確に反映しているわけではないのである。

遠くで起こった出来事をいながらにして見聞きしたいという「テレ+ビジョン」の願望は、きわめて古い。R・W・ハベルは、テレビジョンについての歴史を記した著書に『テレビジョンの四〇〇〇年』という題目を付けているが、それはあながち誇張ではないのである(1)。

とはいえ、「テレ+ビジョン」が社会的なビジョンとして現われてくるのは、他のメディアと同様に、電気という神秘的な存在の科学的探求がはじまってからのことであった。電気的に画像を再生するテクノロジーは、一八一七年、画像再生の媒体となるセレニウム元素がスウェーデンのベルセリウスによって発見され、三九年にフランス人のアレクサンドル・エドモン・ベクレルが物体に光線を照射したさいに電気が生じる現象、「フォトエレクトリシティ」を確認したあたりにまでさかのぼることができる。電気的画像を遠くへ送るテクノロジーは、サミュエル・モールスを中心とする電信(テレ+グラフ)、グラハム・ベルらによって進められた電話(テレ+フォン)の実用化に向けての動きのなかで、少なからぬ人々によって想像されていた。一八六二年、イタリア人のジョバンニ・カセリはナポレオン三世の支援のもとで、ダゲレオタイプ（銀板写真）の電信による送受信のテクノロジー、「パンテレグラフィ」を開発する。彼は、モールスが実用化した技術を超えるために奮起し、「フォトテレグラフィ」の商業的利用をもくろみ、多くの「写真電信局」を開設して、それらをネットワークまでしていた[2]。

また、ベルに電話の実用特許が下りた一年後の一八七七年には、電話によるカメラ・オブスキュラ画像の再生、いまでいうファクシミリが、フランス人弁護士コンスタンタン・サンレクによって「テレクトロスコープ」として構想される。彼は当初、セレニウム板と電話回線を用いて静止画像を送受信するテクノロジーを考えるが、のちに「動く絵」の送受信にとりくむようになる。

それゆえに画像は、ほとんど瞬時に再生されます。（中略）私たちは、画像を得ること、それも動く画像を手に入れることができるのです。それは、網膜に残像が焼きついて、消えないほどの、本当に鮮明なものなのです[3]。

サンレクの研究成果は、大西洋を隔てて同じような電気とテレ・コミュニケーショ

図表35　19世紀のテレビジョン：「テレフォノスコープ」

ンをめぐる夢を共有しあっていた多くの発明家を刺激した。あのグラハム・ベルも、一時期は「フォトフォン」と名づけられた動画の出る電話にとりくんだのである[4]。

一九世紀後半のあいだに、「テレフォノスコープ」、「テレクトロスコープ」、「テレスコピー」、「フォトテレグラフィ」、「テレオートバイオグラフィ」、そして「テレビジョン」といった装置が、夢見られ、探求されていった。一八七九年の『パンチ』誌には、電話と映画スクリーンを組みあわせたような装置、「テレフォノスコープ」を用いて、リビングにいながらにして遠くの人々と双方向コミュニケーションができる情景が描かれている（図表35）。このころ日本では、一連の「テレ＋ビジョン」的な発明にたいして、「無線遠視法」、「写真望遠」などという翻訳語が与えられていた。それらの実用化が、電話やラジオ無線、蓄音機、映画といったエレクトリック・メディアの開発と、まったく同時代的に試みられていたことを忘れてはならない。

協同する発明家たち

テレビジョンを可能にするテクノロジーは、欧米を中心に世界各地で、同時並行的に研究されていた。しかも、一見ばらばらに仕事をしていたかにみえる発明家たちは、たがいに情報を共有しあい、競争しながらもネットワークを組んで夢の実現にとりくんでいたのである。一八八四年には、ドイツのパウル・ニプコーが、フランスのモーリス・ルブランの開発したスキャニングの原理を用いて、機械式テレビジョンの開発の鍵を握る、発光体の電気的再生のための金属円板のアイデアを提唱する(5)。これは、渦巻き状に小さな穴が開けられた円板を高速回転させることで、光の点の連続体を電気信号に変えるという発想であった。彼は、みずからのイメージを「エレクトリカル・テレスコープ」と呼んでいた。また、受像機については、一八八四年にイギリスのL・B・アトキンソン、八九年にフランスのラザール・ワイラーらが生みだしたテクノロジーによって開発されていった。九七年、ドイツのフェルディナント・ブラウンが、のちに彼の名をとってブラウン管と呼ばれることになるオシロスコープという受像機を発明している。(6)ほぼ三〇年後の一九二六年、このブラウン管に日本の高柳健次郎が世界ではじめてイロハのイの字を映しだすことに成功した。猪瀬直樹によれば、高柳は一八八二年に、フランスの空想画家、SF作家であったアルベール・ロビダが描いたテレビジョンのイラストに触発されて、テレビジョンの研究開発に着手したという。(7)

テレビジョンの展開を少しでもふり返ってみるならば、ラジオの後にテレビジョンが出てきたという、今日の予定調和的なとらえ方が、ずいぶんゆがめられたものであることは明らかである。マルコーニがラジオ無線の実用特許を取得したのは、オシロスコープが発明されたのと同じ一八九七年のことだった。音声の無線通信は、二〇世紀以降に実現した。つまり、コミュニケーション・テクノロジーは、既存の研究開発の蓄積が新たなテクノロジーを実現する原動力となるような循環のなかで、有線電信、有線電話、ラジオ無線電信、ラジオ無線電話、テレビジョンと直線的に発展してきたのではない。人々は、電気の神秘、エーテルの共鳴にはじまるラジオ・テクノロジーを解き明かす初期の過程で、すでに遠くの出来事をいながらにしてみるための装置、「テレビジョン」を想像し、その現実化のための営みをはじめていたのだった。テレビジョンは、遠くの声や音楽をいながらにして聴くための装置としてのラジオと、同時並行的にイメージされていた。さらにいえば、テレビ電話、ファクシミリ、ケーブル・テレビといったメディアもまた、テレビジョンと渾然一体として想像され、探求されていた。しかも、そうした探求は、社会から隔離された専門家集団のなかだけで進められたのではない。さまざまな地域の多様な職業の人々が、非体系的ではあるが、協同しながら進めていたのである。

2 テレビジョン標準化をめぐる攻防

テレビジョンを疎外したラジオ

ところが、空想的な要素を多分に含んだコミュニケーション・テクノロジーの段階から、社会的な実体をともなったメディアへと移行していくさいに、テレビジョンはラジオの後ろに押しこめられることになった。なぜそうなったのだろうか。

その答えを探求する前に、もう少しテレビジョンの研究開発の過程を押さえておこう。ロシア革命でアメリカに亡命していたウラジミール・ツヴォルキンが、一九二三年、電子式のテレビジョン・カメラであるアイコノスコープを完成させた。電子式テレビジョンは、イギリスのジョン・ベアード、あるいは日本の高柳健次郎がとりくんでいた機械式テレビジョンの系譜と対立し、やがてそれを乗りこえる潮流となっていく(8)。

テレビジョンの主要なテクノロジーは、一九〇七年にツヴォルキンの指導者であったロシアのボリス・ロージングがラジオ無線を用いた機械式テレビジョンの総合的なシステムを完成させて以後、二三年のアイコノスコープまでしばらくのあいだ目立った展開をみせていない。

これにはいくつかの原因が考えられる。まず、第一次世界大戦やロシア革命の勃発によって、ヨーロッパ諸国はもちろん、アメリカにおいても研究環境がきわめて悪化していた。また、機械式テレビジョンと電子式テレビジョンのどちらが有効であるか不確定な状況であり、イノベーションへ向けての準備期間であったということもある。そうしたなかで注目しておかなければならないのは、間メディア的な要因、すなわちラジオの急速な発達が少なからぬ規定力をもって介在していたことである。しかも、そうした規定力は、ラジオの社会的意味の転換にともなって、幾度かの段階を踏まえて生じていた。

第一に、第一次世界大戦におけるラジオ無線電信への国策的な研究開発の集中があげられる。大戦によって、条件さえ整えばテレビジョン研究を進めうるはずの、エレクトリック・テクノロジーにかかわる人々の多くが軍隊に徴集され、電信、電話、ラジオ無線電信などの研究開発に従事させられた。それはちょうど、大戦期間に無線電信が大いに利用された一方で、簡単に敵軍に傍受されてしまう音声の送受信のための無線電話が蚊帳の外におかれてしまったことと同様である。戦争は、コミュニケーション・テクノロジーの発達を、軍事的に実用価値のあるものから強引に順序化するよう機能したのである。

つぎに、戦後ラジオがマス・メディアへと変転し、人々の生活のなかへ急激に普及したことも、テレビジョンの展開を抑止することになった。抑止しただけではない。ラジオ無線が、放送という文化的形式をとり、放送局やネットワークといった産業的実体をもつようになると、ラジオ産業はテレビジョンの研究開発を政治経済的にコントロールするようになったのである。もともとテレビジョンは、ラジオとほぼ同時期に注目され、研究開発が進められてきてはいたが、その系譜上に登場する人々は、ラジオとは異なる研究者のネットワークを形成していた。テレビジョンとラジオは、一九世紀後半のエレクトリック・メディアの渾然一体となった夢のなかから等しく構想されていたものの、それぞれ別系統で展開していた。そのなかで、ラジオは一九二〇年代に放送というマス・メディアとしての体制的構造性を備えていく。そうすると、ラジオ産業はテレビジョンをみずからに準拠したニュー・テクノロジーとしてあつかい、放送の未来型として枠づけていったのであった。

たとえば、テレビジョンの実用化にたいして、今日もっとも大きな要因であったとされているツヴォルキンのアイコノスコープの価値を誰よりも積極的に評価したのは、RCAのデービッド・サーノフであった。ツヴォルキンは、当初アイコノスコープを用いたテレビジョンという装置が、ラジオのあとがまになるようなマス・メディアとして展開するとはとくに予想していなかった。(9) テレビジョンのマス・メディア的な様態は、サーノフの方が先行してイメージしていたのである。彼は、アイコノスコープが発明された一カ月後に、つぎのような表現でテレビジョンの時代の到来を予言していた。

私は、無線で聴くかわりに無線で視るという技術に対して名づけられたテレビジョンがやがては実現するようになるものと信じている。近い将来ニュースが無線で送られるとき、たとえばヨーロッパ、南アメリカあるいは東洋の重要事件のニュースがアメリカに向けて送られるとき、その事件の画像もまた同様に無線によって送られ、ニュースと同時に到着することとなろう。(中略)私はまた、動く画像の無線による伝送と受信がここ一〇年以内に完成されるだろうと信じている。その結果、重要な事件や興味あるドラマの上演が適当な送信機を用いて無線で文字どおり放送され、次いで各家庭や劇場で受信され、ここでもとの場面が現在の映画とよく似た

状態でスクリーン上に再現されるだろう。(10)

一九二〇年から、ツヴォルキンはウエスティングハウスのピッツバーグ研究所に所属していたが、同社のテレビジョンへの関心は低かった。二三年にアイコノスコープの特許を取得するが、その完成にはさらに五年を要するような状態で、彼は鬱屈した日々を過ごしていた。ツヴォルキンは、三〇年にサーノフに請われてRCAへ転職する。こうして、彼を中心とする電子式テレビジョンの開発は、ラジオ・メディアの産業的基盤となっていたRCAのもとで進められることになったのである。そのほかに、ユタ州生まれのフィロ・T・ファーンズワースも、ツヴォルキンと対抗しながら、主要ラジオメーカーであったフィルコの支援のもとに電子式テレビジョンの開発を進めていた。AT&Tもまた、二四年には二五万ドルを投資してテレビジョンの開発にあてている。(11)二八年には、FRC(連邦無線委員会)がテレビジョンのための免許を交付し、最初の定期的実験放送が開始されている。

第三に、大恐慌をきっかけとするラジオの産業的確立と、一九三〇年代のマス・メディアとしての隆盛が、テレビジョンの発展を疎外したということができる。大恐慌によって、テレビジョンへの投資は伸び悩むとともに、それは真のビッグビジネスでなければ手をつけることのできない巨大テクノロジーへと展開していった。RCAのツヴォルキン、フィルコのファーンズワースらを中心とするプロジェクトが、突出してしのぎを削ることになる。一方で、ラジオは人々の生活のなかにしっかりと根ざしていった。放送は、ネットワーク・タイムセールス方式で収益を生みだす産業として体制化したのである。経営者たちは、ラジオによって触発された大衆の欲望を満たし、利益をあげればそれでよかった。テレビジョンのような新たなメディアを希求するよりも、メディアのかたちは固定させておいて、番組や編成といったソフトウエアを充実させていく方が着実だったのである。

「ラジオ・シティ」はテレビジョンのために

テレビジョンの開発は、ラジオの主導のもとで展開されることになった。そうなると、AT&Tがイメージしていた「ビデオフォン」、ツヴォルキンが考えていた産業・医療用の電子映像媒体、そして多くの発明家たちがめざしていた映画のようなテレビである「シアターテレビジョン」などの、テレビジョンに託されていたさまざまな可能性は周縁的なものとみなされ、排除されていくことになった。そして、生活文化のなかでのラジオの機能を受け継ぐもの、すなわちリビングに置かれたそれを囲んで家族が集い、エンターテイメントや音楽を楽しみ、ニュースに息をのむようなメディアというビジョンに向けて、研究開発のベクトルが固定されていった。一九八〇年代に入って、衛星放送やケーブル・テレビ、ビデオなどが出現するまで、「テレビ」が地上波放送によって映ることは当たり前のように思われていた。しかし、その自明性も、一九三〇年代から四〇年代初頭にかけてのこの時期に、ラジオの影響下で成立したものだったのである。三二年の時点で、NBCの社長は、二年後に完成予定の「ラジオ・シティ」が、ラジオとテレビジョンのどちらの放送もできるように設計されていることを明らかにしていた(12)。

ところで、テレビジョンが放送メディアとして、ラジオを受け継ぐものとされた時点で、大きな課題が発生していた。規格統一をおこなうことである。ラジオのばあい、送信されたメッセージを受信するための装置の規格は、とくに統一されている必要はなかった。人々は自前の送信機、受信機を組みたてることに喜びを見いだし、その実験のなかからラジオ放送ははじまったのだった。ところがテレビジョンの場合、走査線の本数、毎秒画像数、同期方式などが、送信機と受信機のあいだで統一されていなければ、画像を送受信することはできない。連邦政府は、一九二〇年代からテレビジョンの研究開発が促進されることを望んでいたが、いずれある時点で、統一規格を設定しなければならなかった。

イギリスとドイツにおいては、それは比較的スムースにおこなわれた。ドイツは、ナチスのもとでアイコノスコープを用い、一九三五年三月に世界ではじめて定時放送を正式に開始した。翌年八月には、ベルリン・オリンピックの実況中継放送も遂行する。イギリスも三六年一一月には、定時放送を開始している。放送が一元的に監理され、ハードウエアの規格統一がトップダウン方式で決められたことが、このような早期の定時放送の実現を可能にした大きな要因であった(13)。

一方、アメリカは遅れていた。放送メディアが民間産業として存立するこの国では、規格統一をめぐって、技術的、産業的、政治的な力学がはたらき、いったんは成立した規格がすぐにひっくり返されるような、不安定な状況がつづいていた。

NTSCの成立

一九三四年六月に設立されたFCC(連邦通信委員会)にとって、テレビジョンの規格統一は当初から大きな課題であった。F・D・ルーズベルトが強力にニューディール政策を推し進める政治状況のもとで、FCCは、なかなか理想と合致した行動をとることができないでいた。規格統一にかんしても、政界と産業界からの圧力によって板ばさみの状態におかれていた。とくにRCAを中核とするラジオ業界とFCCは、はっきりと対立しており、そのなかからアメリカのテレビジョンは徐々に姿を現わしてくることになる。

FCCは、一九三六年から翌年にかけて非公式の技術会議を開催し、その結果としてテレビジョン放送は時期尚早であるという慎重な結論を出した。これにたいしてRCAは、規格統一のイニシアチブをとるために、三八年から一連の攻勢をかける。まず、フィルコのファーンズワースが取得したVHFテレビジョンの特許仕様にかんして協定をむすぶなどして、他のライバル・メーカーの特許に抵触せずに、単独でテレビジョン放送を実現するために必要な条件を整えた。また、九月一日にはラジオ製造業者協会（以後、RMAと称す）をなかば恫喝して、走査線四四一本、毎秒画像数三〇枚という自社の規格を承認させたのである。(14)

FCCは、RCAの強硬策に対抗し、テレビジョン規格統一をめぐって調査を開始した。その結果、一九三九年のあいだにテレビジョン助言委員会からふたつのレポートが提出された。ところが、その内容は大きく変転したものになっていた。クリストファー・スターリングらによれば、まず、五月二二日の最初のレポートでは、RMA－RCAの規格を現時点では適切なものとは認めながらも、規格の設定は時期尚早であり、さらに検討を重ねることが公共の利益のためになると結論づけていた。ところが、わずか六カ月後の一一月一五日のレポートでは、RCAが提案した規格を承認してしまったのである。(15)これは、CBSやアームストロングからも提案されていた別の規格案を排除し、ラジオを中心とする情報機器の巨大コングロマリットとなっていたRCA案を通したということだった。RCAという巨大メーカーの意見に従うことで、テレビジョンの普及を促進すること、さらに研究開発を進めるために広告収入に依拠したコマーシャル（商業）放送を早期に実現し、投資を回収するための収益をあげられるようにすることが、優先的課題としてとらえられていたのである。

しかし、RMA－RCA方式による規格統一は、デュモント、ゼニス、エドウィン・アームストロング、CBSなど、RCAに対抗するすべての勢力から猛反発を受けることになる。FCCは、これらの企業からの聴聞会を一九四〇年一月から開催した。その結果、典型的な妥協案が提示されることになった。すなわち、FCCは、限定された免許主体にたいして、九月一日からテレビジョンのコマーシャル放送をおこなうことを許可する。ただし、規格は固定せず、引きつづき実験放送をおこなっていくなかで、よりよい技術を開発していくこととする、というのであった。こうして、視聴者は、いつ使い物にならなくなるかわからないものの、とりあえずテレビジョンを購入して、放送を視聴することが可能になったのである。RCAは、このような二面性のある決定のうち、コマーシャル放送が開始されることを強調して、自社にとって都合のよいように解釈した。ニューヨークでは都合のよいことに一九三九年四月三〇日から世界博覧会が開催されたため、その前後から積極的な販売促進キャンペーンを開始していた[16]。

RCAの強引なやり方にたいしては、RMAとそこに所属するライバル・メーカーがこぞって反発する。これにたいして、サーノフは、RCAのRMAからの撤退を示唆して圧力を加える。こうなると他のメーカーも、RMAからの撤退を表明し、この組織は事実上無力化してしまった。また、ジェームズ・フライ委員長が率いるFCCもRCAの動きをみきわめるために、四月から聴聞会を再会し、その独占的な行動を強く非難した。F・D・ルーズベルトもフライの見解を支持することを表明していた。こうした過程で設置された委員会、聴聞会などが、業界の一部の声だけをとりあげがちで、ともすれば政治経済的な思惑ばかりが反映された傾向があったことは否めない。しかもそれは、ラジオにおいて混信問題が深刻化したさいにフーバーの腕力で開催された全米無線会議と同様に、密室的な策定作業であった。ウィリアム・ボディによれば、フライ委員長は、経済界を支持基盤とする共和党が多数派を占め、一九四〇年の選挙を目前にしていた議会の圧力によって、ラジオ産業の要望を第一義的に尊重するかたちで、規格統一の提案をおこなわざるを得なくなったのだという(17)。

一九四〇年七月、RMAの下部組織として国家テレビジョン規格委員会(NTSC)が設立される。RMAが事実上解体され、新たな規格統一のための委員会が、RCAの主導のもとで設置されたのであった。NTSCは、四一年三月、その組織名称そのままのNTSCという規格をFCCに提示する。これは、走査線五二五本、毎秒画像数三〇、音声にはFM波を用いるという、それまでの提案方式にくらべて明らかに高

品位の規格であった。FCCは、四一年五月にこれを承認、七月一日から放送開始を許可したのである。(18)

以上のような政治的攻防を通して、アメリカのテレビジョン規格はNTSC方式に統一された。この方式は戦後、日本、韓国、フィリピンなど、環太平洋に位置し、東西冷戦構造の固定化にともなって反共の砦となった国家において採用されることになった。そして、今日にいたるまで半世紀にわたり、大きな変化が加えられることもなく、これらの国々のテレビジョンの技術・制度的枠組みとして機能してきたのである。

3　ラジオからテレビジョンへ

揺籃期と戦争

一九四一年七月一日から、ニューヨークで、CBSが所有していたWCBW、NBCのWNBTがNTSC方式のテレビジョン放送を開始した。FCCの政策によって、一週間の放送時間は一五時間と定められていた。主な内容は討論番組、音楽番組、スポーツ番組、そして著作権のない映画などであった。しかし、一九四〇年代のテレビジョンは、社会的に定着したとはいいがたかった。数インチの小さな小窓のついた受像機は数百ドルときわめて高価であり、しかも度重なる規格の変更などによって、視聴者は産業界が思うようには増加しなかったのである。そのうえ、この年の一二月に真珠湾攻撃が勃発、日米が開戦し、第二次世界大戦が太平洋地域にも拡大したことで状況は一変した。一九四二年五月一二日、戦争への物資供給などの理由から、それまでに免許を受けていた六局を除いてテレビジョン免許の付与は凍結されてしまう。テレビジョンの一般化は、第二次世界大戦が終わり、さらにカラー・テレビジョンの規格統一問題をめぐって四八年から五二年までふたたび凍結されていた周波数割当が再開されるまで、延滞されてしまうのである。

しかし、一九四〇年代前半までに、すでにテレビジョンの存立構造を規定する基本的な部分は固まりはじめていた。文化的にも、産業的にも、テレビジョンはラジオの枠組みのなかにおかれていたのである。テレビジョンが、コマーシャル放送としてはじまったこと、ハリウッドから映像ソフトが供給されたこと、ラジオのような形態をとってリビングに浸透したこと、ここではこの三点を指摘しておきたい。

テレビジョンもコマーシャルになった

まず、テレビジョンが最初からネットワーク・タイムセールス方式によってはじまった点である。アメリカのテレビジョンにおけるコマーシャルは、ブローバの時計が正しい時刻を告知するという内容ではじまった。初期のスポンサーは、やはりプロクター&ギャンブル、サン石油などのビッグビジネスであった。しかも放送局は、NBC、CBSというラジオの二大ネットワークをはじめ、フィルコ、GE、ゼニスといったラジオ機器メーカーが所有しているものだった。[19]

すでに、ラジオ・ネットワーク、ハードウエア・メーカーなどでは、一九二〇年代の後半にテレビジョンの研究開発を進めるころから、収益システムをコマーシャル放送によって確立することを想定していた。さらにいえば、アメリカのばあい、テレビジョンを放送電波という伝送路において成立させることが、同時に広告収入という経済的条件を成立させることを意味していたといえる。一九二〇年代なかばに起こった、ラジオの収益システムをめぐる議論のなかでは、広告収入に依存することについては否定的な見解が多かった。なんらかのかたちで公共的な財源を確保し、ラジオ放送をよりパブリックなものとして成り立たせるべきだという主張が主流を占めていたのである。デービッド・サーノフは、その急先鋒であった。しかし、今回はサーノフも違っていた。二〇年近い年月を経て、ラジオが、ネットワーク・コマーシャル方式で体制化した現在、放送業界のなかからは公共的システムを模索する意見はほとんど聞かれなかった。FCCは、慎重な態度を示してはいた。一九四一年に提出された『チェーン放送報告』は、大きな衝撃を業界にたいして与えていた。そのなかでは、コマーシャル放送が、番組の画一化、制作費の高騰などの問題を引き起こす構造的な要因として指摘されていたのである。しかし、規格統一の過程における攻防のなかで、FCCもまた現実的な妥協をせざるを得なかったのであった。

ただし、テレビジョンのコマーシャル化にたいしてまったく対抗意見が提出されなかったわけではない。それは、放送業界の外部から現われた。パラマウント、二〇世紀フォックス、ワーナー・ブラザースといったハリウッド陣営、コダックのような画像情報を処理する機器メーカーなどからである。これらの企業では、テレビジョンを映画の進化型として市場化しようとする試みがつづけられたのであった。ナショナル・イベントや演劇、コンサートなどの様子を撮影し、同軸ケーブルによって映画のような巨大なスクリーンに映像を映しだすシステム、「シアター・テレビジョン」が構想されていた。そこでは、映画のように興行収入によって事業を成り立たせるプランが描かれていたのである。また、今日のケーブル・テレビで採用されているような有料方式、いわゆる「サブスクリプション・テレビジョン」も企画されていた。しかし、結果として「シアター・テレビジョン」、「サブスクリプション・テレビジョン」は、テレビジョン放送の展開の陰で、部分的な実現をみただけで消滅してしまう。映画のように入場料をとったり、番組毎に課金するシステムは、立ち消えとなってしまった。(20)

ラジオ、ハリウッド、テレビジョン

テレビジョンにたいしてハリウッドが果たした役割も見逃すわけにはいかない。たとえば、初期のテレビジョン番組は、ラジオのばあいとは違い、二〇分単位で編成されていた。番組のほとんどが、映画フィルムだったからである。映画の三五ミリフィルム一巻の放映に一八分かかり、これにコマーシャルをつけた合計時間が二〇分だったのである(21)。

忘れられがちなことであるが、放送業界は、それまで映像ソフトを手掛けたことがなかった。放送とは、聴覚メディアであるラジオのことだったのである。したがって、テレビジョンの番組制作の多くは、映像ソフトのプロフェッショナル集団であったハリウッドに依存することになった。当初は映画フィルムを放送していたが、一九五〇年代以降テレビジョン独自のソフトが求められるようになると、ドラマのほとんどはハリウッドのスタジオで制作されるようになった。

しかし、ハリウッドと放送は、テレビジョン用の映像ソフトの需要によって突然むすびついたわけではなかった。すでに、ラジオの時代から有機的な連関を形成してきていたのである。その中心には、映画のトーキー化があった。映画スターに銀幕上で声を出させるシステムは、ＲＣＡを中心とするラジオ・グループによって開発された。

また、CBSのビル・ペイリーによって見いだされたビング・クロスビーは、ハリウッド映画に出演し、テーマ曲を歌ってレコードを発売するといった、マルチ・メディア戦略のなかからスターとなっていった。同様のことは、初のトーキー映画となった『ジャズ・シンガー』に出演したアル・ジョルソンをはじめ、フランク・シナトラなど多くの芸能人にあてはまる。人々の憧憬の的、偶像となるような俳優を積極的に生産し、彼らを出演させることで映画の興行収入を伸ばすような、いわゆる「スター・システム」は、ラジオ放送、レコード業界などとハリウッドの合作だったということができる[22]。

ハリウッドは、一九三〇年代に入ると、もはやたんなる「映画の都」ではなかった。ラジオのみならず、レコード、音楽、ショー・ビジネスなどをまきこむ、アメリカのメディア産業の中枢機構となっていた。さらにいえば、テレ・コミュニケーション領域とも関係があった。AT&Tは、ラジオ放送に進出した前後から、映画の配給システム、映写システムなどへの進出を幾度か試み、そのつど独占禁止法に抵触する恐れから撤退していたのである。ハリウッドと放送の社会史的展開を明らかにしたミシェル・ヒルメスにいわせれば、ハリウッドが「映画の都」であるという認識は、ハリウッド自身が反独占の世論や法律をかわすために身につけてきた、巧妙な自己規定、自己PRの所産だった[23]。

小窓のついたラジオ

それでは、テレビジョンはどのようなかたちの装置として、人々の前にその姿を現わしたのだろうか。**図表36**をみていただきたい。テレビジョンは、小窓のついたラジオのようになったのである。すなわち、マホガニーのキャビネットのなかに機器類が

図表**36**　1930年代のテレビジョン
(P・T・ファーンズワース試作品)

パッケージングされ、布張りのスピーカーとスイッチ類がならべられた。そして、ラジオではチューニングのためのインジケーション・パネルがあったあたりに、ブラウン管が埋めこまれたのである。テレビジョンは、一九二〇年代にラジオがリビングに浸透していくさいに身につけたデザインを踏襲した。そうすることで、家庭電化製品としての社会的承認を得ると同時に、それまでラジオが家庭空間のなかで蓄積してきた意味合いを継承できたのである。

しかし、テレビジョンの出現が新たな生活文化を出現させた側面も、もちろんある。まずなによりも、「動く絵」がいながらにしてみられることのインパクトは、きわめて大きなものだった。それは、文化的次元においては、すぐさまラジオを陳腐化させてしまう。表層的にみるならば、テレビジョンの与えた衝撃は、ラジオのそれを上回っていた。

そのほか、テレビジョンは、ラジオでは起こらなかった新しい状況を生活文化にもたらした。ラジオのばあい、家族がリビングに集っていても、それぞれに好きな行動をとりながら楽しむことができた。それは、ラジオが聴覚メディアだったからにほかならない。ところが、ブラウン管に映しだされる映像と音声を楽しむテレビジョンのばあい、人々はとりあえずテレビジョンの前に座って、画面を注視しなければならなくなった。リビングにおいて、テレビジョンは人々の視線の焦点に位置づけられることになった。セセリア・ティチは、こうしたテレビジョンの家庭内での位置づけが、開拓時代以来リビングの中央に置かれた暖炉の社会的意味を継承したものであることを指摘し、テレビジョンを「電子暖炉」に見立てている。[24] 日本のばあいには、ラジオと「テレビ」のかたちのあいだには、アメリカほどの連続性は見いだせない。それは、一九三〇年代以降のアメリカに登場したような豪華版のラジオが見当たらなかったこと、五〇年代までは「テレビ」を見かけることはなく、五三年以降登場したそれらは、角の丸いプラスティックのパッケージングを施された五〇年代風のデザインであったためである。つまり、日本のラジオと「テレビ」のあいだには、形態上の連続性が希薄なのであった。それにしても、暖炉を伝統的にもたなかった日本の家庭のなかで、「テレビ」はいかなるものの意味を継承したのだろう。仏壇だろうか、それとも父親という一家の主の地位だったのだろうか。[25]

ラジオとテレビジョン

今日、テレビジョンとラジオの関係について、私たちは相反するふたつのとらえ方を共有している。ひとつは、ラジオが発達してテレビジョンが出現してきたという観念であり、もうひとつは、ラジオとテレビジョンのあいだには質的飛躍があって断絶しているという観念である。どちらのばあいにも、そのようにとらえる根拠には、テクノロジーの絶え間ない進歩がそうした事態を必然的に生みだしたのだという認識がある。ところが、これらがいずれも、関連業界の政治経済的な思惑を反映したビジョンであることが、これまでの検討で明らかになってきた。音声以外に、映像を放送することは、人々の感覚的、認知的な次元において、ラジオとテレビジョンの決定的な違いとなった。テレビジョンは、誰の目にもはっきりと新しいメディアとして映ったにちがいない。ところが、いざテレビジョンが定着してみると、この音声プラス映像のメディアが送りだしたのは、音声メディアが確立してきた文化であり、時間軸にしたがって帯状に連ねられた番組の束だった。つまり、感覚的、認知的次元と、文化的次元においては、ラジオとテレビジョンの関係は異なる布置を示していた。さらに、制度的、産業的次元においては、テレビジョンはラジオの鋳型にはめられて展開していた。感覚的、認知的次元での違いは目につきやすく、理解しやすいため、ともすればクローズアップされがちである。しかし、ラジオとテレビジョンは、重層的、多元的に相関していたのである。そうした構造的問題をおし隠すために、たとえばRCAはテレビジョンの新しさを強烈に訴えるキャンペーンを展開したのである。

テレビジョンは、通常考えられているよりもはるかに深い影響を、初期の段階でラジオから受け、そのメディア特性を継承していた。他方でテレビジョンの発達によって、ラジオはナショナル・メディアとしての地位をゆずることになる。ラジオは、一九四〇年代までに、全米の家庭にバラエティや音楽、ニュースを送りつづけるマス・メディアとして確立した。ネットワークは巨大な社会的影響力をもち、ラジオ受信機は主要な家庭電化製品となっていた。そうしたラジオの体制的構造物としてのありようはテレビジョンに受け継がれることになる。一九四三年には、『チェーン放送報告』の勧告にしたがい、NBCが分割され、新たにABCが誕生する。ラジオは、五〇年代なかば以降、コミュニティ・メディアとしてその様態を変化させていった。それは変化というよりも、一九二〇年代にラジオが各地のコミュニティに出現したときの様態に、ふたたび戻っていったというべきなのかもしれない。

終章

再帰——テクノロジー・メディア・社会

ラジオ・マニアからマイコン・マニアへ

マイコンがはじめて世の中に出てきた一九七〇年代なかば、それはまだ、むきだしの基盤と配線の塊のようなものだった。一九七六年、スティーブ・ジョブズとスティーブ・ウォズニアックは、それまで組み立てキットとして販売されていたこのマイクロエレクトロニクスのおもちゃを、あらかじめ組み立てて売りだすことを思いつく。ごちゃごちゃした部品をパッケージのなかに納め、商品として販売するのだ。アップル社のはじまりである。コンピューターの名前も「アップル」だった。ふたりは、文字どおりガレージ・セールから出発し、アメリカン・ドリームを実現する。その後、アメリカでは続々とこの手の商品が現われた。それらは、個人が自分の目的のために利用することのできるコンピューターという意味で、やがてパーソナル・コンピューターと呼ばれることになった。西海岸は、カウンター・カルチャーの気運に充ちていた。マイクロエレクトロニクスの可能性を、ビッグビジネスからすべての人々に解放しよう。かつては、ラジオ無線に夢中になっていたような若者が、嬉々として飛びつきはじめる[1]。パーソナル・コンピューターは、彼らによって「発明」されたのだった。

その様子を、なかば冷笑し、なかば面白がって眺めていた巨人ＩＢＭは、一九八一年、ようやく重い腰をあげて、この市場に参入する。商売になるものなら、早めに手をつけておいた方がよいからだ。わずか一年で開発された商品は、他社製のオペレーション・システムを採用したはじめてのコンピューターで、なるべく新しい研究開発をおこなわず、しかも市場シェアを一気に確保するために既存の部品が流用され、「ＩＢＭＰＣ」と命名される。開発期間は、わずか一年だった。(2)

こうした新しげな情報メディア機器は、それを知らない人々――つまり、そのころの大部分の人々ということになるが――の目にどのように映ったのだろう。「アップル」は、日常生活のなかではあまりお目にかかったことのない、なにか専門的な機械の詰まった平箱だというほかに形容のしようがなかった。しかし、「ＩＢＭＰＣ」は、どこかでみたことのあるかたちをしていた。モニター・ディスプレイはテレビのようだ。顔のようでもある。つまり、インタラクションをする部位だ。もちろん技術者からするならば、モニターもテレビも同じことなのだが、社会のなかでは、モニター・ディスプレイとは専門的なテクノロジーであり、テレビはそれが生活のなかに埋めこまれることで意味づけられたマス・メディアなのである。そして、キーボードがついている。タイプライターやレジスターと同じだ。

ははぁ、要するにこいつは電子タイプライター、電子レジスターなのだな。

そんな認識図が、人々のあいだで共有されることになっていった。

ニュー・メディアは古くからある

「ニュー・テクノロジー」、「ニュー・メディア」というのは、社会史家のキャロリン・マービンがいうとおり、歴史的にみて相対的な用語である。(3)新しいメディアの生成には、私たちの社会のなかにそれまでに存在した事象が、なんらかのかたちで反映されている。それは、私たちが、新しい事象を、まったく新しいもののままでは認識できないからである。新しいメディアは、既存のメディアの延長上においてとらえられ、意味付与され、社会的に共有されていくのである。

その点では、一九八〇年代のパーソナル・コンピューターも、一九二〇年代のラジオも同位相にある。パーソナル・コンピューターは、当初電子的な事務機器として売りだされた。ラジオは、無線電話だった。電話は、音の出る電信であり、テレビは電子の小窓のついた豪華版のラジオだった。ついでにいえば、ガソリン・エンジンを搭載した自動車は、馬なし馬車と呼ばれ、モーターサイクルのハーレーダビッドソンに乗るマニアたちは、いまだに「鉄馬にまたがる」といったノスタルジックな表現を好んで使いたがる。

新しいメディアを既存メディアのアナロジーによって理解する認知の図式はゆっくりと、しかし確実に変化する。人々は、属性や価値観、技術認識の違いなどから、同一のメディアについてそれぞれ異なる観念を、それぞれの組織集団の規範の上で共有するようになる。(4) メディアをめぐる社会的なイメージのズレと、それにしたがう実態のズレが、さまざまなメディアの動態を引き起こす大きな要因となっている。

この動態は、いくつかの条件が重なることで引き起こされる。

ひとつの条件は、あるコミュニケーション・テクノロジーが、当該社会においてどの程度の新しさをもっているかという度合いである。新しい事物と既存の事物の距離、あるいは伝統的な事象の体系への新しい事象のとりこまれやすさには、個別事例において違いがある。たとえば、ラジオの登場にはそれまでにはない大きなインパクトがあった。ラジオは、冷蔵庫や洗濯機、自動車などと同様、生活文化に入りこんだはじめての機械テクノロジーだったからである。テレビの出現もまた、最初の視聴覚メディアのリビングへの侵入という点で、画期的な出来事だった。ただし、その楽しみのパターンは、きわめて多くの部分をラジオから受け継いでいた。ビデオの登場はテレビの登場のときほどには、人々を夢中にさせはしなかった。ビデオが、テレビの録画・再生のための周辺装置として、デビューしたからである。おおまかにみれば、新しさの度合いは、電話やラジオ、テレビの登場以降、相対的に小さくなってきている。高度情報化が声高に喧伝される今日、高品位テレビをもってしても、要するに「きれいなテレビ」だということに、その社会的意味は縮減されてしまう。商品としてのメディアのジャンルがひろがり、記号価値体系の網の目が細かくなるにつれて、こうした傾向は顕著になってきている。そして、相対的により新しいものほど、それが元来備えている物理的、あるいは工学的特性に規定されたかたちでの認知を受けることになる。

第二の条件は、そのメディアがおかれることになる社会の多様性の度合いである。アメリカ合衆国は、地球上でもっとも多様性を重んずる国家だといわれる。その国で、一九世紀以降のほとんどのエレクトリック・メディアがはじめて実用化されているというのは、たしかに偶然ではないだろう。電信、蓄音機、電話、映画——これらはどれも、異質なものがせめぎあうアメリカの状況のなかから、社会的様態を確立してきた。ヨーロッパ各地での発明や新しい可能性の提唱も、アメリカという新天地を抜きにしては実を結ばなかったものが多い。そして、それまでのどのエレクトリック・メディアよりも大衆性を志向したラジオは、それが受けいれられる社会の多様性を直接的に反映することになった。アメリカがいまでも、ケーブル・テレビや、パーソナル・コンピューター、バーチャル・リアリティ・システムなどを生みだしつづける背景には、ラジオをはぐくんだのと同じ社会の多様性が存在している。

移植された日本のメディア

社会の多様性の度合いという点で、日本におけるラジオのはじまりはどのようであったか。大正デモクラシーの末期、市民によるアマチュア無線熱、ラジオ熱は、欧米と同様に高かった。アマチュア無線家たちは、企業家や知識人をまきこんでラジオ放送局の設立を国家に要求し、東京放送局、大阪放送局、名古屋放送局に免許が与えられる。しかし、一九二六（大正一五）年、わずか一年あまりで、それらは逓信省によって社団法人日本放送協会に解散統合され、整然とした全国一元放送体制が確立されていく。その後ラジオは、逓信省の手を離れ、徐々に軍部による情報統制を受けつつ、宣伝機関としての性格を強めていったのであった。(5)

電信にいたっては、明治国家によって一八七〇（明治三）年に着工された後、わずか四年間で北海道から九州にいたる基幹ネットワークが敷かれてしまった。当時、世界に類例をみない急激な敷設政策であった。(6) これは、人々の自発的な社会経済的要請によるものではなく、富国強兵・殖産興業政策のもとで、内外にたいして強力な中央集権国家体制の確立を誇示することが大目的だった。むしろ国民は、自分たちの生活や地域社会にとってはまったく意味のない電信柱やケーブルの敷設作業にたいして、全国各地で反対し、妨害運動をくりひろげた。この動きは、新生明治国家のもとで日に日に不満を募らせていた旧士族の意識と連動し、「電信騒擾」として各地に続発することになる。強行建設された電信ネットワークは、一八七七（明治一〇）年の西南戦争における官軍の勝利に、少なからぬ効用を発揮した。そして国家権力とむすびついた電信メディアの導入・普及政策は、電話に直接的に引き継がれる。一八九〇（明治二三）年に実用化された日本の電話は、最初から政府の管掌のもとで人々の前に立ち現われ、メディアとしての社会的様態についてのズレが生じる隙間を与えられないまま、明治の社会に埋めこまれていったのである。(7)

つまり日本では、社会のなかで、メディアの多様な可能的様態が発見され、加工され、試行錯誤をくり返しながら定められていく過程がほとんど経験されていない。もちろん、ごく初期の段階における技術者の努力の痕跡は散見できる。たとえば、高柳健次郎は、テレビジョン研究において、たしかにある時期まではツヴォルキンと肩をならべるような立場にあった。しかし、日本において、テレビジョンがどのようなかたちをとって社会に定着するかについては、アメリカのような論議的ステージはついに現われなかった。テレビジョンがラジオの延長上において定位される局面に、日本は関与しなかったのである。また、マイコンチップの開発は、明らかに日本の電卓メーカーの要請によって促進された。しかし、そうした部品を組みあわせ、パッケージングし、商品として売りだすこと、あるいは個人向けの知的支援メディアを作ること、いわゆるパーソナル・コンピューターを生みだすことはできなかった。(8)

この国には、国家政策というグランド・ビジョンのもとで、人々のあいだから生まれ出る社会的想像力が矮小化されてしまう傾向があるのではないだろうか。もちろん現在、日本のコミュニケーション・テクノロジーの体系的研究開発力は世界最高水準にある。しかし、社会的存在としてのメディアについてはどうであろうか。市民、民間レベルから多様なありようが構想される状況が抑圧され、一方で欧米で根づいた体制化したメディアがつぎつぎと移植されてきたのではないだろうか。この点において、日本はむしろ、アジア諸国をはじめとする遅れて近代化の道をたどった国家群と同じ資質をもっており、欧米諸国のそれとは異なる歴史社会的背景のなかに位置づけられるのである。

メディアの政治経済的特性

メディアの動態は、抽象的な社会のなかで発現するわけではない。

メディアをめぐる社会的なイメージのせめぎあいは、公平な競争の過程ではなく、きわめて多くのばあい、既存勢力の政治経済的なヘゲモニー争いの過程である。アメリカにおいてテレビジョンの規格統一が実現する過程が、議会やFCCまでをもまきこんだRCAとその他勢力との壮絶な産業的攻防であったことを思いだせば、こと足りるはずだ。

こうした傾向は、時代をくだるにしたがって、いいかえれば先行メディアが体制的に定着し、積層していくにしたがって、顕著になってくる。積層したメディアは、新しいメディアの様態に、大きな規定力をもつようになる。第一次世界大戦の後に、ラジオ無線の未来が模索され、国策会社としてRCAが設立されたとき、とりあえずそれは新しい領域に打ちこまれた杭のようなものにすぎなかった。しかし、ほぼ二〇年の歳月を経たテレビジョンの黎明期、RCAはNTSC(国家テレビジョン規格委員会)の権力を手中にすることで、このメディアの産業的ヘゲモニーを握ることになったのだった。「放送における議論のうち、本当に新しいものというのはごくわずかだ」。クリストファー・スターリングによる放送産業の歴史的考察のなかでのこの主張は、ともすれば見落とされがちであるが、それゆえに重要である。(9)

ここで注目すべきなのは、ひとたびメディアのありようが定着してしまうと、そのメディアが生成過程においてはらんでいたさまざまな可能的様態と歴史社会的な契機は、驚くほど簡単に、人々の意識のなかから姿を消していく傾向があるということである。たとえば、ほとんどの人々は、電話が「テレフォン・ヒルモンド」にみられるようなエンターテイメント・メディア、ニュース・メディアとしてはらんでいた可能性を、ラジオ無線が実用化されたさい、すでに忘れてしまっていた。当時、そうしたビジョンはデービッド・サーノフの「ラジオ・ミュージック・ボックス」ぐらいしか見当たらない。AT&Tにおいても、あらかた失われていた。このために、AT&T

は「有料放送」を開始した後も、ラジオをマス・メディアとしてとらえることができずに、ずいぶん試行錯誤をくり返したのである。

想像力の隠蔽

これは驚くべきことである。

社会的想像力と歴史社会性の隠蔽は、定着した様態のもとでのメディアの実体性、自明性、正統性の獲得と並行して生じる。「ネットワーク・スポンサード・システム」の定着によって、ラジオがナショナル・メディアであることが当たり前のこととして受けいれられるようになるうちに、アマチュア無線家が夢中になっていたエーテルのなかのコミュニティ意識や、短波によるグローバル・コミュニケーションの可能性は、ごくマニアックな趣味の世界だというレッテルを貼られてしまい、ひろく社会の認知を受けることがなくなっていった。

自明性、正統性を帯びた先行メディアは、くり返しいうように新しいコミュニケーション・テクノロジーの動向にたいして影響力を行使する。テレビジョンは、ラジオと変わらぬほどの昔に構想されていたが、大恐慌をきっかけとするラジオの産業的確立によって抑圧され、ラジオの発展形態として枠づけられた。テレビジョンの側からするならば、ラジオはその自発的な発達を阻害したといえる。同じようにして、こんどはテレビジョンの一九五〇年代以降の爆発的普及が、ケーブル・テレビの登場を遅らせた。ほぼ同時に構想されていたこれらのメディアは、通時的な時間軸の上に、順を追ってはり付けられていったのである。

一方で、逆説的な言い方になるが、ニュー・メディアは、いつでも突如として登場した新しい事象として知覚されることになる。テクノロジーやメディアについての私たちの観念は、歴史性や身体性を切りとられ、政治経済的に編制されるのである。そのことは、一九八〇年代初頭に「ニュー・メディア論」が、官民あげてナイーブに喧伝されたことを思いだしてみれば明らかだろう。あのときイメージされていたメディアとは、およそつぎのようなものであった。オフィスから家庭へ、都会から地方へとＩＳＤＮ（総合デジタル通信網）がはりめぐらされ、大型コンピューター・システムを中心としてパソコンやビデオテックス、テレビ電話のような情報端末がむすびつけられていく。私たちは緑ゆたかな郊外住宅にいながらにして、こうした情報ネットワークを利用してさまざまなニュースや情報にアクセス可能となり、都心の本社ビルに通うこともなく仕事をこなすことができる。アルビン・トフラーの「エレクトロニック・コテージ」という造語は、こうした情景をみごとに象徴していた(10)。

私たちは、この情景をまったく新しいもののように受けとったのではなかっただろうか。だが、歴史的にみればこれはけっして新しいビジョンではない。たとえば、一八八九年のはじめ、『エレクトリカル・レビュー』誌は、一〇〇〇年後のある著名なアメリカのジャーナリストの一日を描いたジュール・ベルヌの短編小説を、つぎのように要約している。

編集者が世界を統率する。彼は他国政府の閣僚の訪問を受け、国際紛争を調停する。彼は、すべての芸術と科学のパトロンであり、すべての優れた小説家を支えている。パリまでの電話回線をもっているだけではなく、その電話回線では、ニューヨークの書斎から話し相手のパリジャンの姿をみることができるのだ。広告は、一瞬のうちに人々に向けて流される。記者たちは、出来事を何百万人もの電話加入者たちに口頭で伝える。そしてもし、加入者が飽きてきたり、忙しかったりしたらば、電話に蓄音機を接続して、暇なときにニュースを聴くこともできる。シカゴで火災が猛威をふるっていたら、ニューヨークの加入者たちは、目撃者の描写を聴くことができるだけではなく、電話を通してその炎をみることもできるのだ。(11)

ひょっとすると私たちは、一〇〇年の歳月を隔てて、コミュニケーション・テクノロジーやメディアをめぐる「古くからある新しい夢」をみさせられているのではないだろうか。

揺らぎとメディア論の覚醒

電話や新聞、ラジオのようなメディアは、そのありようが生活文化のなかで安定しているあいだは、とくに意識にのぼるものではない。人々が気にするのは、メディアの中身、メッセージの方である。

たとえば日本人にとって、電話とは長いあいだ居間の片隅や玄関にレースを敷いて置かれている「黒電話」のことであった。また、仕事や用たしのための道具であると、当たり前のことのように思われてきていた。そんな「透明な道具」であったはずの電話の社会的様態が、ここ数年揺らぎはじめている。一九八五年に電電公社が民営化し、市場競合する第二電電などが登場、端末市場が開放されデパートや量販店にさまざまな電話機がならぶようになると、電話機は公社という「おかみ」のようなところから拝借している端末機から、選択可能な「商品」へと、その記号の意味を転換させてしまった。メッセージも、受話器を通したパーソナルな会話から、さまざまな情報サービスへと拡大し、長電話もたんに無駄な電話の使い方だとして切り捨てられることもなくなってきている。[12] こうした過程で、はじめて電話はメディアとして分析的にとらえられることになった。電話にかぎったことではない。テレビでも、パーソナル・コンピューターでも、ほぼ同様のことが生じている。一九八〇年代後半から、ベンヤミンやマクルーハン、さらには中井正一らが再評価され、雑誌の特集記事などでとりあげられることが多くなってきたことも、一連の動きのなかに位置づけることができるだろう。

メディアの揺らぎが、メディア論を覚醒させる。マルクスが交通（フェルケール）を語るとき、彼の目の前には一九世紀のイギリスでつぎつぎと拡張されていく鉄道網があった。クーリーが、プライマリー・グループを操作的に定義し、コミュニティを超えたシンパシーのひろがりをとらえた背景には、ウエスタン・ユニオン社により電信ネットワークが大陸に縦横にはりめぐらされ、ニュー・メディアであった電話が登場しつつあるテレ・コミュニケーションの具体的な発展過程があった。ベンヤミンは、写真と映画を素材として思索した。アドルノが目撃し、批判した大衆的な音楽文化とは、ニューヨークやシカゴで黄金時代を迎えていたラジオ文化にほかならない。アドルノとは対照的に、そうしたアメリカの大都市文化や情報環境を、ある意味で無批判的に研究対象として受けいれたとされるラザースフェルドも、実証的マス・コミュニケーション研究、社会心理学的調査のはじまりを告げる記念碑的なプロジェクトにおいて、やはりこのメディアをとりあげた。アドルノとラザースフェルドは、早々に袂を分かっていくことになるが、どちらの思想や理論形成にとっても、アメリカのラジオという具体的なメディアの台頭が不可欠であったのである。そして、敬虔なカトリック教徒であり、英文学者であったマクルーハンが、エレクトリック・メディアに言及するようになった最大のきっかけは、テレビジョンの登場だったはずである(13)。

しかし、メディア論が、メディアの揺らぎの期間にしか、また非日常化したメディアの様態によってしか意識化されない傾向には問題もある。メディアの変わりゆく部分にだけ注意が集中してしまい、それがもつ歴史社会性がそぎおとされたり、技術決定論的な立場がとられがちだからである。とくに、近年の傾向では、エレクトロニック・メディアの変化の部分、つまりハイパー・メディアやマルチ・メディアにおいて象徴的に語られているような先端的な領域にたいする技術情報ばかりが先行している。重要なのは、非日常化した時点でのメディアの表層の動態だけではない。それまで意識されないでいた日常的なメディアの体制的構造性や、生活文化に組みこまれたメディアが発揮する広義の政治経済性もまた、対象化してとらえていく必要があるのだ。この視点が抜けおちると、メディア論は、私たちのメディア・イメージと同様、想像力や歴史社会性を欠落させたまま、ときどきの条件によって現われたり、消えたりするあだばな的な議論に終始してしまう危険性があることを忘れてはならない。

連関から融合へ

ここまでの議論は、歴史社会的な視点から、メディアの動態とそれをめぐるメディア論について、とくに一般化して見いだすことができるパターンに着目してきた。二〇世紀前半に確立したラジオをめぐるメディア体制は、基本的にはテレビジョンの時代にも存続し、今日にまでいたっている。しかし、もちろんラジオと、世紀末を迎えた今日のメディア状況を重ねあわせてみると、大きな違いもみえてくるのである。それは、メディア相互の関係性が、デジタル・インテグレーションのもとで、連関から融合へと変化した点である。

ラジオは、はじめて異業種間の有機的連関を引き起こしたメディアであった。「一九一九―一九二一年相互特許協定」、「一九二六年相互特許協定」は、電気機器メーカー、無線会社、電信・電話会社、海運業者など、それまでたがいに関係のない領域においてそれぞれへゲモニーを握っていたビッグビジネスが、新規参入者を寄せつけないために関係性を強固なものにするコングロマリットのプロトコルだったということができる。また、ラジオ放送の社会的な定着によって、ボードビル・ショー、ジャズ、ドラマ、スポーツなどの大衆文化の諸領域は、編成の帯のなかに横ならびに組みこまれ、相互に関係性を生じさせた。そうしたことは、ハリウッドのような総合的なソフト産業基地を発展させる要因となったのである。

それでも、ラジオをめぐるコングロマリットは、それぞれ別々の論理にしたがう組織集団の束、あるいは異なるモード（様式）のメディアが束になった状態にとどまっていた。これにたいして、現在進行しているマルチ・メディアの国際的コングロマリット、たとえば高品位テレビジョンの規格統一は、文字どおり「モードの融合」のうえで生起している。とくに、一九九一年の暮れ以来、IBMとアップルを中心に、ソニー、シャープ、東芝といった日本のハードウエア・メーカーをまきこんで進行しているマルチ・メディアの国際的コングロマリットは、デジタル・インテグレーションという技術的趨勢のなかで、それぞれが個別の利権獲得をめざしつつも、経済原則にしたがった力学のなかで領域全体が溶解していくような状況にある。現代のメディア産業は、異なるモードのメディアが束になったような状態を超えて、ある新しいテクノロジーやメディアをめぐって、モードを共有し、市場競合していくような地点にまできてしまったのである。こうなると、既存のニッチの特性をいかした競合ではなく、資本力の差が前面に押しだされる可能性が高まってくる。(14)

さらに、ラジオの時代の連関は、産業・政策的次元にとどまっていた。いわば、送り手の構造のなかでの出来事だった。受け手にとっては、ラジオはラジオ、映画は映画だったのである。それはテレビジョンの時代においても大きな変わりはなかった。ところが、マルチ・メディア、ハイパー・メディアでは、メディアと人々のインタラクションの次元、すなわち端末インターフェイスの次元においても融合状況が現われてくる。融合は連関にくらべ、より多元的、重層的に生じつつある。

注目しておくべきなのは、コンピューターがテレビのブラウン管の背後にもぐりはじめている現象である。これまで、マルチ・メディア、ハイパー・メディアは、パソコンの展開の系譜上で想像され、新しいメディア機器として想定されていた。しかし、それらはテレビの延長上で社会的に定着していくのではないだろうか。テレビというマス・メディアが形成しているメディア空間の大衆性・市場性に、結局パーソナル・コンピューターの理念は組みこまれていくのではないだろうか。その萌芽は、すでにテレビ・ゲームやカラオケといった周縁的なメディアの様子にみてとることができる。アップルがはっきりと打ちだした情報家電としてのコンピューターの近未来、「ハイパー・テレビ」、「スマート・テレビ」といったコンセプトは、新しいメディアの現実的な様態を指し示している。

かつてラジオは、インダストリアル・デザインを施されてリビングへと侵入した。アマチュア無線家たちは、そのことに大いに失望し、ラジオ無線が体現していたテレ・コミュニケーションの理念の堕落だととらえていた。また、小窓のついたラジオとしてテレビジョンが定着したとき、放送とは別の映像コミュニケーションの可能性は切り捨てられていった。同じように、今日まで、パーソナル・コンピューティング、思考のための道具としてのハイパー・メディアの理念を信じてきた人々は、電子テクノロジーの可能性がリビングに置かれる世俗的なテレビに接合されることを、面白くは思わないはずだ。逆にいえば、コンピューターがテレビにもぐりこむことの市場性は、きわめて大きいといわなければならない。

そして、これまで放送系のテクノロジーとして開発されてきた高品位テレビもまた、この動向のなかにとりこまれていく。FCCが打ちだした、すべての処理過程をデジタルとする高品位テレビとは、やはりコンピューターとの接合を想定せずには出てこない発想であろう。問題は、走査線の数や画質といった技術項目ではなく、新しいメディアの具体的な社会における受けとられ方にある。

メディアの生成

本書では、今世紀初頭のアメリカにおけるラジオの誕生と、それがマス・メディアとして確立していく過程をあつかってきた。ラジオは当初、一九世紀に登場した電信、電話、蓄音機、映画といったさまざまなエレクトリック・メディアと同様に、情報を電気的に蓄積、加工、伝達したりするための道具として開発された。テレビジョンも同時期に夢見られていた。やがてラジオは、電信、電話のアナロジーでとらえられ、テレ・コミュニケーション手段として枠づけられることになった。しかし、第一次世界大戦の後、大衆消費社会状況の展開のなかでエンターテイメントやニュースを「ブロードキャスト」するためのメディアとしての可能性が見いだされると、急速に家庭に普及していく。それとともに、産業的には、全日総合編成体制を組んだ「ネットワーク・コマーシャル・システム」として確立し、制度的にも放送という実体性を帯びるようになっていった。ラジオは、ようやく一九三〇年代に入って、今日私たちがイメージしている意味でのラジオ、あるいはテレビジョンの前段階の放送メディアとしての自明性を獲得するようになったのである。

ここまでの議論をふまえて、一九世紀以降のエレクトリック・メディア、そしてエレクトロニック・メディアの展開をみわたす視座を示したのが、**図表37**である。一九世紀後半にまでさかのぼることができるラジオの生成過程は、メディアをめぐる社会的想像力と産業的編制との攻防のなかで展開してきたということができる[15]。従来の研究では、この時期は、マス・メディアとしてのラジオの確立過程だとする視座に立って論じられることが多かった。すべての歴史社会的な要因は、今日当たり前のものとして確立しているラジオ、あるいはテレビジョンの様態を生みだすために、予定調和的に選択され、作用してきたという見方である。

ところが今日、そうした自明性が崩壊し、メディアの新たな構造変容が現実化している。この状況を読み解くために改めて検討してみると、ラジオというメディアが、多様な要因が偶然のむすびつきをくり返すなかでしだいに社会的様態を固めてきていたこと、そしてさまざまな可能的様態は、確立した産業体制のすきまで微かな光を放

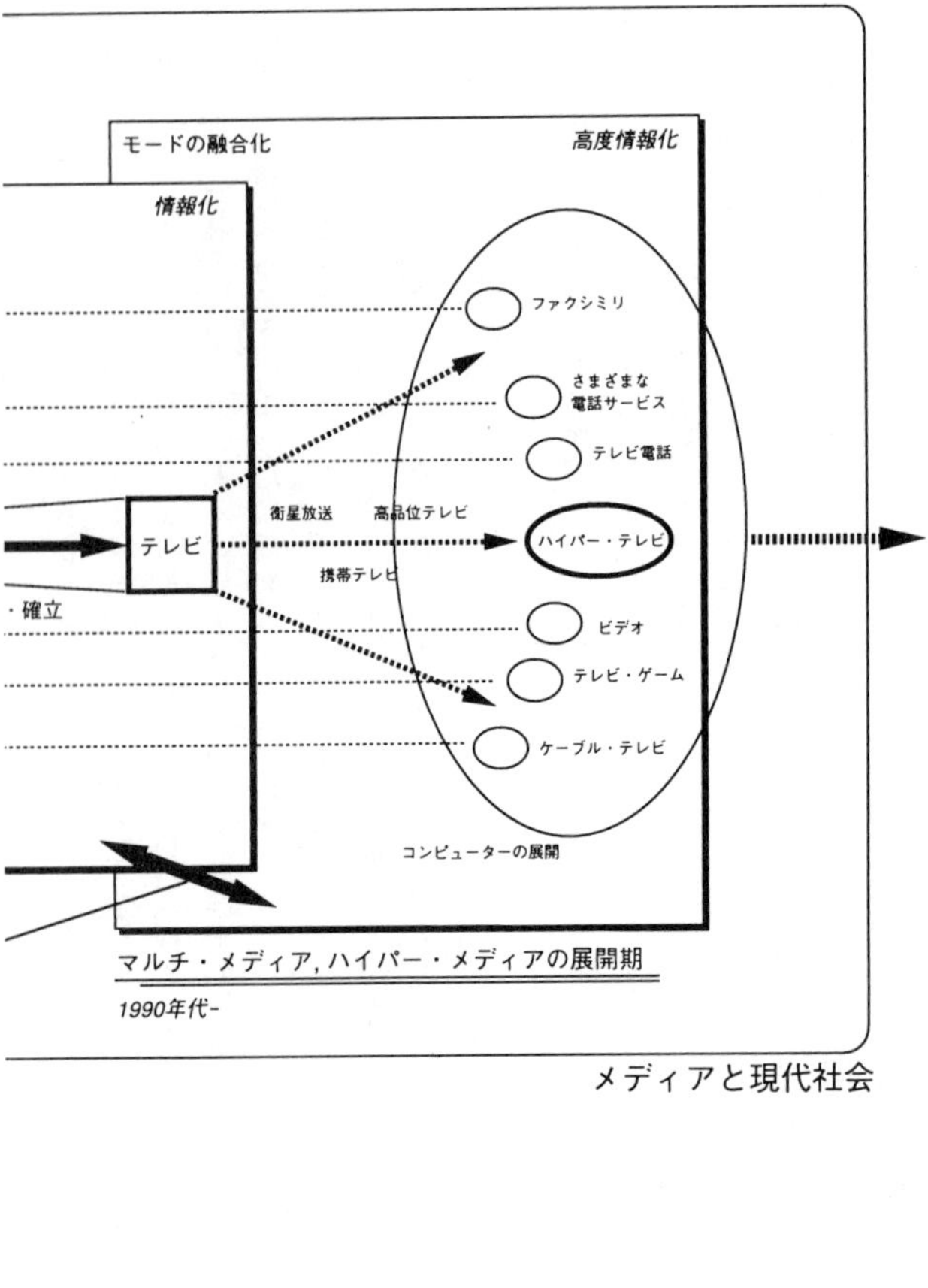
モードの融合化
高度情報化
情報化
ファクシミリ
さまざまな
電話サービス
テレビ電話
衛星放送
高品位テレビ
テレビ
ハイパー・テレビ
携帯テレビ
・確立
ビデオ
テレビ・ゲーム
ケーブル・テレビ
コンピューターの展開
マルチ・メディア，ハイパー・メディアの展開期
1990年代-

メディアと現代社会

図表37　放送メディアをとらえる歴史的射程

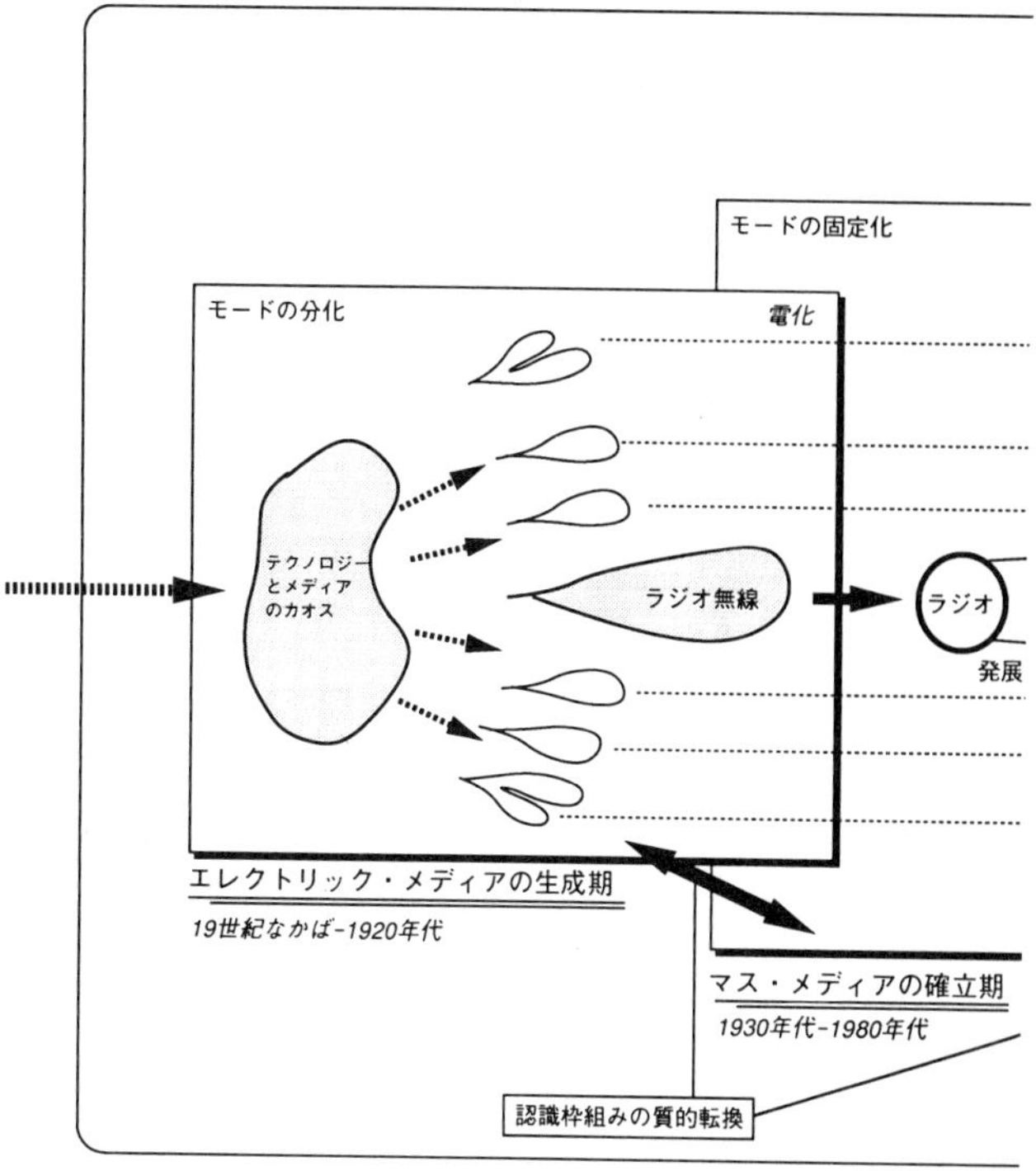

ちつつ命脈を保ってきていたことが明らかになってきたのである。アメリカでは今日でも、一万を超えるラジオ局が免許を受けているが、その大半はコミュニティに散在して、始原的なコミュニケーションの楽しみを日々人々に与えている。一九七〇年代にフランスやベネルクス諸国に顕在化した自由ラジオもまた、こうした系譜上に位置づけてとらえることができる。そして、パーソナル・コンピューター、パソコン通信、バーチャル・リアリティ・システムといった新たなメディアの展開が、そのようなラジオのアクティビティを支えた集団のなかから生じていることを見逃すべきではないだろう。

一方で、第一次世界大戦を契機として確立されたＲＣＡを中心とするラジオの産業的体制は、三大ネットワーク体制の確立、ケーブル・テレビや衛星放送の台頭のもとで、その存在様式を変化させながらも権力を失いはしなかった。むしろ、コミュニケーション・テクノロジーが高度なものになり、ソフトウエアの開発費用が莫大なものになるにしたがって、マス・メディア産業はさらに大きな影響力をもつようになってきていると、みることもできる。

ラジオは、エーテルをめぐる想像力に富んだ、マニアックでブリコラージュ的な喜びや遊びの精神と、商品化されたソフトウエアを大衆に向けて供給しつづける産業的システムとの絶え間ないせめぎあいのなかで成立してきた。メディアは、世界を枠づける道具であると同時に、私たちが世界にはたらきかけるための道具として機能していくような多義性をもたなければならない。新たに胎動しつつあるハイパー・テレビをはじめとするエレクトロニック・メディアは、はたしてそのような緊張関係を失わずに展開していくことができるだろうか。ふたたび生起しつつあるメディアの生成の場をただ眺めているだけではなく、私たちは主体的に参加していかなければならない。

註

序章

（1）詳しくは、石坂悦男ほか編（一九九三年）に所収、水越伸「八〇年代のメディア変容とメディア論の構図——非マス・メディア系情報媒体を包括する研究枠組みの展望」を参照。

（2）小林宏一「映像文化の現在に関する覚書」『思想』一九九二年七月号、二〇六〜二一四頁を参照。

（3）こうした観点からの批判的検討としては、Slack, Jennifer Daryl and Fred Fejes, eds., 1987 が参考となる。

（4）この点に気づいたうえでのメディア、コミュニケーションについての歴史社会的探求としては、Pool, Ithiel de Sola, 1983; Beniger, James R., 1986; Winston, Brian, 1986 などをあげることができる。

（5）こうした姿勢は、いわば技術決定論にたいする批判理論のなかに見いだすことができる。とくに、Williams, Raymond, ed. by Ederyn Williams, 1990 は示唆的である。また、Inglis, Fred, 1990 も参照。

（6） Williams, *op. cit.* を参照。また科学者、技術者集団を閉鎖的な専門家集団とみなすことじたいにひそむイデオロギーを批判的に問う議論は、科学社会学、技術社会史などを中心に進められているSTS（Science, Technology and Society）研究のなかで展開されている。

（7） Dimmick, John and Erick Rothenbuhler, 1984, pp. 103-119 を参照。

（8） たとえば、日本民間放送連盟放送研究所編（一九八七年）を参照。

（9） 郵政省放送行政局監修（一九八七年）を参照。

（10） Williams, *op. cit.*; Barwise, Patrick and Andrew Ehrenberg, 1988 を参照。

（11） テレビというメディアの解体については、浜野保樹（一九八八年）、水越伸「エレクトロニック遊具とメディアの生成発展——『ファミコン』普及の再検討を通じて」東京大学新聞研究所編（一九九〇年）二九七〜三二七頁などを参照。

（12） Barnouw のアメリカ放送史の三部作のように、メディアの社会史的な視点を備えた、優れて総合的な成果があることも忘れてはならない。Barnouw, Erik, 1966, 1968, 1970.

第Ⅰ章

（1） Harlow, Alvin F., 1936, p. 455 による。

（2） Barnouw, Erik, 1966, p. 20 を参照。

（3） *Ibid.*, p. 25 による。

（4） Greb, Gordon B., 1958, pp. 3–13; Smith, R. Franklin, 1959, pp. 40–55; Baudino, Joseph E. and John M. Kittross, 1977, pp. 61–83などを参照。
（5） 国際電気通信条約における「放送」の規定、合衆国通信法第三条（○）項、日本の放送法第二条第一項などを参照。
（6） メディアとしての電話の初期の可能性については、吉見俊哉・若林幹夫・水越伸（一九九二年）の第五章「失われたメディア・ビジョン――電話の自明性の成立」一九三～二三七頁が詳しい。
（7） Rhodes, Frederick Leland, *Beginnings of Telephony*, New York: Harper & Brothers, 1929, pp. 26–30; Barnouw, *op. cit.*, p. 8による。
（8） ベルの生涯については、ブルース〔Bruce, Robert V.〕（一九九一年）が詳しい。一五～二一頁を参照。
（9） 同前書、四四～四八頁を参照。
（10） 同前書、五五頁による。
（11） 同前書、一一三頁を参照。
（12） Harlow, *op. cit.*, pp. 340–363, ブルース、前掲書、一五八～一八八頁、およびブルックス〔Brooks, John〕（一九七七年）五三～六五頁を参照。
（13） Harlow, *op. cit.*, p. 366による。
（14） ブルース、前掲書、二一八頁による。
（15） Marvin, Carolyn, 1988, pp. 222–223を参照。

(16) Banning, William Peck, 1946, pp. 3-4による。
(17) Briggs, Asa, "The Pleasure Telephone: A Chapter in the Prehistory of the Media," in Pool, Ithiel de Sola, ed., 1977, pp. 40-65を参照。
(18) ヒルモンドとはマジャール語で、村の中央から、村人すべてに聞こえるようにニュースを叫ぶ中世の触れ役のことであった。Marvin, *op. cit.*, p. 223を参照。
(19) 電話交換システムは、電話が真のテレ・コミュニケーション・メディアとして発達するために不可欠のシステムであった。ベルが開発したのは、いわばインターフォンであり、電話交換がなければネットワーク装置とはなりえなかったのである。電話交換の発想と、テレ・ディフュージョンの発想とは、きわめて類縁性があったのではないだろうか。*Ibid.*, p. 223を参照。
(20) Lukacs, John, 1988, pp. 60-61を参照。
(21) Marvin, *op. cit.*, pp. 222-228を参照。
(22) *Ibid.*, pp. 228-229を参照。
(23) プール〔Pool, Ithiel de Sola〕(一九八八年)四二～四三頁を参照。
(24) Marvin, *op. cit.*, p. 230を参照。
(25) 蓄音機の初期の展開については、Read, Oliver and Walter L. Welch, 1959, 細川周平(一九九〇年)を参照。
(26) プール、前掲書、三六頁を参照。
(27) スクラー〔Sklar, Robert〕(一九八〇年)三一～四九頁を参照。

(28) 電気そのものも、初期の段階では手に触れたり眼で見たりすることができない存在であったため、さまざまな方法で具現化する努力がはらわれるとともに、社会的なメディアとして意味づけられる過程を経てきていた。その点では、今日社会的インフラストラクチャーとしてとらえられている電力供給システムは、電信などのテレ・コミュニケーション・システムと並列的な位置づけから出発していたのである。電気、電化の社会史的検討については、Nye, David E., 1990が興味深い。その時期にエジソンが果たした役割については、Millard, Andre, 1990を参照されたい。

(29) Czitrom, Daniel J., 1982, pp. 3–14, pp. 60–71を参照。

(30) 有線電信の実用化の過程については、Vail, Alfred, *The American Electro-Magnetic Telegraph: With the Report of Congress, and a Description of All Telegraphs Known, Employing Electricity or Galvanism*, 1845; Vail, Alfred, ed. by Vail, J. Cummings, *Early History of the Electro-Magnetic Telegraph from Letters and Journals of Alfred Vail*, 1914ともにVail, Alfred, 1974に所収。Harlow, *op. cit.*, pp. 35–78も参照。

(31) 電磁波理論、ラジオ無線理論については、Aitken, Hugh G.J., 1976を参照。一般的な入門書としては、徳丸仁（一九七八年）、山川正光（一九九〇年）などがある。

(32) ここでの微妙な意味合いを帯びた「エーテル」という言葉を、あえて日本語にするならば「大気」ということになるのだろう。以後の文章では、文脈に合わせて「エーテル」あるいは「大気」と称することとする。ラジオにはじめて接した人々が、エーテルを渡る声を宗教的な感覚でとらえた状況については、Barnouw, *op. cit.*, pp. 21–

27; Covert, Catherine L., "We May Hear Too Much: American Sensibility and the Response to Radio, 1919-1924," in Covert, Catherine L. and John D. Stevens, eds., 1984, pp. 201-204 が参考になる。

（33） バシュラール〔Bachelard, Gaston〕（一九六八年）を参照。バシュラールの見解にしたがえば、エーテルやテクノロジーといった新しい事象は、その実在に先んじて、それらが夢見られ、想像される過程があるということになる。

（34） Crookes, William, "Some Possibilities of Electricity," *Fortnightly Review*, Vol. 51, 1892, p. 174; Czitrom, *op. cit.*, p. 63 による。

（35） マルコーニは、きわめて経営感覚に優れた発明家であった。彼の研究開発とマルコーニ社の展開については、Dunlap, Orrin E., Jr., 1937; Schubert, Paul, 1928, pp. 3-21 に詳しい。

（36） クーリー〔Cooley, Charles Horton〕（一九七〇年）を参照。

（37） ブルックス、前掲書、一七七〜二二三頁、Brock, Gerald W., 1981, pp. 148-176 を参照。

（38） Banning, *op. cit.*, pp. 6-17 を参照。

（39） Marinetti, Filippo Tommaso, "L'immaginazione senza Fili e le Parole in Liberta: Manifesto Futurista," May 11, 1913, クリスポルティ、エンリコ、井関正昭監修（一九九二年）二六九〜二七七頁に所収。

（40） 同前書、二六九頁による。

(41) 同前書、二七三頁による。

(42) Biocca, Frank A., 1988, pp. 61–79; Biocca, 1990, pp. 1–15を参照されたい。

(43) タイタニック号事件のさいにラジオ無線が果たした役割の大きさが認識された。それをきっかけに、もっとも初期のラジオ・コミュニケーションを対象とした法律である「一九一〇年船舶無線法」が改正され、「一九一二年無線法」が生みだされている。

(44) サーノフ〔Sarnoff, David〕（一九七〇年）三五〜三八頁による。

(45) この間の経緯については、Schubert, *op. cit.*, pp. 58–134; Federal Communications Commission, 1941, pp. 9–10を参照。

(46) Schubert, *op. cit.*, pp. 135–159; Douglas, Susan J., 1987, pp. 240–291を参照。

(47) Douglas, *op. cit.*, pp. 240–291を参照。

(48) リップマン〔Lippmann, Walter〕（一九八七年）一三〜五一頁を参照。

(49) Harbord, J. G., "Radio in the World War and the Organization of an American-Owned Transoceanic Radio Service," in Harvard University, Graduate School of Business Administration, 1928, pp. 67–96を参照。

(50) Schubert, *op. cit.*, pp. 160–165.

(51) Barnouw, *op. cit.*, p. 55.

(52) 連邦取引委員会（Federal Trade Commission: FTC）は、第一次世界大戦から、RCA設立にかけての経緯を、独占禁止法違反の観点から慎重に調査・検討し、一九二四年には報告書を刊行している。Federal Trade Commission, 1924, pp. 18–21を参照。

(53) *Ibid.*, p. 12.

(54) *Ibid.*, pp. 39–68.

(55) *Ibid.*, p. 20.

(56) AT&Tからすると、「無線電話（radio telephony）」は、一九二〇年代に有線電話の長距離ネットワークの潜在的脅威となっていた。それはちょうど「有線電話」が一八七九年に「有線電報」の競合通信手段となったことと、同位相の状況であった（Brock, *op. cit.*, pp. 122–125）。

(57) 入江節次郎・高橋哲雄編（一九八〇年）三一頁。

(58) アメリカ合衆国商務省〔U.S. Department of Commerce〕（一九八六年）Ⅱ巻、八六七頁。この文献は、邦訳であるが、原本の誤謬の修正と新しいデータの補足がなされているため、こちらの方を用いることにする。

(59) 同前書、六八〇～六八一頁。

(60) 白髭武（一九七八年）一七〇頁。

(61) 塩見治人・溝田誠吾・谷口明丈・宮崎信二（一九八六年）三〇五頁。

(62) シャノン〔Shannon, D. A.〕（一九七六年）五三～六九頁。

(63) 向山巌（一九六六年）一八～二二頁。また、シャノン、前掲書、一四一～一四二頁を参照。

(64) アメリカ合衆国商務省、前掲書、七一六頁。

(65) 同前書、六一八頁。

(66) 同前書、七〇〇頁、八二八頁。

(67) FTC, *op. cit.*, p. 36.

第Ⅱ章

(1) *Pittsburgh Sun*, September 29, 1920. 引用はBarnouw, Erik, 1966, p. 68による。

(2) フランク・コンラッドとKDKAの展開については、Douglas, George H., 1987, pp. 1–22を参照。

(3) White, Llewellyn, 1947, p. 12による。

(4) Barnouw, *op. cit.*, pp. 68–69; Douglas Susan J., 1987, pp. 1–22などを参照。

(5) Archer, Gleason L., 1938, pp. 215–216; Barnouw, *op. cit.*, pp. 83–85を参照。

(6) Douglas, *op. cit.*, p. 23.

(7) *Ibid.*, pp. 1–2.

(8) *Ibid.*, p. 1.

(9) Federal Trade Commission（以下、FTCと略）, 1924, pp. 46–49を参照。

(10) Archer, *op. cit.*, pp. 219–220を参照。

(11) *Ibid.*, pp. 258–259を参照。

(12) Banning, William Peck, 1946, p. 87を参照。

(13) FTC, *op. cit.*, pp. 36–38を参照。

（14） Covert, Catherine L., "We May Hear Too Much: American Sensibility and the Response to Radio, 1919-1924," in Covert, Catherine L. and John D. Stevens, eds., 1984, pp. 201-204を参照。コバートによれば、エーテルにたいするこのような社会観念は、技術者志向の者ほど強くもっていた。初期のラジオにたいする関心は、科学と神秘の融合した、中世的な技術観のもとで生じていたのである。新しいテクノロジーが、社会に引き起こす身体感覚の変容については、Schivelbusch, Wolfgang, 1977を参照されたい。

（15） Harvard University, Graduate School of Business Administration, 1928, pp. 157-158を参照。

（16） Covert and Stevens, eds., *op. cit.*, pp. 199-220を参照。

（17） *Ibid.*, p. 204による。

（18） 同様のことはパソコン通信においても生じている。一九八〇年代前半までにBBSなどを開設していたネットワーカーたちの多くは、パソコン通信の大衆化、俗化とともに生じた、無目的な楽しみのための埋め草としての利用が増えていくことにたいして、二〇年代のアマチュア無線家たちときわめてよく似た失望感、喪失感を抱いている。水越伸（一九九二年）一〇三〜一一八頁を参照。

（19） Banning, *op. cit.*, p. 22による。

（20） Covert and Stevens, eds., *op. cit.*, p. 215.

（21） *Ibid.*, p. 204を参照。同様の視点からラジオの私的空間へのとりこまれ方を論じたものに、Moores, Shaun, 1988, pp. 23-40がある。ミシェル・フーコーが指摘したとおり、家庭空間の変化には、近代社会の歴史的編制の様態が具現化されているのだ（Foucault, Michel, ed. by Colin Gordon, 1980を参照）。

(22) Clarke, Arthur C., 1989を参照。ただし、クラークがSFやニュー・テクノロジーに夢中になりはじめるのは、一九三〇年代に入ってからのことである。

(23) Dulles, Foster Rhea, 1965, p. 329を参照。

(24) Archer, *op. cit.*, p. 203を参照。

(25) アレン〔Allen, Frederick Lewis〕（一九八六年）一五九頁を参照。

(26) Boorstin, Daniel J., 1973, pp. 89-157を参照。ブーアスティンは、このなかでラジオがアメリカ人の新しいコミュニケーション形式を生みだしたことに言及している。

(27) アメリカ合衆国商務省〔U.S. Department of Commerce〕（一九八六年）Ⅱ巻、一一頁。

(28) この状況については、コンバース〔Converse, Paul D.〕（一九八六年）五五〜七八頁、Lynd, Robert S. and Helen Merrell Lynd, 1929, およびアレン、前掲書を参照。

(29) ロストウ〔Rostow, W. W.〕（一九六一年）一〇五頁による。

(30) マイヤー、ポスト〔Mayr, Otto and Robert C. Post〕（一九八四年）一九七〜一一七頁。

(31) ヴェブレン〔Veblen, Thorstein〕（一九六一年）を参照されたい。

(32) アレン、前掲書、七七頁による。

(33) レイトン〔Leighton, Isabel〕（一九七九年）一六九〜一九八頁を参照。
(34) アレン、前掲書、七九頁による。
(35) 平井正ほか（一九八三年）一五八〜一六一頁を参照。一九二〇年代のスキャンダル事件については、アレン、前掲書、二一二〜二一七頁を参照。
(36) Mott, Frank Luther, 1950, pp. 666-673を参照。
(37) 新聞とラジオの関係の変遷は、Chester, Giraud, 1949, pp. 252-264を参照。
(38) スクラー〔Sklar, Robert〕（一九八〇年）九一〜一一三頁を参照。
(39) 同前書、一二三〜一三〇頁を参照。
(40) Sterling, Christopher H. and John M. Kittross, 1990, p. 132を参照。
(41) Harvard University, *op. cit.*, pp. 253-254を参照。
(42) Stokes, John W., 1986, pp. 89-133; Sterling and Kittross, *op. cit.*, pp. 79-81を参照。
(43) Archer, Gleason L., 1939, p. 16を参照。
(44) Wertheim, Arthur Frank, 1979, pp. 3-17を参照。
(45) Banning, *op. cit.*, pp. 146-147; Barnouw, *op. cit.*, p. 158を参照。
(46) Wertheim, *op. cit.*, pp. 8-9を参照。同様のことは、日本の寄席芸とラジオのあいだでも見受けられた。井上宏「寄席からテレビへ」守屋毅編（一九八九年）二五六〜二六〇頁を参照。
(47) Nye, Russell B., 1970, pp. 139-198を参照。
(48) Wertheim, *op. cit.*, pp. 14-17を参照。

(49) Banning, *op. cit.*, pp. 145-149 を参照。
(50) Barnouw, *op. cit.*, pp. 81-82 を参照。
(51) *Ibid.*, p. 192 を参照。
(52) Douglas, *op. cit.*, pp. 3-28 を参照。
(53) Czitrom, Daniel J., 1982, pp. 14-29 を参照。

第Ⅲ章

(1) Banning, William Peck, 1946, p. 59 による。本書は、AT&Tがラジオ放送へ進出し、撤退するまでの状況について、もっとも詳細に記述されている資料的価値の高い文献である。
(2) ブルックス〔Brooks, John〕（一九七七年）二三〇〜二四八頁を参照。
(3) 同前書。引用は原著 pp. 164-165 による。
(4) Banning, *op. cit.*, pp. 67-69 を参照。
(5) Douglas, George H., 1987, p. 128 を参照。当時はまだ録音技術が放送に耐えるほどの水準にたっしていなかったことも、「遠隔放送」にたいする需要を生みだしたと思われる。
(6) Banning, *op. cit.*, p. 90 を参照。
(7) *Ibid.*, pp. 158-161 を参照。
(8) *Ibid.*, pp. 164-166 を参照。

(9) *Ibid.*, pp. 177–178を参照。
(10) *Ibid.*, pp. 178–179; Archer, Gleason L., Spring 1960, pp. 110–118を参照。
(11) Banning, *op. cit.*, p. 158を参照。
(12) *Ibid.*, pp. 153–154を参照。
(13) *Ibid.*, pp. 216–236を参照。
(14) Federal Communications Commission（以下、FCCと略）, 1941, pp. 12–14を参照。
(15) Sterling, Christopher H. and John M. Kittross, 1990, p. 67を参照。

AT&Tの戦略としては、*Radio Bulletin*, Vol. 4においてつぎの三点があげられている。第一に、ベル・システムは、公共サービスとして放送事業社に回線提供をみずから進んで申しでたりしない。第二に、そのようなサービスを、既存の電話サービスへの干渉がないような領域では提供する。第三に、アメリカの会社の特許において、現在許可されていない、放送局免許のための規律を設ける。

(16) Archer, Gleason L., 1939, p. 253を参照。
(17) Archer, Gleason L., 1938, pp. 344–345を参照。ただし、AT&Tの主張は、特許協定参加社が経営する放送局にたいしては効力をもっていたが、その他の局では無視されることが多かった。また、アーチャー（Archer, 1938, 1939）は、ラジオ・グループに好意的な立場から論述していることには注意が必要である。逆に、バニング（Banning）はAT&Tの広報担当副社長補佐にまで上りつめた人物であり、当然のことながらテレフォン・グループに好意的な論述をおこなっている。

(18) Federal Trade Commission, 1924を参照。
(19) Banning, *op. cit.*, pp. 194–199を参照。
(20) AT&Tの対応については、Brock, Gerald W., 1981, pp. 161–174を参照。
(21) FCC, *op. cit.*, pp. 11–14.
(22) この間の経緯については、Barnouw, Erik, 1966, pp. 184–185を参照。
(23) この組織、およびNBC設立の経緯については、つぎの文献を参照した。Archer, *op. cit.*, 1939, pp. 225–249; Banning, *op. cit.*, pp. 279–294; Barnouw, *op. cit.*, pp. 172–188.
(24) FCC, *op. cit.*, pp. 7–8を参照。
(25) *Ibid.*, p. 8を参照。
(26) Archer, *op. cit.*, 1939, pp. 278–299を参照。
(27) Radio Corporation of America, ed., "Announcing the National Broadcasting Company, Inc.," 1926, in Gernsback, Hugo, ed., 1938, p. 516.
(28) Spalding, John W., 1963, pp. 31–43を参照。
(29) FCC, *op. cit.*, pp. 13–14.
(30) Jome, Hiram L., 1925, p. 70を参照。
(31) Public Law No. 264, August 13, 1912, 62nd Congress. *An Act to regulate radio Communication.*
(32) 二〇世紀初頭のアメリカ連邦政府が、ラジオ無線をどのように把握していたかについては、Inter-Departmental Board, "Wireless Telegraphy," 1904; Committee of the Post Office Department, "Government Ownership of Electrical Means of Communication," 1914（いずれもKittross, John M., ed., 1977所収）を参照されたい。また、プール〔Pool, Ithiel de Sola〕（一九八八年）九七〜一三五頁を参照。

（33）初期のコミュニケーションをめぐる制度の成立にかんしては、Inter-Departmental Board, *op. cit.*; Committee of the Post Office Department, *op. cit.*; "Regulation of Radio by the Department of Commerce, 1909-1932"（いずれもKittross, ed., *op. cit.* 所収）を参照。また、この課題を論じたものとしてHead, Sydney W., 1976, pp. 126-129; Du Boff, Richard B., 1984, pp. 52-66も参照。

（34）一九一三年に商務長官に名称変更、以後商務長官とする。

（35）Davis, Stephen, "The Law of the Air," in Harvard University, Graduate School of Business Administration, 1928, pp. 166-167.

「一九一二年無線法」は、第一条三項において、州内通信以外の目的のすべての無線局、無線士は商務労働長官の免許を受けること、第二条において、非常事態にさいしての通信停止、政府・各省の使用は大統領が指令できることを定めていた。

（36）フーバーの貢献と業績については、Jansky, C.M., Jr., 1957, pp. 241-249を参照。全米無線会議は完全に公的な集まりであったとはいいがたい。フーバーが重要と思われる人物を招集しておこなった、密室会議的な性格がぬぐいきれないものであった。

（37）第一回全米無線会議の経過については、*Radio Service Bulletin*, No. 72, April 2,

1923, in Kittross, ed., *op. cit.* を参照。また、会議全体の流れについての検討は、Sarno, Edward F., Jr., 1969, pp. 189–202, および井上泰三（一九六二年）九三〜一一八頁を参照。

（38） Hoover v. Intercity Radio Co./286 F. 1003. (D.C. Cir. 1923)/266 U.S. 636. (1924); Davis, *op. cit.*, in Harvard University, *op. cit.*, p. 167.

（39） Douglas, Susan J., 1987, p. 93を参照。

（40） *Ibid.*, p. 93.

（41） U.S. Department of Commerce, "Recommendations for Regulation of Radio Adopted by the Third National Radio Conference," 1924, in Kittross, ed., *op. cit.* を参照。

（42） *Ibid.*, p. 2による。

（43） *Ibid.*, p. 3, p. 13を参照。

（44） アメリカにおける独立行政委員会（The Independent Regulatory Commission）は、一八八七年の「州際通商法」にもとづいて「州際通商委員会」が設立されて以来、産業経済と公共事業の規制機能を果たしてきた。一九一三年には「連邦準備委員会」が設置されて、通貨および信用の統制と連邦準備制度加盟銀行の監督を開始し、翌年には不公正な商取引の規制、監督にあたる「連邦取引委員会」が設置されていた。

（45） United States v. Zenith Radio Corp., 12 F. 2d 614 (N.D. III 1926).

（46） Federal Radio Commission, *Annual Report of The Federal Radio Commission:*

1927, pp. 10–11 による。

(47) Schiller, Herbert I., 1969, p. 22 を参照。

(48) Public Law No. 632, February 23, 1927, 69th Congress. *An Act for the Regulation of Radio Communications, and for Other Purposes.* なお、「公衆の便宜、利益、必要」は一九三三年の「FRC v. Nelson Bros. Bond & Mortgage Co.」の判決で確認されている（289 U. S. 266）。

(49) *Ibid.*, Section 9.

(50) Robinson, Glen O., 1967, pp. 67–163, および井上泰三（一九六二年、一九六四年）を参照。

(51) Davis, W. Jefferson, "The Radio Act of 1927," in Lichty, Lawrence W. and Malachi C. Topping, 1975, pp. 556–557 による。

(52) Barnouw, *op. cit.*, pp. 211–219 を参照。

(53) Davis, *op. cit.*, in Harvard University, *op. cit.*, pp. 178–179 を参照。

(54) Barnouw, *op. cit.*, pp. 195–201 を参照。

(55) U. S. Department of Commerce, "Proceedings of the Forth National Radio Conference and Recommendations for Regulation of Radio," 1926, pp. 4–5, in Kittross, ed., *op. cit.* による。

(56) Public Law No. 416, June 19, 1934, 73rd Congress. *An Act to Provide for the Regulation of Interstate and Foreign Communication by Wire or Radio, and for Other*

Purposes.

第Ⅳ章

（1） アレン〔Allen, Frederick Lewis〕（一九八六年）一六五～一六六頁による。
（2） シャノン〔Shannon, D. A.〕（一九六三年）七～七八頁を参照。
（3） 入江節次郎・高橋哲雄編（一九八〇年）七七～九八頁を参照。
（4） アレン（一九七九年）一六六頁。一九二〇年代を通して繁栄した都市的状況の陰にあって目につきにくかったが、農村部の停滞は深刻であった。スタインベックの『怒りの葡萄』、コールドウェルの『タバコ・ロード』などに描きだされているとおりである。
（5） フィッツジェラルド〔Fitzgerald, F. Scott〕（一九八一年）一六〇頁による。
（6） アレン（一九八六年）二九八頁、Sterling, Christopher H. and John M. Kittross, 1990, p. 125 を参照。
（7） 以下の経緯については、Archer, Gleason L., 1939, pp. 338-350 を参照。
（8） *Ibid.*, pp. 352-386 を参照。
（9） Federal Communications Commission（以下、ＦＣＣと略）, 1941, pp. 9-14 を参照。
（10） Hettinger, Herman S., 1933, p. 69 を参照。
（11） Sterling and Kittross, *op. cit.*, p. 105.
（12） Sterling, Christopher H., 1984, p. 50 を参照。

(13) 一九三〇年度は商務省調査値、一九三五年度はＦＣＣ調査値である（*Ibid.*, p. 145）。

(14) Barnouw, Erik, 1966, pp. 235–237.

(15) スタインベック〔Steinbeck, John〕（一九六七年）三三〇頁による。

(16) Lazarsfeld, Paul F. and Patricia L. Kendall, 1948, p. 177 による。

(17) Jome, Hiram L., 1925, Table 14, p. 168 を参照。

(18) 日本からみたアメリカの状況については、日本放送協会編（一九五一年）一九〜二五頁を参照。イギリスからの状況については、Briggs, Asa, 1965 を参照。

(19) *Ibid.*, p. 68 による。

(20) Morecroft, J. H., "Who Will Pay for the Campaign Broadcasting?" *Radio Broadcast*, October 1924, pp. 470–471, in Lichty, Lawrence W. and Malachi C. Topping, 1975, pp. 206–207.

(21) 放送の収益システムの類型については、以下を参照。高木教典・田村穣生「対談・放送事業の財政構造とその変化」『放送学研究』第三六号、一九八六年、九五〜一一八頁、および田村穣生・野崎茂「マス・メディア企業の料金体系　料金の性格とメディアのビヘイビア」一九八六年度秋季日本新聞学会研究発表会、ワークショップ発表資料。

(22) Morecroft, *op. cit.*, in Lichty and Topping, *op. cit.*, pp. 206–207.

(23) Sterling and Kittross, *op. cit.*, pp. 70–71 を参照。

(24) Archer, Gleason L., 1938, pp. 264–267 を参照。

(25) Kellogg, H. D., "Who Is to Pay for Broadcasting—And How," *Radio Broadcast*, March 1925, pp. 863-866, in Lichty and Topping, *op. cit.*, pp. 208-210.
(26) アメリカの広告、マーケティングの歴史的展開については、コンバース〔Converse, Paul D.〕(一九八六年)、Strasser, Susan, 1989 などが詳しい。
(27) コンバース、前掲書、一五～四六頁を参照。
(28) Mott, Frank Luther, 1950, pp. 411-458, pp. 519-545.
(29) 橋本正邦(一九八八年)一八五～一八六頁を参照。
(30) Mandell, Maurice I., 1968, p. 32 を参照。
(31) 白髭武(一九七八年)二〇一～二一二頁を参照。
(32) Wood, James P., 1958, pp. 363-402., フォックス〔Fox, Stephen〕(一九八五年)上巻、四〇～七七頁を参照。
(33) フォックス、同前書、七八～一一七頁を参照。
(34) 以下の経緯についてはBanning, William Peck, 1946, p. 90 を参照。
(35) Brooks, John, 1975, p. 160.
(36) Banning, *op. cit.*, pp. 108-123 を参照。また、「電話の場合には、通話者はまだ主体の役割を自由主義的に演じている。それに対してラジオの場合には、すべての人は民主主義的に一律に聴衆と化し、放送局が流す代わり映えのしない番組に、有無をいわさず引き渡されることになる。」ホルクハイマーとアドルノは、コマーシャル・ラジオ放送にたいしてこのような批判を試みている。ホルクハイマー、アドルノ〔Hork-

heimer, Max and Theodor W. Adorno〕（一九九〇年）一八七頁。

(37) Banning, *op. cit.*, pp. 108–109を参照。

(38) トーマス〔Thomas, Dana L.〕（一九八二年）二四〇～二四二頁を参照。

(39) U.S. Department of Commerce, "Recommendations for Regulation of Radio Adopted by the Third National Radio Conference," 1924, p. 4, in Kittross, John M., ed., 1977.

(40) Hettinger, *op. cit.*, p. 69.

(41) Barnouw, Erik, 1968, p. 3による。

(42) 日本放送協会編、前掲書、三三一～三四四頁を参照。

(43) この間の経緯についてはBriggs, *op. cit.*, pp. 91–142, pp. 325–406を参照。

(44) FCC, *op. cit.*, p. 15.

(45) Banning, *op. cit.*, p. 163.

(46) FCC, *op. cit.*, pp. 15–18に掲載の付表も参照されたい。

(47) Barnouw, *op. cit.*, 1966, p. 250.

(48) *Ibid.*, p. 226.

(49) *Ibid.*, pp. 224–231; Wertheim, Arthur Frank, 1979, pp. 35–58を参照。

(50) サーノフの生い立ちについては、Bilby, Kenneth, 1986を参照。

(51) サーノフの業績については、サーノフ〔Sarnoff, David〕（一九七〇年）を参照。

(52) この点については、Barnouw, *op. cit.*, 1966, pp. 75–83, トーマス、前掲書、二四〇

〜二四二頁を参照。

（53）CBSの成立事情については、以下を参照した。Paley, William S., 1979; Barnouw, *op. cit.*, 1968, pp. 55-64, メッツ〔Metz, Robert〕（一九八一年）およびハルバースタム〔Halberstam, David〕（一九八三年）第一巻、三三〜七四頁。

（54）メッツ、前掲書、三頁。

（55）FCC, *op. cit.*, pp. 30-45を参照。

（56）Barnouw, *op. cit.*, 1966, p. 250.

（57）ハルバースタム、前掲書、三七頁による。この点にかんしては、Paley, *op. cit.* を参照。

（58）Barnouw, *op. cit.*, 1968, pp. 55-76を参照。

（59）ハルバースタム、前掲書、三七〜六二頁を参照。

（60）今道潤三（一九六二年）四一頁を参照。今道は、CBSと提携関係にあるTBSの元社長である。おそらくは自社の経営政策の研究も兼ねて書かれたであろうこの文献は、いまなお日本語で書かれたアメリカの放送ネットワーク論では秀逸で、日本の民間放送草創期の意気込みが感じられる。

（61）FCC, *op. cit.*, p. 29.

（62）*Ibid.*, pp. 26-28を参照。

（63）*Ibid.*, p. 17, p. 24, p. 28.

（64）『チェーン放送報告』の調査内容と性格、評価については、Robinson, Thomas

Porter, 1943, pp. 63-67 を参照。

(65) FCC, *op. cit.* の目次を参照されたい。

(66) *Ibid.*, pp. 46-50 を参照。

(67) *Ibid.*, pp. 51-79; Robinson, *op. cit.*, pp. 148-176 を参照。

(68) FCC, *op. cit.*, pp. 62-65; Robinson, *op. cit.*, pp. 177-201 を参照。

(69) FCC, *op. cit.*, p. 65 による。

(70) Hettinger, *op. cit.*, pp. 87-88.

(71) *Ibid.*, pp. 113-118.

(72) *Ibid.*, p. 89.

(73) Barnouw, *op. cit.*, 1966, pp. 269-270 を参照。

第V章

(1) Sterling, Christopher H. and John M. Kittross, 1990, p. 141 による。

(2) Hettinger, Herman S., 1933, p. 109.

(3) Federal Communications Commission, *Annual Report of Federal Communications Commission*, 1935, p. 2; *ibid.*, 1940, p. 9.

(4) Gernsback, Hugo, ed., March 1938, pp. 512-513. この雑誌はアマチュア無線家向けの雑誌で、一九三八年の時点で、すでにラジオの誕生五〇年号を企画している。五〇年前とは、ハインリッヒ・ヘルツが、マックスウェルの電磁波理論を科学的に証明し、その実在を確認した年であった。

(5) Lichty, Lawrence W. and Malachi C. Topping, 1975, Table 14, p. 521.

(6) Meikle, Jeffrey L., 1979, pp. 58–59.

(7) Sterling and Kittross, *op. cit.*, pp. 182–183を参照。

(8) Hettinger, *op. cit.*, pp. 42–49.

(9) *Ibid.*, Table VII, p. 50, Table VIII, p. 51. ヘッティンガーは、ニューイングランドとフィラデルフィアについて比較調査をおこなっている。Jome, Hiram L., 1925, pp. 76–78も参照。

(10) Hettinger, *op. cit.*, Table VI, p. 49.

(11) *Ibid.*, p. 13, p. 62.

(12) Lazarsfeld, Paul F. and Frank N. Stanton, eds., 1941, p. 187.

(13) *Ibid.*, p. 193, pp. 189–223を参照。

(14) Hettinger, *op. cit.*, pp. 56–60.

(15) Lazarsfeld and Stanton, eds., *op. cit.*, p. 177による。

(16) *Ibid.*, p. 186による。

(17) R・S・リンド、H・M・リンド〔Lynd, Robert S. and Helen Merrell Lynd〕(一九九〇年)による。

(18) 同前書、二〇〇頁による。

(19) Lazarsfeld and Stanton, eds., *op. cit.*, p. 179による。

(20) Benjamin, Walter, 1955, ホルクハイマー、アドルノ〔Horkheimer, Max and Theodor W. Adorno〕(一九九〇年)一八三〜二六一頁を参照。
(21) 室伏高信「ラヂオ文明の原理」『改造』一九二五年七月号、長谷川如是閑「ラヂオ文化の根本問題」『中央公論』一九三六年九月号、廣津和郎「ラヂオ雑感」『中央公論』一九三五年九月号。日本のラジオ草創期における知識人のラジオ論の分析にかんしては、津金沢聡広(一九九一年)八八五〜九一二頁を参照されたい。また、同様の観点からの日本のラジオ研究として、山本透・小田原敏・伊藤正徳(一九八四年)、竹山昭子「放送『政府之ヲ管掌ス』」南博・社会心理研究所(一九八七年)三二一〜三五七頁、林進(一九八七年)などがある。
(22) 永井荷風(一九五一年)三六頁による。
(23) Ong, Walter J., 1982を参照。また、ブーアスティン〔Boorstin, Daniel J.〕(一九七六年)下巻、一八七頁、藤久ミネ「ことば文化としてのラジオ」津金沢聡広・田宮武編著(一九八三年)三〜一〇頁も参照されたい。
(24) Williams, Raymond, ed. by Ederyn Williams, 1990, p. 26.
(25) アレン〔Allen, Frederick Lewis〕(一九九〇年)二八一頁の小見出しで用いられている表現。
(26) Sterling and Kittross, *op. cit.*, p. 164. この時代の音楽番組の評価については、Smith, R. Lewis, 1979, pp. 274-285を参照。
(27) この時代の音楽番組の概要については、Dunning, John, 1976を参照。「ユア・ヒット・パレード」については、Peatman, John G., "Radio and Popular Music," in Lazarsfeld, Paul F. and Frank N. Stanton, eds., 1944, pp. 335-393; Blum, Daniel, 1959, pp. 148-149 を参照。

(28) フランク・シナトラについては、Parish, James Robert and Michael R. Pitts, 1991, pp. 656-669 を参照。

(29) 渡辺裕（一九八九年）七〇～七四頁を参照。

(30) アレン、前掲書、二八一～二八四頁を参照。

(31) Blum, *op. cit.*, pp. 152-157.

(32) Sterling and Kittross, *op. cit.*, p. 165.

(33) Arnheim, Rudolf, "The World of the Daytime Serial," in Lazarsfeld and Stanton, eds., *op. cit.*, 1944, pp. 34-85 を参照。

(34) Sterling and Kittross, *op. cit.*, p. 166.

(35) この事件をあつかった古典的研究に、Cantril, Hadley and Gordon W. Allport, 1935 がある。

(36) この間の経緯については、Chester, Giraud, 1949, pp. 252-264 を参照。新聞側に近い立場からの歴史的記述としては、Harris, E. H., "Radio and the Press," in *ANNALS of the American Academy of Political and Social Science*, 177(1), 1935, pp. 163-169。ラジオ側からは、White, Paul W., 1947, pp. 30-42 を参照。

(37) ファング〔Fang, Irving E.〕（一九九一年）一三～四六頁を参照。

(38) エド・マローの経歴については、Kendrick, Alexander, 1969, フレンドリー〔Friendly, Fred〕（一九六九年）を参照。マローは、第二次世界大戦において、ラジオの可能性を切りひらくジャーナリズム活動を展開した。その状況と、一九九〇年から九一年にかけて勃発した湾岸戦争において、CNNのピーター・アーネットが、衛星を駆使してみせたグローバル・ジャーナリズムの状況を比較検討したものに、水越伸（一九九一年）がある。

(39) Kendrick, *op. cit.*, pp. 138-172, ファング、前掲書、二九四〜二九九頁、Barnouw, Erik, 1968, pp. 76-83 を参照。

(40) フレンドリー、前掲書、一四頁による。

(41) Federal Radio Commission, 1932; Wood, James P., 1958, pp. 403-416 を参照。

(42) Spalding, John W., 1963, pp. 32-33 を参照。

(43) Hettinger, *op. cit.*, 1933, p. 117.

(44) Sterling and Kittross, *op. cit.*, pp. 115-116.

(45) Barnouw, *op. cit.*, pp. 5-6.

(46) エイヤー&サン社の「ラジオ放送」における業績については、Hower, R. M., 1949, pp. 132-138 を参照した。

(47) Sterling and Kittross, *op. cit.*, pp. 113-114.

(48) *Ibid.*, pp. 129-131.

(49) Hettinger, *op. cit.*, 1933, pp. 109-110.

第VI章

(1) Hubbell, R. W., 1942. テレビジョンをはじめ写真、映画などの映像メディアの歴史については、一九八八年にロンドンに開設された映像博物館（Museum of the Moving Image, 略称ＭＯＭＩ）で、きわめて多くを学ぶことができる。

(2) Winston, Brian, 1986, p. 9を参照。

(3) Garratt, G. R. M. and A. H. Mumford, "The History of Television," *IEE*, Vol. 99, Part 3A, London, 1952, p. 26, in *ibid.*, p. 9による。

(4) ブルース〔Bruce, Robert V.〕（一九九一年）三三一〜三三九頁を参照。

(5) Dinsdale, Alfred, 1932, pp. 59–60; Abramson, Albert, 1987, pp. 13–15を参照。この円板は、「ニプコー板」と呼ばれることになった。

(6) Dinsdale, *op. cit.*, pp. 44–45; Abramson, *op. cit.*, pp. 20–21.

(7) 猪瀬直樹（一九九〇年）三六〜四一頁を参照。

(8) この間の経緯については、リンクス〔Rings, Werner〕（一九六七年）三〇〜四八頁、Abramson, *op. cit.*, pp. 73–225。

(9) たとえば、Zworykin, V. K., E. G. Ramberg and L. E. Flory, 1958を参照。

(10) 一九二三年四月五日付のメモ。サーノフ〔Sarnoff, David〕（一九七〇年）一〇三頁による。

(11) Boddy, William, 1990, p. 17. この装置は、「ビデオテレフォン」と呼ばれていた。

いわば、「テレビ電話」である。
(12) Dinsdale, *op. cit.*, p. 228.
(13) リンクス、前掲書、四二〜五〇頁を参照。
(14) Stern, Robert H., 1979, pp. 137–145 を参照。
(15) Sterling, Christopher H. and John M. Kittross, 1990, p. 150 を参照。
(16) Abramson, *op. cit.*, pp. 250–252.
(17) Boddy, *op. cit.*, p. 34.
(18) Abramson, *op. cit.*, pp. 257–272.
(19) Sterling and Kittross, *op. cit.*, p. 209.
(20) Boddy, *op. cit.*, pp. 21–24; Hilmes, Michele, 1990, p. 117 を参照。
(21) Sterling and Kittross, *op. cit.*, p. 209.
(22) Hilmes, *op. cit.*, pp. 49–77; Parish, James Robert and Michael R. Pitts, 1991 を参照。
(23) Hilmes, *op. cit.*, p. 1.
(24) Tichi, Cecelia, 1991 を参照。
(25) 日本のテレビが置かれた場所の変遷については、岡村黎明（一九八八年）三〜二七頁を参照。

終章

(1) この間の経緯については、Levy, Steven, 1984; Moritz, Michael, 1984 などが詳しい。

(2)「IBMPC」の誕生の経緯については、Sobel, Robert, 1981; DeLamarter, R. Thomas, 1986 などを参照。

(3) Marvin, Carolyn, 1988, p. 3.

(4) Meehan, Eileen R., 1986, pp. 393-411; Winston, Brian, 1986 を参照。

(5) 日本のラジオの草創期の状況については、越野宗太郎編（一九二八年）、大阪放送局沿革史編纂委員編（一九三四年）、日本放送協会編（一九五一年、一九七七年）などを参照。

(6) 逓信省編（一九四〇年）、日本電信電話公社編（一九五九年）などを参照。

(7) 東京電気通信局編（一九五八年）、逓信総合博物館監修（一九九〇年）などを参照。

(8) 相田洋（一九九二年）七〜四四頁を参照。

(9) Sterling, Christopher H., 1984, p. 61.

(10) トフラー〔Toffler, Alvin〕（一九八二年）二六三〜二七九頁を参照。

(11) ジュール・ベルヌの小説の題名は、「二九世紀にて――二八八九年、あるアメリカのジャーナリストの一日」といった。"How Electricity Will Help Out the Editor of the Future," *Electrical Review*, February 1889, p. 4, in Marvin, *op. cit.*, pp. 216-217 による。

(12) メディアとしての電話の変容については、吉見俊哉・若林幹夫・水越伸（一九九二年）を参照。

(13) アメリカにおけるメディア論と、メディア状況のかかわりについては以下の文献を参照。Czitrom, Daniel J., 1982; Altschull, J. Herbert, 1990.

(14) 現在のマルチ・メディアの展開が抱える問題点については、MacDonald, Greg, 1990 および桂敬一（一九九二年）三一〜五七頁を参照。また、一九九一年度発足の文部省科学研究費補助金・重点領域研究「高度情報化に伴う社会システムと人間行動の変容に関する研究」（代表 高木教典東京大学名誉教授）のうち、第一群「高度情報化と社会情報媒体の役割」が研究調査をおこなっている。

(15) この相関を活字メディア、書くことの歴史においてとりあげたものに Bolter, Jay David, 1991 がある。

あとがき

「鉄腕アトム」がテレビではじめて放送された年に生まれた。

メディア論を専門としていることにはいろいろと理由をつけているが、本当のところテレビが好きだった子供のころの経験が一番大きい。『ポパイ』を読み、深夜ラジオを聴いて学生時代を過ごした。はじめて体験した東京は、ウォークマンのサウンド・スケープと重なっていた。アルバイト先では、マッキントッシュを使って夜遅くまで絵を描かされた。独り暮らしの部屋にもどると、いつのまにか「砂嵐」になっているブラウン管を見ながら友だちと明け方まで長電話をしていた。同じ年頃の人からみれば、けっして特別な経験ではないはずだ。しかし、年配の人々からすれば、かつての学生にあったような真摯な問題意識もなにもない、どうしようもない世代にみえたのだろう。私たちの世代は、メディアが送りだす情報を紡いで、心地よい消費社会的な繭玉を作りあげてきた。ところが数年来、そんな繭玉の表面に、オタクの出現から東アジアの情勢変化にいたるまで、さまざまな内外からの圧力のために、亀裂が生じはじめた。繭玉の外の世界が少し見えはじめている。私たちとは、いったい何者なのか、どこから来てどこへ行くのか。そうした、ごく私的な関心が、メディアの歴史を探ろうとする出発点にあった。

大学院に入ったころ、ニュー・メディア論や情報化社会論のブームが少し過ぎかけていた。ポスト・モダン系のメディア論も出はじめていた。どちらも面白かったが、前者は「絵に描いた餅」のようなメディア観、社会観しか示してくれず、私の感覚からはズレていた。後者は、感心させられるような新しいメディアの世界を教えてはくれたが、あまりに耳に心地よすぎて、すこし怪しい気がした。先端的な技術のひけらかし、ハードウエア先行・ソフトウエア追従という点では、「官製」のメディア論も、カルチャーっぽい議論も同じである。トリッキーだと思った。私は、けっしてテクノロジーの可能性を否定はしていない。しかし、メディアは本質的に社会が生みだすもののはずである。その近未来は、電話やラジオ、テレビ、ファミコン、カラオケといった、あらためて見向きもしないような、私たちがごく普通に接している日常的なメディアの微かな動きのなかから読みとることができるのではないか。そして、社会がメディアを生成するのであれば、その社会に生きる私たちには、メディアのありように主体的にかかわっていく責任があるはずだ。そんなことを、漠然と感じていた。

私は愚直に、日本のテレビやラジオの形成過程を調べはじめた。「私」を構成したマス・メディアの原籍をたどるためである。

大正デモクラシーのなかでラジオ人気は高まるが、放送事業はすぐさま国家統制され、やがて軍部の台頭のなかで宣伝機関となり、日米開戦、敗戦を迎える。戦後は、GHQのもとで放送制度が組みたてられ、新生NHKの誕生と民間放送の開局、アメリカの番組文化モードの有形無形の流用、田中角栄による大量免許の交付、新聞社資本を基盤とした系列化、そして高品位テレビをはじめとするニュー・メディアの降って湧いたようなブーム――。だが、こうした放送史に記された出来事からだけでは、テクノロジー、産業から文化までを含めた、総体としての放送メディアを描きだす構図や、未来を見通すメディア論の視座は、どうしても見つけだせなかった。もちろん、私の想像力の貧困さ、力不足が大きい。しかし、いろいろ検討してみても、まるで数のそろっていないカードでゲームをやっているような、なにかが足りない気がしてならなかった。

アメリカに目を向けたのは、そのためである。

一九二〇年代から三〇年代のアメリカには、ラジオの技術や文化だけではなく、よくも悪くも人々の生きる生活社会の構成じたいにおいて、現代日本の状況の始原があった。鶴見俊輔が指摘したとおり、戦後日本の大衆文化は、戦前のアメリカの状況が移植されて展開した側面が大きい。そこでは、メディアがまだはっきりとしたかたちをとらずに社会に投げだされていて、それがしだいに一定の形式を備え、様態を形成していく様子をみることができる。それだけではない。人々がラジオに託した「ブロードキャスティング」、「マス・コミュニケーション」というビジョンは、ラジオ以前にすでに夢見られていたこともわかってきた。その系譜をたどると、電信や電話、蓄音機、映画、さらには電気そのものをめぐる一九世紀なかばごろの社会的想像力にまでさかのぼることができる。今日の状況が「電子情報化」の変動期であるとすれば、それは電気が人間と社会のあり方に決定的な変化をもたらした「電気情報化」の時期だった。

メディアのありようが、ニュー・メディア論などでよくいわれるようなかたちで、技術中心に編制されるわけではないこともはっきりしてきた。メディアの生成の場は、さまざまな人々や集団の、産業・制度的、社会・文化的な意図や活動が多元的・重層的に交錯しあう、いわば社会そのもののなかにあった。そこでは、いくつものメディアがたがいに相関しあいながら、数多くの可能性をはらんで展開していたのである。

こうしたメディアと社会の関係は、今世紀初頭のアメリカに特殊なことではない。アレクシス・ド・トクヴィルのように、「アメリカにアメリカ以上のものを見た」などとは、とてもいえないし、いうつもりもない。しかし、「アメリカのメディアにアメリカのメディア以上のものを見いだそう」という願望のもとで、私はこの本を書きはじめた。アメリカは、そうした未熟な研究者の試みを許容してくれ、失われたカードのありかを教えてくれたのである。

そして、私の個人的なメディア経験もまた、たんに表層的で若者にありがちなマス・メディア接触行動であったことにとどまらず、現代のメディアの太く重い流れのなかに位置づけてとらえられることがはっきりした。

この本を書き終えたいま、私には、今後とりくむべき課題が、つぎのようなかたちでみえている。

第一に、今世紀初頭の放送の動態をいわば鏡として、今日のメディア状況を照射していくことである。メディアのような優れて現代的な対象をみずからの研究の中心に据えた以上、安穏とノスタルジーに浸っているだけではすまされない。とくに、マルチ・メディア、ハイパー・メディアは、コンピューターがテレビ画面の背後にもぐりこみはじめ、「ハイパー・テレビ」、「情報家電」などと呼ばれるものとして具体的なかたちをとりはじめている。これらのメディアは、インダストリアル・デザインを施されたラジオが納屋からリビングへと侵入し、その延長線上に現われたテレビジョンが「電子暖炉」として定着してきた系譜上に、ほぼまちがいなく接合されていく。そのときどのような産業・制度的問題を抱え、どんなかたちのものとして社会に現われるのだろうか。そして、高品位テレビ、広帯域ＩＳＤＮなどのテクノロジーは、いかにしてそのなかに埋めこまれていくのだろうか。また、ブラウン管や回線のなかにひろがる電子空間がバーチャル・リアリティとして切り開きつつある新たな身体感覚、意識の次元は、かつてエーテルというバーチャルな媒体がもたらしたリアリティの刷新と、どのような点で共通し、違っているのだろう。あるいは、ラジオが自明性を確立するにしたがいエーテルの神秘と感動が失われていった傾向は、この領域にもやがて見いだすことができるようになるのだろうか。私たちの課題は、二〇世紀的メディアの鏡を使って、新たなメディアの微かな変化を感じ、予兆を読みとっていくこと、そしていかにしてそのありようをデザインしていくことができるかを探っていくことにある。

第二に、ラジオをめぐる私の考察は、一九世紀なかばのエレクトリック・メディアの時代にはじまって、ネットワーク・コマーシャル放送という今日のシステムの原形が確立し、テレビジョンの規格がNTSCで統一された第二次世界大戦前夜の地点で終わっている。つまり、ある意味でこれまで私たちの情報環境を存立させてきた地殻プレートのありかを指摘するにとどまっている。今後は、このプレートじたいの構造変化をとらえるため、テレビジョン以降の動向について連続的な考察とフィールドワークを重ねていく必要があるだろう。歴史社会的にみるならば、三〇年以上も安定していた今日の放送の姿でさえ、過渡的なものにすぎない。

第三に、未来の日本のメディアのあり方をとらえるためには、もはやアメリカをはじめとする欧米の先端的な技術動向を参照するだけでは無理なような気が痛切にしている。いささか唐突かもしれないが、これまで日本と同じように数のそろっていないカードでゲームをしてきた韓国、台湾、香港といった東アジアの文脈のなかに、日本の状況を相対化していくような試みが必要となってくるのではないだろうか。アメリカのメディアは、日本に与えたのと同じような影響を、第二次世界大戦以後、これらの国々にたいしても与えてきた。そして日本のメディアもまた、東アジアに影響を与え、あるいは与えられてきた。この関係を、これまでのメディア研究は不当にも見落としてきた。日本の実態を、真に比較研究していこうとするならば、日本と欧米、そして東アジアからなる三面鏡を用意し、多角的な検討をおこなっていかなければならないように思う。鏡の数をもう一枚増やさなければならないのだ。

私は、二〇世紀初頭にラジオがもっていたリアリティの漠然とした全体性を失わないようにしたかった。そのため、できるだけ細部にこだわって、具体的な次元から発想するように努めた。事実関係については十分に検討したつもりであるが、遺漏はまぬがれないと思う。ご教示、ご叱正をいただければさいわいである。

この本をまとめるまでに、私は多くの人々に助けられ、支えられてきた。

同文舘出版部の池田勝也氏、並木智子氏には、なかなか進まぬ原稿のできあがりを我慢強く見守っていただくとともに、細かな点にいたるまでさまざまなご配慮をいただいた。そして、まったく未知数の若輩者にチャンスを与えてくださり、信頼してくださったことに、心から感謝したい。また、谷口広樹氏には素敵な装幀をしていただいた。

この本の原型は、一九八七年度に東京大学大学院社会学研究科に提出した「アメリカにおける『放送』の形成――メディア社会化の産業的側面を中心として」という題目の修士論文である。大学院生のときからお世話になった、高木教典先生、桂敬一先生、濱田純一先生をはじめとする、東京大学社会情報研究所（旧新聞研究所）の方々にお礼を申し上げたい。多様な領域に関心をもち、自由に発想することを尊ぶ、この研究所の気風のおかげで、私はフットワークの軽さを失わずに重い課題にとりくむことができた。

吉見俊哉氏、若林幹夫氏には、電話という、ラジオと隣接したメディアをめぐる議論を通して、多くの刺激を受けた。元NHK放送文化研究所主任研究員の山口秀夫氏には、貴重な資料を提供していただいた。

浦達也、山田裕一、福盛大輔、ペク・ソンスの各氏には、草稿の段階から目を通していただき、ご批判をいただくことができた。このほか、ここでお名前をあげることはできないが、さまざまな人々のお世話になった。

皆さん、本当にありがとう。

二〇世紀初頭の欧米のメディア状況を現代的状況に重ねるなかから、メディアの相貌がみえてきたとき、本当に興奮してしまった。最後になったが、この本を読んでくださる読者の方々に、その興奮が少しでも伝わることを願って止まない。

水越 伸

一九九二年八月

図表 34　全国ネットワークへの業種別広告支出金額の推移

業　　種	1927	1928	1929	1930	1931	1932
食品・飲料水	427,830	733,476	2,025,176	5,264,116	8,957,021	11,297,227
医薬品・化粧品	310,447	977,553	1,940,562	3,239,753	6,106,667	8,526,268
タバコ	37,000	385,030	1,348,502	2,076,114	5,371,117	6,245,223
自動車	433,063	1,249,000	1,702,803	1,355,414	1,313,923	1,939,094
油剤・石油製品	21,940	311,279	961,439	1,495,338	1,183,346	2,303,331
キャンディ・ソフトドリンク	260,402	701,164	563,984	839,070	1,359,919	1,635,096
保険・金融	471,006	656,147	923,377	1,209,644	1,493,351	1,251,977
ラジオ・蓄音機	1,143,364	2,081,776	3,740,762	2,402,508	909,957	167,757
事務機器（タイプライター，万年筆）	79,485	22,760	43,626	77,053	83,522	3,135,653
その他	647,955	3,133,310	5,479,340	8,857,146	9,008,476	2,605,150
総　額	3,832,492	10,251,495	18,729,571	26,816,156	35,787,299	39,106,776

注：(1)　Hettinger, Herman S., 1933, p. 123, Table 25 より引用。
(2)　金額の単位はドル。
(3)　National Advertising Records の年次報告書より作成。

図表 32　全国ネットワーク・スポンサー数と支出額の推移

年度	企業数	前年比	平均支出額	前年比
1927	81	100.0	48,298	100.0
1928	160	197.5	64,078	132.7
1929	237	292.6	79,028	163.6
1930	297	366.7	90,302	187.0
1931	384	474.1	93,208	193.0
1932	303	374.1	129,065	267.2

注：(1)　Hettinger, Herman S., 1933, p. 118, Table 23 より引用。
(2)　*Tabulations of the National Broadcasting Company* より作成。
(3)　前年比は，いずれも 1927 年＝100 とした値。
(4)　金額の単位はドル。

図表 33　契約期間別ネットワーク・スポンサー数の推移

契約期間	1927-1928		1928-1929		1929-1930		1930-1931		1931-1932	
	企業数	%	企業数	%	企業数	%	企業数	%	企業数	%
3 カ月未満	37	33.6	43	23.1	51	13.6	64	18.9	61	17.9
3~6 カ月	29	26.3	62	33.3	88	32.2	94	27.9	104	29.9
6~9 カ月	20	18.1	28	15.1	47	17.2	71	21.0	62	17.4
9~12 カ月	11	10.0	20	10.7	37	13.6	38	11.2	48	13.8
12 カ月	13	12.0	33	17.8	50	18.4	71	21.0	73	21.0
合　計	110	100	186	100	273	100	338	100	348	100

注：(1)　Hettinger, Herman S., 1933, p. 120, Table 24 より引用。
(2)　この時代の放送広告のシーズンは，10 月から翌年の 4~5 月にかけてであったため，ここでは 6 月 30 日から翌年の 6 月 30 日までの期間を 1 年間として年次を設定してある。

図表 25　広告売上額の推移

年次	ネットワーク広告		ナショナル・スポット広告		ローカル広告		合計	全広告費に占める割合（%）
	金額	%	金額	%	金額	%		
1927	3.8	79.0	0.9	19.0	—	—	4.7	na
1928	10.3	73.0	3.9	28.0	—	—	14.2	na
1929	19.2	72.0	7.6	28.0	—	—	26.8	na
1930	27.7	68.0	12.8	32.0	—	—	40.5	2.0
1931	37.5	67.0	18.5	33.0	—	—	56.0	3.0
1932	39.1	63.0	22.8	37.0	—	—	61.9	5.0
1933	31.5	55.0	25.5	45.0	—	—	57.0	5.0
1934	42.6	59.0	30.0	41.0	—	—	72.6	6.0
1935	62.6	55.6	14.9	13.2	35.1	31.2	112.6	7.0
1936	75.6	61.8	22.7	18.6	24.0	19.6	122.3	7.0
1937	88.5	53.8	28.0	17.0	48.1	29.2	164.6	8.0
1938	89.2	53.4	34.0	20.3	43.9	26.3	167.1	9.0
1939	98.6	53.6	35.0	19.0	50.2	27.3	183.8	9.0
1940	113.3	52.6	42.1	19.5	60.2	27.9	215.6	10.0
1941	125.4	50.7	52.3	21.2	69.5	28.1	247.2	11.0
1942	128.7	49.5	58.8	22.6	72.5	27.9	260.0	12.0
1943	156.5	49.9	70.9	22.6	86.2	27.5	313.6	13.0
1944	191.8	48.7	87.4	22.2	114.3	29.0	393.5	14.0
1945	197.9	48.7	91.8	21.7	134.2	31.7	423.9	15.0

注：(1)　1927-34 年は，NAB, *Broadcasting Year Book, 1951*, p. 12, Table 5 を参照。
(2)　1935 年以降は，マッキャン & エリクソン社研究部調査値を参照。
(3)　金額の単位は 100 万ドル。
(4)　合計のうち 1927-34 年は，ネットワーク広告とナショナル・スポット広告の合計値を示した。

図表 22　ネットワーク加盟局数の推移

年度	NBC		CBS		MBS		全 AM 放送局数	ネットワーク加盟局	
	加盟局数	%	加盟局数	%	加盟局数	%		局数	%
1927	28	4.1	16	2.3	—	—	681	44	6.5
1928	52	7.7	17	2.5	—	—	677	69	10.2
1929	58	8.3	49	7.0	—	—	696	107	15.4
1930	71	11.5	60	9.7	—	—	618	131	21.2
1931	75	12.3	76	12.4	—	—	612	151	24.7
1932	86	14.2	84	13.9	—	—	604	170	28.1
1933	88	14.7	91	15.2	—	—	599	179	29.9
1934	88	15.1	92	15.8	4	0.7	583	184	31.6
1935	88	15.0	97	16.6	3	0.5	585	188	32.1
1936	89	14.4	98	15.9	39	6.3	616	226	36.7
1937	111	17.2	105	16.3	80	12.4	646	296	45.8
1938	142	20.6	110	16.0	107	15.5	689	359	52.1
1939	167	23.1	113	15.7	116	16.1	722	396	54.8
1940	182	23.8	112	14.6	160	20.9	765	454	59.3

注：(1)　Sterling, Christopher H. and John M. Kittross, 1990., p. 634, Table 2-4 より作成。
(2)　総局数は，1927-33 年は FRC 調査値，1934 年以降は FCC 調査値。
(3)　各ネットワーク加盟局数は，各ネットワーク公表値。
(4)　加盟局数については，FCC, 1941, p. 15, p. 23 も参照。

図表 11　ラジオの普及状況：1922〜1944

年（暦年）	ラジオ所有世帯数	世帯普及率（%）	平均価格（ドル）	カー・ラジオ数	自動車普及率（%）
1922	60,000	0.2	50	—	—
1923	400,000	1.5		—	—
1924	1,250,000	4.7		—	—
1925	2,750,000	10.1	83	—	—
1926	4,500,000	16.0		—	—
1927	6,750,000	23.6		—	—
1928	8,000,000	27.5		—	—
1929	10,250,000	34.6		—	—
1930	13,750,000	45.7	78	80,000	0.1
1931	16,700,000	55.2		10,000	0.4
1932	18,450,000	60.6		250,000	1.2
1933	19,250,000	62.5		500,000	2.4
1934	20,400,000	65.2		1,250,000	5.8
1935	21,456,000	67.2	55	2,000,000	8.9
1936	22,869,000	68.4		3,500,000	14.5
1937	24,500,000	74.0		5,000,000	19.7
1938	26,667,000	79.2		6,000,000	23.8
1939	27,500,000	79.9		6,500,000	24.9
1940	28,500,000	81.1	38	7,500,000	27.4
1941	29,300,000	81.5		8,750,000	29.6
1942	30,600,000	84.0		9,000,000	32.3
1943	30,800,000	83.5		8,000,000	30.9
1944	32,500,000	87.5		7,000,000	27.5

注：(1)　世帯，カー・ラジオは，Sterling, Christopher H. and John M. Kittross, 1990, p. 656, Table 8, 平均価格については，Lichy, Lawrence, W. and Malachi C. Topping, 1975, p. 521, Table 41 より作成。

(2)　世帯普及は，NAB, *Broadasting Year Book*, 各年版を参照。

(3)　カー・ラジオは，Electronic Industries Association, *Electronic Market Data Book and Consumer Electronics* を参照。

(4)　Sterling, Christopher H., 1984, pp. 221-27 も参照。

◇数表◇

本文内の図表8，図表11，図表22，図表25，図表32，図表33，図表34のグラフのもととなるデータをここに掲載する。

図表8　ラジオの生産台数，生産額の推移

年	生産台数（1,000台）	工場生産額（1,000ドル）		合計
		家庭用	カー・ラジオ	
1922	100	5,000	—	5,000
1923	550	30,000	—	30,000
1924	1,500	100,000	—	100,000
1925	2,000	165,000	—	165,000
1926	1,750	200,000	—	200,000
1927	1,350	168,000	—	168,000
1928	3,281	400,000	—	400,000
1929	4,428	600,000	—	600,000
1930	3,793	297,000	3,000	300,000
1931	3,412	219,060	5,940	225,000
1932	2,857	132,850	7,150	140,000
1933	3,082	151,902	28,598	180,500
1934	3,304	186,500	28,000	214,500
1935	4,901	275,630	54,563	330,193
1936	6,836	380,812	69,188	450,000
1937	6,315	362,500	87,500	450,000
1938	5,200	178,000	32,000	210,000
1939	9,300	306,000	48,000	354,000
1940	10,100	390,000	60,000	450,000
1941	11,000	390,000	70,000	460,000
1942	4,050	141,750	12,250	154,000

注：(1)　Sterling, Christopher H., 1984, pp. 212-14, Table 660-A, 660-B より作成。

(2)　National Association of Broadcasting (NAB), *Broadcasting Year Book, 1977*, pp. C-310-11 に引用された Marketing World Ltd. の推計値。

(3)　ここでいうラジオとは，すべて放送受信用機器のこと。

電信・電話・蓄音機	映画・ショー・出版・社会・その他
	ベンヤミン『複製技術時代の芸術』 ベルリン・オリンピック,「前畑がカンバレ！」
AT&Tがドレイファスの300型電話機を採用	フルカラーのディズニー映画『白雪姫』 永井荷風『濹東綺譚』／日華事変
CBSがコロンビア・レコードを買収	ベニー・グッドマンがカーネギー・ホール公演に成功
日本の電話加入者100万人を超える	ジョン・スタインベック『怒りの葡萄』 第2次世界大戦勃発
	日本で内閣情報局設置 ディズニー映画『ファンタジア』
	太平洋戦争が勃発 オーソン・ウェルズ『市民ケーン』

年	テレビジョン	ラジオ
	FCC テレビジョンと FM 波政策検討開始	カルテンボーンスがペイン内乱報道
1937	ベル研究所が同軸ケーブルによるテレビ番組送信実験公開	アルトゥーロ・トスカニーニを招き NBC 交響楽団設立される フランク・マクニンチが FCC 委員長に就任
1938		エド・マローがヨーロッパからの生放送「ワールドニュース・ラウンドアップ」を成功させる オーソン・ウェルズの「宇宙戦争」大パニック引き起こす
1939	RCA がニューヨーク世界博でテレビジョン公開 NHK がテレビジョン実験放送開始	ジェームズ・フライが FCC 委員長に就任
1940	NTSC の設立 RCA が CBS カラー・テレビジョンの公開実験開始	エド・マローがロンドン大空襲を実況生中継 FM 商業放送が許可される
1941	NTSC 規格が設定される コマーシャル・テレビジョン放送開始	FCC『チェーン放送報告』刊行 真珠湾攻撃直後のルーズベルトのラジオ演説 79% の聴取率 民間放送局の閉鎖

電信・電話・蓄音機	映画・ショー・出版・社会・その他
AT&Tがテレビ電話の実験開始	エディ・カンターがラジオ界入り ダシール・ハメット『マルタの鷹』 アメリカの失業者1,200万人に
AT&Tが「1926年相互特許協定」から撤退	スペイン革命 満州事変
	ジャック・ベニーがラジオに初出演 CBSがパラマウント映画を買収 リンドバーグの子供誘拐事件
AT&Tが無線携帯電話の研究開発開始	ルーズベルトの「炉辺談話」放送開始 ポール・ラザースフェルド亡命 ナチスがプロパガンダにラジオを使用
東京-サンフランシスコ無線電話開通	G・H・ミード『精神・自我・社会』
	ボブ・ホープがラジオ界入り ギャラップが世論調査研究所設立
	日本，2・26事件／内閣情報委員会設置

年	テレビジョン	ラジオ
1930	早稲田式テレビジョン公開実験（日） ツヴォルキンがRCAへ転職	デービッド・サーノフがRCA社長に就任 RCAなどに独占禁止法が適用される
1931	NBCがエンパイア・ステート・ビルからテレビジョン実験放送開始	コマーシャル放送がさかんになる 『ブロードキャスティング』誌創刊 FRCがKFKB（ブリンクレイ）の免許更新せず，訴訟となる
1932		ビッグビジネスが独占禁止法適用回避策をとる NBCがRCAの完全な子会社となる ソープ・オペラの人気が定着
1933	RCAのテレビジョン走査線240本に	ニュース報道にかんするビルトモア協定成立
1934		プレス・ラジオ・ビューロー設立 「1934年通信法」，FCC設立 カフリン神父のラジオ放送が話題に／MBS設立
1935	ドイツ，イギリスでテレビジョン定時放送開始	聴取者調査に「オーディメーター」導入 ビルトモア協定が事実上無効となる
1936	RCAがテレビジョン実用化研究本格開始	アメリカのカー・ラジオ普及台数350万台に

電信・電話・蓄音機	映画・ショー・出版・社会・その他
	ハースト『NY デイリー・ミラー』創刊 ジョージ・ガーシュイン『ラプソディ・イン・ブルー』を初公演
ベル電話研究所設立	フィッツジェラルド『偉大なギャツビー』 アル・カポネ，密造酒取引の元締めとなる ムッソリーニの独裁権確立
	ヘミングウェイ『日はまた昇る』 フリッツ・ラング『メトロポリス』
	リンドバーグが大西洋単独飛行に成功 初のトーキー映画『ジャズ・シンガー』 映画とラジオが産業的に連関
パリ-ニューヨーク間電話開通	RKO 設立 ディズニー映画『蒸気船ウィリー』
アメリカの電話普及台数 2,000 万台になる	RCA 株の急騰／大恐慌の発生 RCA がビクター・トーキングマシンを買収 リンド夫妻『ミドゥルタウン』

年	テレビジョン	ラジオ
		WEAFを中心に最初のチェーン放送
1924		FTCがラジオ無線産業の独占体制の解体勧告 第3回全米無線会議開催 ハーディング追悼放送のため初の大陸横断チェーン放送実現
1925	ジョン・ベアードがテレビジョン公開実験に成功	東京放送局が定時放送開始 RCAがアナウンサーの実名告知を解禁 第4回全米無線会議開催
1926	高柳健次郎が電子式テレビジョン実験成功	NBC設立 「1926年相互特許協定」成立 日本放送協会設立 AT&Tが放送事業から撤退
1927		「1927年無線法」, FRC設立 イギリス放送協会（BBC）設立 コロンビア蓄音機放送システム（CBS）設立
1928		ウィリアム・ペイリーがCBSを買収 ラジオが広告媒体としてほぼ承認されるようになる NBCが全国チェーン放送体制を確立
1929	ベル研究所がカラー・テレビジョン実験公開 FRCがテレビジョン実験用免許交付	「エイモス&アンディ」NBCネットワーク番組となる FRCが恒常的組織となる

電信・電話・蓄音機	映画・ショー・出版・社会・その他
	「無線想像力と自由な状態のことば未来派宣言」
	アメリカが対独開戦を宣言
	「禁酒法」成立 フィッツジェラルド『楽園のこちら側』
	ウォーレン・ハーディング大統領に就任
	ウォルター・リップマン『世論』 シンクレア・ルイス『バビット』
	『タイム』誌創刊 関東大震災，ラジオ無線の重要性が認識される

年	テレビジョン	ラジオ
1913		AT&Tがラジオ無線にとりくみはじめる
1915		サーノフの「ラジオ・ミュージック・ボックス」構想
1917		海軍が民間無線施設を統制，ラジオ無線生産を統括
1919	ツヴォルキンがテレビジョン研究開始	RCAの設立／民間によるラジオ無線活動の再開
1920		AT&T-GE-RCA相互特許協定成立／KDKA局が定時放送開始
1921		WJZ，KYW，WBZ定時放送開始 ウエスティングハウス，ユナイテッド・フルーツ協定参加
1922		全米で500以上のラジオ局が開局／混信現象がはじまる 第1回全米無線会議開催 イギリス放送会社（BBC）定時放送開始 AT&TがWEAFを開局，「有料放送」開始
1923	ツヴォルキンがアイコノスコープを開発	FTCがラジオ無線産業の独占状況調査開始 ASCAPがラジオ局に音楽著作権料を要求 ASCAPに対抗しNAB設立／第2回全米無線会議開催 「ベルリン・ラジオ・シュトウンデ」定時放送開始

電信・電話・蓄音機	映画・ショー・出版・社会・その他
サミュエル・モールスが有線電信の実験に成功	ダゲールがダゲレオタイプを完成（1839）
ワシントン-ボルチモア間に電信敷設	『パンチ』誌創刊（1841）
メルヴィル・ベル「視話法」を開発	
グラハム・ベルが電話の実用特許を取得	フィラデルフィア建国百年祭博覧会
トマス・エジソンが蓄音機を実用化	
	リラダン『未来のイヴ』（1886）
ブダペストでテレフォン・ヒルモンドが発足	トマス・エジソンがキネトスコープを実演
ベルの電話特許切れ，電話会社乱立（1894）	リュミエール兄弟がシネマトグラフを発表
	クーリー『社会組織論』
	タイタニック号事件，無線の重要性認識される

◇放送メディアの形成をめぐる年表◇

年	テレビジョン	ラジオ
1838		
1844		
1864	カセリがパンテレグラフィ開発（1862）	ジェームズ・マックスウェルが電磁波理論を提示
1876		
1877	サンレクがテレクトロスコープを構想	
1887	ニプコー板の実用特許取得（1884）	ハインリッヒ・ヘルツが電磁波の存在を証明
1893		
1895		グリエルモ・マルコーニがラジオ無線の実用実験に成功
1897	ブラウンがオシロスコープ開発	マルコーニ無線電信会社設立
1906	ロージングが機械式テレビジョンをほぼ完成（1907）	レジナルド・フェセンデンが放送実験に成功 ド・フォレストが三極真空管を開発
1907		ド・フォレストが放送実験に成功
1909		
1912		「1912年無線法」成立

◇写真・図版の出所一覧◇

図表 6　〔p. 83〕　Barnouw, Erik, 1966, p. 90/ 91 間挿入.
図表 12　〔p. 120〕　Hill, Jonathan, 1986, p. 39.
図表 14　〔p. 125〕　Banning, William, 1946, p. 143.
図表 20　〔p. 216〕　Barnouw, 1966, p. 250/ 251 間挿入.
図表 21　〔p. 218〕　Head, Sydney W., 1976, p. 166.
図表 24　〔p. 225〕　Barnouw, 1966, p. 282/ 283 間挿入.
図表 27　〔p. 244〕　Meikle, Jeffrey L., 1979, p. 59.
図表 29　〔p. 262〕　*TIME*, September 12, 1938, p. 41.
図表 30　〔p. 266〕　Sterling, C. H. and J. M. Kittross, 1990, p. 170.
図表 31　〔p. 272〕　Kendrick, Alexander, 1969, p. 185.
図表 36　〔p. 309〕　Dinsdale, Alfred, 1932, p. 234/ 235 間挿入.

図表 3　〔p. 38〕　Vries, Leonard De, 1991, p. 129.
図表 9　〔p. 103〕　*PUNCH*, March 1925.
（引用は Briggs, Susan, 1981, p. 35 による）
図表 10　〔p. 106〕　*Ibid.*, p. 65.
図表 15　〔p. 154〕　Gernsback, Hugo, ed., *RADIO-CRAFT*, 1987, p. 516.
図表 17　〔p. 186〕　*Ibid.*, p. 623.
図表 26　〔pp. 242-243〕　*Ibid.*, pp. 512-13.
図表 35　〔p. 289〕　*PUNCH*, December 9, 1879.

(*reprinted by Arno Press, 1971*).
White, Paul W., *News on the Air*, New York: Harcourt, Brace & Company, 1947.
Williams, Raymond, ed. by Ederyn Williams, *Television: Technology and Cultural Form*, London: Routledge, 1990.
Winston, Brian, *Misunderstanding Media*, Cambridge, Massachusetts: Harvard University Press, 1986.
Wood, James P., *The Story of Advertising*, New York: The Ronald Press, 1958.
山口秀夫『アメリカの三大 TV ネットワーク』教育社，1979 年.
山川正光『やさしいメディア技術発達史読本』日刊工業新聞社，1990 年.
山本透・小田原敏・伊藤正徳「草創期の『ラヂオ気分』：東京朝日新聞の記事から」『コミュニケーション研究』第 14 号，上智大学コミュニケーション学会，1984 年，71-150 頁.
山崎清『アメリカのビッグビジネス：企業文明の盛衰』日本経済新聞社，1986 年.
吉見俊哉・若林幹夫・水越伸『メディアとしての電話』弘文堂，1992 年.
郵政省放送行政局監修『放送政策の展望：ニューメディア時代における放送に関する懇談会（放送政策懇談会）報告書』電気通信振興会，1987 年.
Zweig, Stefan, *Sternstunden der Menschheit: Zwölf historische Miniaturen*, Stockholm: Bermann-Fischer Verlag, 1943＝片山敏彦訳『人類の星の時間』みすず書房，1972 年.
Zworykin, V. K., E. G. Ramberg and L. E. Flory, *Television in Science and Industry*, New York: John Wiley & Sons, 1958.

Radio Conference and Recommendations for Regulation of Radio," Washington D. C.: Government Printing Office, 1926 (*reprinted by Arno Press* in John Kittross, ed., *Documents in American Telecommunications Policy*, 1977).

U. S. Department of Commerce, *Historical Statistics of the United States: Colonial Times to 1970*, Washington D. C.: Government Printing Office, 1975＝斎藤眞・鳥居泰彦監訳『アメリカ歴史統計：植民地時代～1970年』全3巻, 原書房, 1986-87年.

Vail, Alfred, *Eyewitness to Early American Telegraphy*, New York: Arno Press, 1974.

Veblen, Thorstein, *The Theory of the Leisure Class: An Economic Study in the Evolution of Institutions*, New York: Modern Library, 1934 (*first published in 1899*)＝小原敬士訳『有閑階級の理論』岩波文庫, 1961年.

Vries, Leonard De, *Victorian Inventions*, London: John Murray, 1991 (*first published in 1971*).

Waldrop, Frank C. and Joseph Borkin, *Television: A Struggle for Power*, New York: William Morrow and Company, 1938 (*reprinted by Arno Press, 1971*).

Walter, Judith C., *Radio: The Fifth Estate*, Boston: Houghton Mifflin, 1946.

渡辺裕『聴衆の誕生：ポスト・モダン時代の音楽文化』春秋社, 1989年.

Weeks, Lewis Elton, *Order Out of Chaos: The Formative Years of American Broadcasting/1920-1927*, (Doctoral Dissertation, Michigan State University, 1962), Ann Arbor, Michigan: University Microfilms International, 1963.

Wertheim, Arthur Frank, *Radio Comedy*, New York: Oxford University Press, 1979.

White, Llewellyn, *The American Radio: A Report on the Broadcasting Industry in the United States from the Commission on Freedom of the Press*, Chicago: University of Chicago Press, 1947

逓信総合博物館監修『日本人とてれふぉん：明治・大正・昭和の電話世相史』NTT 出版，1990 年.

Thomas, Dana L., *The Media Moguls*, New York: Putnam, 1981＝常盤新平訳『アメリカ・マスコミ事情』TBS ブリタニカ，1982 年.

Tichi, Cecelia, *Electronic Hearth: Creating an American Television Culture*, New York: Oxford University Press, 1991.

Time-Life Books, *This Fabulous Century 1920–1930*, New York: Time-Life Books, 1969＝常盤新平訳『ラプソディ イン ブルー：アメリカの世紀 1920-1930』西武タイム，1985 年.

Tocqueville, Alexis De, *Democracy in America*, translated by Henry Reeve, London: Oxford University Press, 1952＝井伊玄太郎訳『アメリカの民主政治』全 3 巻，講談社学術文庫，1987 年.

Toffler, Alvin, *The Third Wave*, New York: William Morrow & Company, 1980＝徳岡孝夫監訳『第三の波』中公文庫，1982 年.

常盤新平『アメリカンジャズエイジ』集英社文庫，1981 年.

徳丸仁『電波技術への招待：その発展と発想の流れをさぐる』講談社，1978 年.

東京大学新聞研究所編『高度情報社会のコミュニケーション：構造と行動』東京大学出版会，1990 年.

東京電気通信局編『東京の電話：その五十万加入まで』上巻，電気通信協会，1958 年.

鳥居博『アメリカの電気通信制度』日東出版社，1950 年.

津金沢聡広「初期普及段階における放送統制とラジオ論」『関西学院大学社会学部紀要』第 63 号，1991 年，885–912 頁.

津金沢聡広・田宮武編著『放送文化論』ミネルヴァ書房，1983 年.

内川芳美『マス・メディア法政策史研究』有斐閣，1989 年.

U. S. Department of Commerce, "Recommendations for Regulation of Radio Adopted by the Third National Radio Conference," Washington D. C.: Government Printing Office, 1924 (*reprinted by Arno Press*, in John Kittross, ed., *Documents in American Telecommunications Policy*, 1977).

U. S. Department of Commerce, "Proceedings of the Fourth National

Dissertation, Northwestern University, 1956), New York: Arno Press, 1979.
Steinbeck, John, *The Grapes of Wrath*, New York: The Viking Press, 1939＝大久保康雄訳『怒りの葡萄』上下巻，新潮文庫，1967年.
Sterling, Christopher H., *Electronic Media: A Guide to Trends in Broadcasting and Newer Technologies 1920–1983*, New York: Praeger, 1984.
Sterling, Christopher H. and John M. Kittross, *Stay Tuned: A Concise History of American Broadcasting*, 2nd ed., Belmont, California: Wadsworth, 1990.
Stern, Robert H., *The Federal Communications Commission and Television: The Regulatory Process in an Environment of Rapid Technical Innovation*, (Doctoral Thesis, Harvard University, 1950), New York: Arno Press, 1979.
Stewart, Irwin, ed., *Radio*, Philadelphia: The American Academy of Political and Social Science, 1929 (*reprinted by Arno Press, 1971*).
Stokes, John W., *The Golden Age of Radio in the Home*, New Zealand: Craigs Printers and Publishers, 1986.
Strasser, Susan, *Satisfaction Guaranteed: The Making of the American Mass Market*, New York: Pantheon Books, 1989.
菅谷実『アメリカの電気通信政策：放送規制と通信規制の境界領域に関する研究』日本評論社，1989年.
鈴木圭介編『アメリカ経済史』東京大学出版会，1972年.
鈴木圭介編『アメリカ独占資本主義：形成期の基礎構造』弘文堂，1980.
高木教典「日本のテレビ・ネットワーク」『調査情報』第82–87号，東京放送，1966年.
高柳健次郎『テレビ事始：イの字が映った日』有斐閣，1986年.
Tebbel, John, *The Media in America*, New York: Thomas Y. Crowell, 1974.
逓信省編『逓信事業史』第2・3巻，逓信協会，1940年.

社，1986年.
白髭武『アメリカマーケティング発達史』実教出版，1978年.
『思想』（特集：情報化と文化変容），岩波書店，1992年7月号.
Siepmann, Charles A., *Radio, Television and Society*, New York: Oxford University Press, 1950.
Sinclair, Upton, *The Brass Check: A Study of American Journalism*, Pasadena, California: published by the author, 1919 (*reprinted by Arno Press, 1970*)＝早坂二郎訳『真鍮の貞操切符：ブラス・チェック』新潮社，1929年.
Sklar, Robert, *Movie-Made America: A Social History of American Movies*, New York: Random House, 1975＝鈴木主税訳『映画がつくったアメリカ』平凡社，1980年.
Slack, Jennifer Daryl and Fred Fejes, eds., *The Ideology of the Information Age*, Norwood, New Jersey: Ablex Publishing Corporation, 1987＝岩倉誠一・岡山隆監訳『神話としての情報社会』日本評論社，1990年.
Smith, Anthony, *The Shadow in the Cave: A Study of the Relationship between the Broadcaster, His Audience and the State*, London: George Allen & Unwin, 1973.
Smith, Anthony, compiled and ed., *British Broadcasting*, Newton Abbot: David & Charles, 1974.
Smith, R. Franklin, "Oldest Station in the Nation?" *Journal of Broadcasting*, Vol. 4, No. 1, 1959, pp. 40–55.
Smith, R. Lewis, *A Study of the Professional Criticism of Broadcasting in the United States, 1920–1955*, (Doctoral Dissertation, University of Wisconsin, 1959), New York: Arno Press, 1979.
Sobel, Robert, *IBM: Colossus in Transition*, New York: Times Books Co., 1981.
Spalding, John W., "1928: Radio Becomes a Mass Advertising Medium," *Journal of Broadcasting*, Vol. 8, No. 1, 1963, pp. 31–44.
Stamps, Charles Henry, *The Concept of the Mass Audience in American Broadcasting: An Historical-Descriptive Study*, (Doctoral

New York: Augustus M. Kelley, 1969.
Schivelbusch, Wolfgang, *Geschichte der Eisenbahnreise: Zur Industrialisierung von Raum und Zeit im 19. Jahrhundert*, München: Hanser Verlag, 1977＝加藤二郎訳『鉄道旅行の歴史：十九世紀における空間と時間の工業化』法政大学出版局，1982年.
Schlesinger, Arthur M., Jr., *The Age of Roosevelt Vol. 1: The Crisis of the Old Order, 1919–1933*, Boston: Houghton Mifflin, 1957＝救仁郷繁訳『ローズヴェルトの時代（1）旧体制の危機：1919–1933』論争社，1962年.
Schramm, Wilbur, ed., *Mass Communications*, Urbana: University of Illinois Press, 1949.
Schubert, Paul, *The Electric Word: The Rise of Radio*, New York: Macmillan, 1928 (*reprinted by Arno Press, 1971*).
Schudson, Michael, *Discovering the News: A Social History of American Newspapers*, New York: Basic Books, 1978.
Schwoch, James, *The American Radio Industry and Its Latin American Activities, 1900–1939*, Urbana: University of Illinois Press, 1990.
Scott, James D., *Advertising Principles and Problems*, New York: Prentice Hall, 1953.
Seldes, George, *One Thousand Americans*, New York: Boni & Gaer, 1947＝西田勲訳『1000人のアメリカ人』上下巻，有斐閣，1955年.
Shannon, D. A., *Between the Wars: America, 1919–1941*, Boston: Houghton Mifflin, 1965＝今津晃・榊原胖夫訳『アメリカ：二つの大戦のはざまに』南雲堂，1976年.
Shannon, D. A., ed., *The Great Depression*, Englewood Cliffs, New Jersey: Prentice Hall, 1960＝玉野井芳郎・清水知久訳『大恐慌：1929年の記録』中公新書，1963年.
島崎憲一『アメリカの放送企業』朝日新聞調査研究室報告・社内用19号，1950年.
塩見治人・溝田誠吾・谷口明丈・宮崎信二『アメリカ・ビッグビジネス成立史：産業的フロンティアの消滅と寡占体制』東洋経済新報

Lost Inventor of Moving Pictures, New York: Maxwell Macmillan International, 1990＝鈴木圭介訳『エジソンに消された男』筑摩書房，1992 年.

Read, Oliver and Walter L. Welch, *From Tin Foil to Stereo: Evolution of the Phonograph*, Indianapolis: Howard W. Sams, 1959.

Riesman, David, *The Lonely Crowd: A Study of the Changing American Character*, New Haven: Yale University Press, 1961＝加藤秀俊訳『孤独な群衆』みすず書房，1964 年.

Rings, Werner, *Die 5. Wand: Das Fernsehen*, Wien: Econ-Verlag 1962＝山本透訳『第五の壁　テレビ：その歴史的変遷と実態』東京創元新社，1967 年.

Robinson, Glen O., "The FCC and the First Amendment: Observations on 40 years of Radio and Television Regulation," *Minnesota Law Review*, Vol. 52, 1967, pp. 67–163.

Robinson, Thomas Porter, *Radio Networks and the Federal Government*, New York: Columbia University Press, 1943（*reprinted by Arno Press, 1979*）.

Rose, Cornelia B., Jr., *National Policy for Radio Broadcasting*, New York: Harper & Brothers, 1940（*reprinted by Arno Press, 1971*）.

Rosenberg, Bernard and David Manning White, eds., *Mass Culture: the Popular Arts in America*, Illinois: Free Press, 1957.

Rostow, W. W., *The Stages of Economic Growth: A Non-Communist Manifesto*, London: Cambridge University Press, 1960＝木村健康・久保まち子・村上泰亮訳『経済成長の諸段階』ダイヤモンド社，1961 年.

Sarno, Edward F., Jr., "The National Radio Conferences," *Journal of Broadcasting*, Vol. 13, No. 2, 1969, pp. 189–202.

Sarnoff, David, *Looking Ahead: The Papers of David Sarnoff*, New York: McGraw-Hill, 1968＝坂元正義監訳『創造への衝動：RCA を築いた技術哲学』ダイヤモンド社，1970 年.

Schiller, Herbert I., *Mass Communications and American Empire*,

Nye, David E., *Electrifying America: Social Meanings of a New Technology 1880–1940*, Cambridge, Massachusetts: The MIT Press, 1990.
Nye, Russell B., *The Unembarrassed Muse: The Popular Arts in America*, New York: Dial Press, 1970.
岡村黎明『テレビの社会史』朝日新聞社，1988 年.
Ong, Walter J., *Orality and Literacy: The Technologizing of the Word*, London: Methuen, 1982＝桜井直文・林正寛・糟谷啓介訳『声の文化と文字の文化』藤原書店，1991 年.
大阪放送局沿革史編纂委員編『大阪放送局沿革史』日本放送協会関西支部，1934 年.
Paley, William S., *As It Happened: A Memoir*, Garden City, New York: Doubleday, 1979.
Parish, James Robert and Michael R. Pitts, *Hollywood Songsters*, New York: Garland Publishing, 1991.
Pool, Ithiel de Sola, *Technologies of Freedom*, Cambridge, Massachusetts: Harvard University Press, 1983＝堀部政男監訳『自由のためのテクノロジー：ニューメディアと表現の自由』東京大学出版会，1988 年.
Pool, Ithiel de Sola, ed., *The Social Impact of the Telephone*, Cambridge, Massachusetts: The MIT Press, 1977.
Pool, Ithiel de Sola, edited by Eli M. Noam, *Technologies without Boundaries: On Telecommunications in a Global Age*, Cambridge, Massachusetts: Harvard University Press, 1990.
Powe, Lucas A., Jr., *American Broadcasting and the First Amendment*, Berkeley: University of California Press, 1987.
Presbrey, Frank, *The History and Development of Advertising*, New York: Greenwood Press, 1968 (*first published in 1929*).
Quaal, Ward L. and Leo A. Martin, *Broadcast Management*, New York: Hastings House, 1968＝白根孝之・堀直行訳『放送産業論』岩崎放送出版社，1969 年.
Rawlence, Christopher, *The Missing Reel: The Untold Story of the*

放送，1991年，2-5頁．

水越伸「社会的想像力と産業的編制：生活文化の中のテレコミュニケーション・メディア」『新聞学評論』第41号，1992年，103-118頁．

Moores, Shaun, "'The Box on the Dresser': Memories of Early Radio and Everyday Life," *Media, Culture & Society*, Vol. 10, No. 1, 1988, pp. 23-40.

Moritz, Michael, *The Little Kingdom: The Private Story of Apple Computer*, New York: William Morrow, 1984＝青木栄一訳『アメリカン・ドリーム』二見書房，1985年．

守屋毅編『日本人と遊び』ドメス出版，1989年．

Mott, Frank Luther, *American Journalism*, revised ed., New York: Macmillan, 1950.

向山巌『アメリカ経済の発展構造』未來社，1966年．

永井荷風『濹東綺譚』新潮文庫，1951年（初版1937年）．

中屋健一『アメリカ現代史：新しい資本主義とデモクラシーの試練』いずみ書院，1965年．

南部鶴彦『テレコム・エコノミクス：競争と規則のメカニズムを探る』日本経済新聞社，1986年．

日本電信電話公社編『電信電話事業史』第1巻，電気通信協会，1959年．

日本放送協会編『日本放送史』日本放送出版協会，1951年．

日本放送協会編『日本放送史』全3巻，日本放送出版協会，1965年．

日本放送協会編『放送五十年史』全2巻，日本放送出版協会，1977年．

日本放送協会編『放送の五十年：昭和とともに』日本放送出版協会，1977年．

日本民間放送連盟放送研究所『電波料の理論』日本民間放送連盟，1964年．

日本民間放送連盟放送研究所編『放送産業：21世紀への展望 番組／経営／視聴者』東洋経済新報社，1987年．

西垣通『デジタル・ナルシス』岩波書店，1991年．

野崎茂『メディアの熟成：情報産業 成長史論』東洋経済新報社，1989年．

花嫁』竹内書店，1968年.
McLuhan, Marshall, *The Gutenberg Galaxy: The Making of Typographic Man*, Toronto: University of Toronto Press, 1962＝森常治訳『グーテンベルクの銀河系：活字人間の形成』みすず書房，1986年.
McLuhan, Marshall, *Understanding Media: The Extensions of Man*, New York: McGraw-Hill, 1964＝栗原裕・河本仲聖訳『メディア論：人間の拡張の諸相』みすず書房，1987年.
Meehan, Eileen R., "Critical Theorizing on Broadcast History," *Journal of Broadcasting and Electronic Media*, Vol. 30, No. 4, 1986, pp. 393-411.
Meikle, Jeffrey L., *Twentieth Century Limited: Industrial Design in America 1925-1939*, Philadelphia: Temple University Press, 1979.
Metz, Robert, *CBS: Reflections in a Bloodshot Eye*, New York: Playboy Press, 1975＝岡村黎明訳『CBS：アメリカTV界の内幕』（抄訳）サイマル出版会，1981年.
Midgley, Ned, *The Advertising and Business Side of Radio*, New York: Prentice Hall, 1948.
Millard, Andre, *Edison and the Business of Innovation*, Baltimore: Johns Hopkins University Press, 1990.
南博・社会心理研究所『昭和文化：1925～1945』勁草書房，1987年.
南博・岡田則夫・竹山昭子編『近代庶民生活誌：遊戯・娯楽』第8巻，三一書房，1988年.
水越伸「アメリカにおける『放送』の形成：メディア社会化の産業的側面を中心として」東京大学大学院社会学研究科社会学専攻新聞学専修提出修士論文，1987年.
水越伸「アメリカにおける『放送』の産業的形成：『放送』観の発生と変容を中心として」『放送学研究』第39号，1989年，211-238頁.
水越伸「戦争・テクノロジー・ジャーナリズム（1）：エド・マローからピーター・アーネットへの伝言」『調査情報』第386号，東京

[*Modern*] *American Culture*, New York: Harcourt, Brace and Company, 1956 (*first published in 1929*)＝中村八朗訳『ミドゥルタウン』青木書店，1990年.
Lynn, Kenneth S., ed., *The American Society*, New York: George Braziller, 1963＝大橋健三郎監訳『アメリカの社会』東京大学出版会，1966年.
MacDonald, Greg, "The Emergence of Global Multi-Media Conglomerates," *ILO Multinational Enterprises Programme Working Paper*, No. 70, Geneva: International Labour Office, 1990.
Maltby, Richard, ed., *Passing Parade: A History of Popular Culture in the Twentieth Century*, Oxford: Oxford University Press, 1989.
Mandell, Maurice I., *Advertising*, Englewood Cliffs, New Jersey: Prentice Hall, 1968.
Marchand, Roland, *Advertising the American Dream: Making Way for Modernity, 1920–1940*, Berkeley: University of California Press, 1985.
Marvin, Carolyn, *When Old Technologies Were New: Thinking about Electric Communication in the Late Nineteenth Century*, New York: Oxford University Press, 1988.
松本重治編『フランクリン ジェファーソン マディソン他 トクヴィル』中央公論社，1980年.
松岡正剛監修『情報の歴史：象形文字から人工知能まで』NTT出版，1990年.
Matteson, Donald W., *The Auto Radio: A Romantic Genealogy*, Jackson, Michigan: Thornridge Publishing, 1987.
Mayr, Otto and Robert C. Post, ed., *Yankee Enterprise: The Rise of the American System of Manufactures*, Washington, D. C.: Smithsonian Institution Press, 1981＝小林達也訳『大量生産の社会史』東洋経済新報社，1984年.
McLuhan, Marshall, *The Mechanical Bride: Folklore of Industrial Man*, New York: The Vanguard Press, 1951＝井坂学訳『機械の

Lazarsfeld, Paul F. and Frank N. Stanton, eds., *Radio Research: 1942–1943*, New York: Duell, Sloan and Pearce, 1944.

Lazarsfeld, Paul F. and Patricia L. Kendall, *Radio Listening in America: The People Look at Radio—Again*, New York: Prentice Hall, 1948.

Leighton, Isabel, ed., *The Aspirin Age: 1919–1941*, New York: Simon and Schuster, 1949＝木下秀夫訳『アスピリン・エイジ』上中下巻，早川文庫，1979 年.

Levin, Harvey J., *Broadcast Regulation and Joint Ownership of Media*, New York: New York University Press, 1960.

Levy, Leonard and John P. Roche, eds., *The American Political Process*, New York: George Braziller, 1963＝斎藤眞監訳『アメリカの政治』東京大学出版会，1967 年.

Levy, Steven, *Hackers: Heroes of the Computer Revolution*, Garden City, New York: Anchor Press / Doubleday, 1984＝古橋芳恵・松田信子訳『ハッカーズ』工学社，1987 年.

Lewis, Sinclair, *Main Street: The Story of Carol Kennicott*, New York: Harcourt, Brace and Howe, 1920＝斎藤忠利訳『本町通り』上中下巻，岩波文庫，1970–73 年.

Lewis, Sinclair, *Babbitt*, New York: Harcourt, Brace and Co., 1922.

Lichty, Lawrence W., "Members of the Federal Radio Commission and Federal Communications Commission: 1927–1961," *Journal of Broadcasting*, Vol. 6, No. 1, 1961, pp. 23–34.

Lichty, Lawrence W. and Malachi C. Topping, *American Broadcasting: A Source Book on the History of Radio and Television*, New York: Hasting House, 1975.

Lippmann, Walter, *Public Opinion*, New York: Macmillan, 1950 (*first published in 1922*)＝掛川トミ子訳『世論』上下巻，岩波文庫，1987 年.

Lukacs, John, *Budapest 1900: A Historical Portrait of a City and Its Culture*, London: Weidenfeld & Nicolson, 1988.

Lynd, Robert S. and Helen Merrell Lynd, *Middletown: A Study in*

ing," *Journal of Broadcasting*, Vol. 1, No. 3, 1957, pp. 241-249.

Johnson, Arthur M., *Government-Business Relations*, Columbus, Ohio: Charles E. Merrill Books, 1965＝田中啓一訳『アメリカ政府と企業』勝利出版社，1971年.

Jome, Hiram L., *Economics of the Radio Industry*, Chicago: A. W. Shaw Company, 1925 (*reprinted by Arno Press, 1971*).

Kahn, Frank J., ed., *Documents of American Broadcasting*, 3rd ed., Englewood Cliffs, New Jersey: Prentice-Hall, 1978.

亀井俊介『サーカスが来た！ アメリカ大衆文化覚書』東京大学出版会，1976年.

亀井俊介『摩天楼は荒野にそびえ：わがアメリカ文化誌』日本経済新聞社，1978年.

亀井俊介・平野孝編『総合アメリカ年表：文化・政治・経済』南雲堂，1971年.

金澤覚太郎『商業放送の研究』（株）日本電報通信社，1951年.

金沢覚太郎『放送文化小史・年表』岩崎放送出版社，1966年.

桂敬一「新しい社会情報学へのアプローチ」『新聞学評論』第41号，1992年，31-57頁.

Kendrick, Alexander, *Prime Time: The Life of Edward R. Murrow*, Boston: Little, Brown and Company, 1969＝岡本幸雄訳『ヒトラーはここにいる：アメリカ放送現代史の体現者エド・マローの生涯』（抄訳）サイマル出版会，1973年.

Kittross, John M., ed., *Documents in American Telecommunications Policy*, Vol. 1, New York: Arno Press, 1977.

越野宗太郎編『東京放送局沿革史』東京放送局沿革史編纂委員会，1928年.

Landry, Robert J., *This Fascinating Radio Business*, Indianapolis: Bobbs-Merrill, 1946.

Larrabee, Eric and Rolf Meyersohn, eds., *Mass Leisure*, Glencoe, Illinois: The Free Press, 1958.

Lazarsfeld, Paul F. and Frank N. Stanton, eds., *Radio Research: 1941*, New York: Duell, Sloan and Pearce, 1941.

細川周平『レコードの美学』勁草書房，1990年．
Hower, R. M., *The History of an Advertising Agency: N. W. Ayer & Sons at Work, 1869–1949*, Cambridge, Massachusetts: Harvard University Press, 1949.
Hubbell, R. W., *4000 Years of Television*, New York: Putnam, 1942.
Huberman, Leo, *We, the People*, New York: Harper, 1932＝小林良正・雪山慶正訳『アメリカ人民の歴史』上下巻，岩波書店，1954年．
Huth, Arno, *Radio Today: The Present State of Broadcasting*, 〔*Geneva Studies*, Vol. 12, No. 6〕, Switzerland: Geneva Research Centre, 1942 (*reprinted by Arno Press, 1971*).
今道潤三『アメリカのテレビネットワーク：機能と運営』広放図書，1962年．
Inglis, Fred, *Media Theory: An Introduction*, Oxford: Basil Blackwell, 1990＝伊藤誓・磯山甚一訳『メディアの理論：情報化時代を生きるために』法政大学出版局，1992年．
Innis, Harold A., *The Bias of Communication*, Toronto: University of Toronto Press, 1951＝久保秀幹訳『メディアの文明史：コミュニケーションの傾向性とその循環』新曜社，1987年．
猪瀬直樹『欲望のメディア』小学館，1990年．
井上泰三「アメリカの放送無統制時代について」『放送学研究』第2号，1962年，93-118頁．
井上泰三「アメリカ放送制度の建設について：1927年の無線法を中心に（1）」『放送学研究』第3号，1962年，51-73頁．「同（2）」同上，第7号，1964年，29-72頁．
入江節次郎・高橋哲雄編『講座西洋経済史4巻：大恐慌前後』同文舘出版，1980年．
Irwin, M. R., *Telecommunications America: Markets without Boundaries*, Connecticut: Quorum Books, 1984.
石坂悦男ほか編『メディアと情報化の現在』日本評論社，1993年
伊藤俊治『機械美術論：もうひとつの20世紀美術史』岩波書店，1991年．
Jansky, C. M., Jr., "The Contribution of Herbert Hoover to Broadcast-

Harlow, Alvin F., *Old Wires and New Waves: The History of the Telegraph, Telephone, and Wireless*, New York: Appleton-Century, 1936 (*reprinted by Arno Press, 1971*).

Harvard University, Graduate School of Business Administration, *The Radio Industry: The Story of Its Development*, Chicago: A. W. Shaw, 1928 (*reprinted by Arno Press, 1974*).

橋本正邦『アメリカの新聞　新訂』日本新聞協会, 1988年.

林進「放送制度と放送意識（2）」『埼玉大学紀要・教養学部』第23巻, 1987年.

Head, Sydney W., *Broadcasting in America*, 3rd ed., 4th ed., 5th ed., Boston: Houghton Mifflin, 1976, 1982, 1987.

Hettinger, Herman S., *A Decade of Radio Advertising*, Chicago, Illinois: The University of Chicago Press, 1933 (*reprinted by Arno Press, 1971*).

Hill, Jonathan, *Radio! Radio!*, Halesworth, Suffolk: Halesworth Press, 1986.

Hilmes, Michele, *Hollywood and Broadcasting: From Radio to Cable*, Urbana: University of Illinois Press, 1990.

平井正ほか『都市大衆文化の成立：現代文化の原型　一九二〇年代』有斐閣, 1983年.

平井正・岩村行雄・木村靖二『ワイマール文化：早熟な《大衆文化》のゆくえ』有斐閣, 1987年.

Hobsbawm, E. J., *The Age of Capital: 1848-1875*, London: Weidenfeld and Nicolson, 1975＝柳父圀近ほか・松尾太郎ほか訳『資本の時代：1848-1875』全2巻, みすず書房, 1981-82年.

Hofstadter, Richard, *The Age of Reform: From Bryan to F. D. R.*, New York: Alfred A. Knopf, 1955＝清水知久・斎藤真・泉昌一・阿部斉・有賀弘・宮島直機訳『改革の時代：農民神話からニューディールへ』みすず書房, 1988年.

Horkheimer, Max and Theodor W. Adorno, *Dialektik der Aufklärung: Philosophische Fragmente*, Amsterdam: Querido Verlag, 1947＝徳永恂訳『啓蒙の弁証法』岩波書店, 1990年.

Fox, Richard Wightman and T. J. Jackson Lears, *The Culture of Consumption: Critical Essays in American History 1880–1980*, New York: Pantheon Books, 1983＝小池和子訳『消費の文化』勁草書房，1985年.
Fox, Stephen, *The Mirror Makers: A History of American Advertising and Its Creators*, New York: William Morrow and Company, 1984＝小川彰訳『ミラーメーカーズ：フォックスの広告世相100年史』上下巻，講談社，1985年.
Friendly, Fred, *Due to Circumstances beyond Our Control*, New York: Vintage Books, 1968＝岡本幸雄訳『やむをえぬ事情により……』早川書房，1969年.
Gernsback, Hugo, ed., *Radio-Craft*, Vol. 9, No. 9, March 1938.（*reprinted by Vestal Press, 1987*）
Ginsburg, Douglas H., *Regulation of Broadcasting: Law and Policy towards Radio, Television, and Cable Communications*, Minnesota: West Publishing, 1979.
後藤和彦編集・解説『現代のエスプリ 208：放送文化』至文堂，1984年.
Goulden, Joseph C., *Monopoly*, New York: G. P. Putnam's Sons, 1968.
Greb, Gordon B., "The Golden Anniversary of Broadcasting," *Journal of Broadcasting*, Vol. 3, No. 1, 1958, pp. 3–13.
Gumpart, Gary, *Talking Tombstones and Other Tales of the Media Age*, New York: Oxford University Press, 1987＝石丸正訳『メディアの時代』新潮社，1990年.
Gurevitch, M., T. Bennett, J. Curran and J. Woollacott, eds., *Culture, Society and the Media*, London: Methuen, 1982.
Halberstam, David, *The Powers That Be*, New York: Dell Publishing, 1979＝筑紫哲也・東郷茂彦・斎田一路訳『メディアの権力』全3巻，サイマル出版会，1983年.
浜野保樹『ハイパーメディア・ギャラクシー：コンピューターの次にくるもの』福武書店，1988年.
浜野保樹『メディアの世紀：アメリカ神話の創造者たち』岩波書店，1991年.

[U.S. House of Representatives Report 1297, 85th Congress, 2nd Session], Washington: Government Printing Office, 1958.

Federal Communications Commission, *Television Network Program Procurement*, [U.S. House of Representatives Report 281, 88th Congress, 1st Session], Washington: Government Printing Office, 1963.

Federal Radio Commission, *Annual Report of The Federal Radio Commission: 1927-1933*, Washington: Government Printing Office, 1927-1933 (*reprinted by Arno Press, 1971*).

Federal Radio Commission, *Commercial Radio Advertising*, [72nd Congress, 1st Session, Senate Document No. 137], Washington: Government Printing Office, 1932.

Federal Trade Commission, *Report on The Radio Industry*, Washington: Government Printing Office, 1924 (*reprinted by Arno Press, 1974*).

Fitzgerald, F. Scott, "May Day," originally appeared in *The Smart Set*, Vol. 62, No. 3, 1920＝佐伯泰樹訳「メイ・デイ」佐伯編訳『フィッツジェラルド短篇集』岩波文庫，1992 年，87-94 頁.

Fitzgerald, F. Scott, "Echoes of the Jazz Age," originally appeared in *Scribner's Magazine*, Vol. 90, No. 5, 1931＝井上謙治訳「ジャズ・エイジのこだま」渥美昭夫・井上謙治編訳『崩壊：フィッツジェラルド作品集 3』荒地出版社，1981 年，160-171 頁.

Flannery, Gerald V., *Mass Media: Marconi to MTV*, Lanham: University Press of America, 1989.

Flink, James J., *The Car Culture*, Cambridge, Massachusetts: MIT Press, 1975.

Folkerts, Jean and Dwight L. Teeter, Jr., *Voices of a Nation: A History of Media in the United States*, New York: Macmillan Publishing Company, 1989.

Foucault, Michel, ed. by Colin Gordon, *Power/Knowledge: Selected Interviews and Other Writings 1972-1977*, Brighton: Harvester, 1980.

Play, 2nd ed., New York: Appleton-Century-Crofts, 1965.

Dunlap, Orrin E., Jr., *The Outlook for Television*, New York: Harper & Brothers 1932 (*reprinted by Arno Press,1971*).

Dunlap, Orrin E., Jr., *Marconi: The Man and His Wireless*, New York: Macmillan Company, 1937 (*reprinted by Arno Press, 1971*).

Dunning, John, *Tune in Yesterday: The Ultimate Encyclopedia of Old-Time Radio, 1925-1976*, Englewood Cliffs, New Jersey: Prentice Hall, 1976.

Emery, Edwin and Henry Smith, *The Press and America*, New York: Prentice Hall, 1954.

Emery, Walter B., *Broadcasting and Government: Responsibilities and Regulations*, East Lansing: Michigan State University Press, 1961.

Engineering Department, Federal Communications Commission, *Report on Social and Economic Data Pursuant to the Informal Hearing on Broadcasting, Docket 4063, Beginning October 5, 1936*, Washington: Government Printing Office, 1938.

Fang, Irving E., *Those Radio Commentators!*, Ames: Iowa State University Press, 1977＝小糸忠吾・松本たま・石田こずえ・岡本幸雄訳『ラジオ黄金時代：アメリカのニュース解説者たち』荒地出版社，1991年.

Federal Communications Commission, *Annual Report of Federal Communications Commission*, Vol. 1, 1934/1935-1939, Vol. 2, 1940-1949, Washington: Government Printing Office, 1934-1939, 1940-1949 (*reprinted by Arno Press, 1971*).

Federal Communications Commission, *Report on Chain Broadcasting*, Washington: Government Printing Office, 1941.

Federal Communications Commission, *An Economic Study of Standard Broadcasting*, Washington: Government Printing Office, 1947.

Federal Communications Commission, *Network Broadcasting* (1957),

Coon, Horace, *American Tel & Tel: The Story of a Great Monopoly*, New York: Books for Libraries Press, 1971 (*first published in 1939*).
Covert, Catherine L. and John D. Stevens, eds., *Mass Media Between the Wars: Perceptions of Cultural Tension, 1918-1941*, New York: Syracuse University Press, 1984.
クリスポルティ・エンリコ，井関正昭監修『未来派　1909-1944』東京新聞，1992年.
Czitrom, Daniel J., *Media and the American Mind: From Morse to McLuhan*, Chapel Hill: University of North Carolina Press, 1982.
DeFleur, Melvin L. and Sandra Ball-Rokeach, *Theories of Mass Communication*, 4th ed., New York: Longman, 1982.
DeLamarter, R. Thomas, *Big Blue: IBM's Use and Abuse of Power*, New York: Dodd, Mead & Co., 1986＝青木栄一訳『ビッグブルー：IBMはいかに市場を制したか』日本経済新聞社，1987年.
電波監理委員会編『日本無線史』第7巻，電波監理委員会，1951年.
Dimmick, John and Eric Rothenbuhler, "The Theory of the Niche: Quantifying Competition among Media Industries," *Journal of Communication*, Vol. 34, No. 1, 1984, pp. 103-119.
Dinsdale, Alfred, *First Principles of Television*, London: Chapman and Hall, 1932 (*reprinted by Arno Press, 1971*).
Dos Passos, John, *U.S.A.*, New York: Modern Library, 1937＝渡辺利雄・平野信行・島田太郎訳『U.S.A』全2巻，岩波文庫，1977-78年.
Douglas, George H., *The Early Days of Radio Broadcasting*, Jefferson, North Carolina: McFarland & Company, 1987.
Douglas, Susan J., *Inventing American Broadcasting: 1899-1922*, Baltimore: Johns Hopkins University Press, 1987.
Du Boff, Richard B., "The Rise of Communications Regulation: The Telegraph Industry, 1844-1880," *Journal of Communication*, Vol. 34, No. 3, 1984, pp. 52-66.
Dulles, Foster Rhea, *A History of Recreation: America Learns to*

in 1973) = 唐津一監訳『孤独の克服：グラハム・ベルの生涯』NTT 出版，1991 年.

Cantril, Hadley and Gordon W. Allport, *The Psychology of Radio*, New York: Harper & Brothers, 1935.

Chandler, Alfred D., Jr., *Strategy and Structure: Chapters in the History of the American Industrial Enterprise*, Cambridge, Massachusetts: The MIT Press, 1962 = 三菱経済研究所訳『経営戦略と組織：米国企業の事業部制成立史』実業之日本社，1967 年.

Chandler, Alfred D., Jr., *The Visible Hand: The Managerial Revolution in American Business*, Cambridge, Massachusetts: Harvard University Press, 1977.

Chester, Giraud, "The Press-Radio War: 1933-1935," *Public Opinion Quarterly*, Vol. 13, No. 2, 1949, pp. 252-264.

Clarke, Arthur C., *Astounding Days: A Science Fictional Autobiography*, London: Gollancz, 1989 = 山高昭『楽園の日々：アーサー・C・クラーク自伝』早川書房，1990 年.

Cole, Barry G. and Al Paul Klose, "A Selected Bibliography on the History of Broadcasting," *Journal of Broadcasting*, Vol. 7, No. 3, 1963, pp. 247-268.

Compaine, Benjamin M., ed., *Who Owns the Media?: Concentration of Ownership in the Mass Communications Industry*, New York: Knowledge Industry Publications. Inc., 1979.

Conant, Michael, *Antitrust in the Motion Picture Industry: Economic and Legal Analysis*, Berkeley: University of California Press, 1960.

Converse, Paul D., *Fifty Years of Marketing in Retrospect*, Austin: Bureau of Business Research, University of Texas, 1959 = 梶原勝美訳『アメリカ・マーケティング史概論』白桃書房，1986 年.

Cooley, Charles Horton, *Social Organization: A Study of the Larger Mind*, New York: Charles Scribner's Sons, 1909 = 大橋幸・菊池美代志訳『現代社会学大系　第 4・社会組織論』青木書店，1970 年.

bana: University of Illinois Press, 1990.
Bolter, Jay David, *Writing Space: The Computer, Hypertext, and the History of Writing*, New Jersey: Lawrence Erlbaum Associates, 1991.
Boorstin, Daniel J., *The Image: Or, What Happened to the American Dream*, New York: Atheneum, 1962＝星野郁美・後藤和彦訳『幻影の時代：マスコミが製造する事実』東京創元社, 1964 年.
Boorstin, Daniel J., *The Americans: The Democratic Experience*, New York: Random House, 1973＝新川健三郎・木原武一訳『アメリカ人：大量消費社会の生活と文化』上下巻, 河出書房新社, 1976 年.
Briggs, Asa, *The History of Broadcasting in the United Kingdom: The Birth of Broadcasting*, Vol. 1, London: Oxford University Press, 1961.
Briggs, Asa, *The History of Broadcasting in the United Kingdom: The Golden Age of Wireless*, Vol. 2, London: Oxford University Press, 1965.
Briggs, Asa, *The BBC: The First Fifty Years*, Oxford: Oxford University Press, 1985.
Briggs, Susan, *Those Radio Times*, London: Weidenfeld and Nicolson, 1981.
Broadcasting Magazine, *The First 50 Years of Broadcasting: The Running Story of the Fifth Estate*, Washington: Broadcasting Publications, 1982.
Brock, Gerald W., *The Telecommunication Industry: The Dynamics of Market Structure*. Cambridge, Massachusetts: Harvard University Press, 1981.
Brooks, John, *Telephone: The First Hundred Years*, New York: Harper & Row, 1975＝北原安定監訳『テレフォン：アメリカ電話電信会社, その 100 年』企画センター, 1977 年.
Bruce, Robert V., *Bell: Alexander Graham Bell and the Conquest of Solitude*, Ithaca: Cornell University Press, 1990 (*first published*

York: Oxford University Press, 1978.
Barwise, Patrick and Andrew Ehrenberg, *Television and Its Audience*, London: Sage Publications, 1988＝田中義久・伊藤守・小林直毅訳『テレビ視聴の構造：多メディア時代の「受け手」像』法政大学出版局，1991年.
Baudino, Joseph E. and John M. Kittross, "Broadcasting's Oldest Stations: An Examination of Four Claimants," *Journal of Broadcasting*, Vol. 21, No. 1, 1977, pp. 61–83.
Baumbach, Robert W., *Look for the Dog: An Illustrated Guide to Victor Talking Machines 1901–1929*, California: Stationary X-Press, 1981.
Beniger, James R., *The Control Revolution: Technological and Economic Origins of the Information Society*, Cambridge, Massachusetts: Harvard University Press, 1986.
Benjamin, Walter, *Werke Band 2*, Frankfurt am Main: Suhrkamp Verlag, 1955＝佐々木基一編『ヴァルター・ベンヤミン著作集 2 複製技術時代の芸術』晶文社，1970年.
Beville, Hugh Malcolm, Jr., *Audience Ratings: Radio, Television, and Cable*, New Jersey: Lawrence Erlbaum Associates, 1985.
Bilby, Kenneth, *The General: David Sarnoff and the Rise of the Communications Industry*, New York: Harper & Row, 1986.
Biocca, Frank A., "The Pursuit of Sound: Radio, Perception and Utopia in the Early Twentieth Century," *Media Culture & Society*, Vol. 10, No. 1, 1988, pp. 61–79.
Biocca, Frank A., "Media and Perceptual Shifts: Early Radio and the Clash of Musical Cultures," *Journal of Popular Culture*, Vol. 24, No. 2, 1990, pp. 1–15.
Blum, Daniel, *Pictorial History of Television*, Philadelphia: Chilton Company, 1959.
Blum, Eleanor, *Basic Books in the Mass Media*, Urbana: University of Illinois Press, 1972.
Boddy, William, *Fifties Television: The Industry and Its Critics*, Ur-

Historical Society, 1938 (*reprinted by Arno Press, 1971*).
Archer, Gleason L., *Big Business and Radio*, New York: American Historical Company, 1939 (*reprinted by Arno Press, 1971*).
Archer, Gleason L., "Conventions, Campaigns and Kilocycles in 1924: The First Political Broadcasts," *Journal of Broadcasting*, Vol. 4, No. 2, 1960, pp. 110–118.
Bachelard, Gaston, *La Formation de l'Esprit Scientifique: Contribution à une Psychanalyse de la Connaissance Objective*, Paris: J. Vrin, 1938＝及川馥・小井戸光彦訳『科学的精神の形成：客観的認識の精神分析のために』国文社，1975年.
Bachelard, Gaston, *L'Air et les Songes: Essai sur l'Imagination du Mouvement*, Paris: Librairie José Corti, 1943＝宇佐見英治訳『空と夢：運動の想像力にかんする試論』法政大学出版局，1968年.
Bagdikian, Ben, *The Information Machines: Their Impact on Men and the Media*, New York: Harper & Row, 1971＝岡村黎明訳『インフォメーション・マシーン』サイマル出版会，1973年.
Bagdikian, Ben, *The Media Monopoly*, Boston: Beacon Press, 1983.
Banning, William Peck, *Commercial Broadcasting Pioneer: The WEAF Experiment 1922–1926*, Cambridge, Massachusetts: Harvard University Press, 1946.
Barnouw, Erik, *A Tower in Babel: A History of Broadcasting in the United States*, Vol. 1 / to 1933, New York: Oxford University Press, 1966.
Barnouw, Erik, *The Golden Web: A History of Broadcasting in the United States*, Vol. 2 / 1933 to 1953, New York: Oxford University Press, 1968.
Barnouw, Erik, *The Image Empire: A History of Broadcasting in the United States*, Vol. 3 / from 1953, New York: Oxford University Press, 1970.
Barnouw, Erik, *Tube of Plenty: The Evolution of American Television*, New York: Oxford University Press, 1975.
Barnouw, Erik, *The Sponsor: Notes on a Modern Potentate*, New

◇参考文献◇

Abramson, Albert, *The History of Television: 1880 to 1941*, Jefferson, North Carolina: McFarland & Co., 1987.

Adorno, Theodor W., *Einleitung in die Musiksoziologie*, Frankfurt am Main: Suhrkamp Verlag, 1962＝渡辺健・高辻知義訳『音楽社会学序説：十二の理論的な講義』音楽之友社，1970 年.

相田洋『NHK 電子立国日本の自叙伝（完結）』日本放送出版協会，1992 年.

Aitken, Hugh G. J., *Syntony and Spark: The Origins of Radio*, New York: Wiley-Interscience, 1976.

Albig, William, *Modern Public Opinion*, New York: McGraw-Hill Book Company, 1956.

Allen, Frederick Lewis, *Only Yesterday: An Informal History of the 1920's*, New York: Harper & Brothers, 1931＝藤久ミネ訳『オンリー・イエスタデイ：1920 年代・アメリカ』筑摩書房，1986 年.

Allen, Frederick Lewis, *Since Yesterday: The 1930's in America*, New York: Harper & Brothers, 1939＝藤久ミネ訳『シンス・イエスタデイ：1930 年代・アメリカ』筑摩書房，1990 年.

Allen, Frederick Lewis, *The Big Change: America Transforms Itself, 1900–1950*, New York: Harper & Brothers, 1952＝河村厚訳『ザ ビッグ チェンジ：アメリカ社会の変貌 1900～1950 年』光和堂，1979 年.

Altschull, J. Herbert, *From Milton to McLuhan: The Ideas behind American Journalism*, New York: Longman, 1990.

アメリカ学会訳編『原典アメリカ史　第 5 巻（現代アメリカの形成・下）』岩波書店，1957 年.

Anello, Douglas A. and Robert V. Cahill, "Legal Authority of the FCC to Place Limits on Broadcast Advertising Time," *Journal of Broadcasting*, Vol. 7, No. 4, 1963, pp. 285–303.

Archer, Gleason L., *History of Radio to 1926*, New York: American

文庫版のための補論

■三〇年ののちに

本書は、一九九三年に同文舘出版から出版された『メディアの生成――アメリカ・ラジオの動態史』の文庫版である。改訂にあたっては、表記上の統一を図り、統計数値の誤り、誤字脱字、読みにくい箇所を修正した。しかし加筆はしておらず、本書の内容は一九九三年版（以下、原著）と同じである。

原著は、一九八七年暮れに東京大学大学院社会学研究科に提出した修士論文「アメリカにおける『放送』の形成――メディア社会化の産業的側面を中心として」を、約五年かけて大幅に改訂したものである。出版までの経緯や、私がラジオとアメリカの歴史に興味をもった理由については、「あとがき」をお読みいただきたい。

この文庫版は原著が出版されてからちょうど三〇年後に出版されることになった。しかし修論を下敷きにしていることを踏まえれば、読者のみなさんには、実際は三五年くらい前の、一九八〇年代後半の思考を、九〇年代初頭のメディア環境の中で整理し、発展させたものだととらえていただくのがよいだろう。

じつは私にとって最初の単著である本書を、私は全体を通して読み返したことが一度もなかった。今回初めて読み通したわけだが、最初は、自分が書いた作品というより、別の誰かのテクストを読むような感じだった。三〇年というのは、作者にそう思わせるに足るだけの歳月なのだろう。しかし読み進めるにしたがい、徐々にその頃のリアリティが蘇ってきた。

たとえば、本書では商業放送をコマーシャル放送と記しているが、これは当時、コマーシャルという英語を商業と訳しては本来の意味を狭めてしまうのではないかなどと言葉や概念にこだわっていたからだった。ほかにも原著にはカタカナ言葉が頻出しており、私は当時、さまざまな概念に関して同様の吟味をしていたのだった。さらに一九九〇年代初頭の日常の微細なことがら、たとえばアップル・コンピュータ社初のノート型PCであるパワーブック100のトラックボールのプラスティックの感触、開け放たれたアパートの窓から聞こえていた蟬時雨、船便で送られてきた文献を開いたときの紙とインクの匂い、テレビから聞こえてきたバルセロナ五輪のテーマ曲「バルセロナ」を歌うモンセラート・カバリェとフレディ・マーキュリーの歌声（フレディは前年に死去していたので録音だったはずである）などが、鮮やかに蘇ってきた。それらの記憶の断片たちが、これが私の作品であることの確からしさを裏打ちしてくれているようだった。

この補論では、本書を一つの歴史的素材としてとらえ、五つのトピックを論じておきたい。まず、全体を束ねる理論枠組みとパースペクティブをあらためて検討する。つづいて、本書が出版された当時の反響とその後の私の研究をふり返ることで、一九九〇年代のメディア環境、および関連領域の研究の動向を浮き彫りにすることを試みる。三つ目として、三〇年前の本書の限界を確認する。四つ目に、本書が取り組んだことがらに関する、それ以後の主な研究成果を跡づける、最後に私自身の今後の展望を論じることにする。

■三つの理論枠組みとパースペクティブ

まず本書の理論枠組みとパースペクティブについてである。三つのポイントがある。第一に、本書ではメディアと情報技術という概念を、操作的に分けてとらえている。メディアは情報技術そのものではない。メディアは情報技術を核としつつも、多様な社会的要因が織りなす複合的な力学のなかで、社会的に生成するものだと明言している。すなわち本書は、メディアの生成展開を社会構築主義的な観点でとらえている。現在では社会構築主義がメディアに限らず、ジェンダー、エスニシティなどあらゆる領域に浸透しているが、一九九〇年前後の知的状況で、しかも情報技術に関わることがらについて、この観点はめずらしかった。

当時、私がいた東京大学新聞研究所、社会情報研究所、あるいは日本マス・コミュニケーション学会といった場においては、双方向ケーブルテレビ、衛星放送、高品位テレビなどといった官民挙げて喧伝されたニューメディアの影響や効果研究がさかんにおこなわれていた。それと重なるかたちで「高度情報化社会」というキーワードが社会を席巻する状況であり、それは一九九〇年代後半のマルチメディア、二〇〇〇年代のインターネット、二〇一〇年代後半以降のAIやプラットフォームなどと同様、大学アカデミズムだけではなく、産業界、地域社会、教育・福祉などあらゆる領域でものごとを議論する際の枕詞（ジャーゴン）となっていた。この種の枕詞は意識しないうちに、研究内容にしみ込み、そのあり方を規定する。ニューメディア、高度情報社会はいずれも、技術が社会を否応なく駆動すること、その技術は国家や大企業が関わるブラックボックスのような専門家集団と技術工学的官僚システムから生み出されるものというイメージを帯びていた。いわゆる技術中心主義的なイデオロギーを前提にしていたのである。

私は、ラジオの歴史を遡っていくなかで、ラジオのはじまりがラジオではなかったこと、そこには双方向の無線コミュニケーションの世界が拡がっていることを、いわば発見した。そしてその双方向コミュニケーションの水脈をさらにたどるならば、有線電話、有線電信などのテレコミュニケーション、さらには腕木通信や狼煙のようなコミュニケーション・メディアにまでを遡ることができることを確認した。その源流から、世間で正統だと思われているラジオやテレビの放送史までの系譜を見渡すなかで、先のような社会構築主義的な経緯を見出したのである。その背景には、私が学部時代からプロダクト・デザインの仕事に関わっていた経験が大きかった。メディアを含むあらゆる人工物は何者かによってデザインされており、技術もまた具体的な個人や組織が関与していること、つまりブラックボックスではないことを、経験上知っていた。いずれにしても歴史のなかから悪戦苦闘して、情報技術とメディアを操作的に区分けする枠組みを見出したのである。

第二に、メディアを多元的に構成されたものとしてとらえている点である。すなわちメディアを、土台となるメディアと土台の上で流通するメッセージに分け、そして「制度・政策」「産業・送り手」「生活文化・受け手」の三次元でとらえている。これが先の社会構築主義的観点と密接に結びついた理論枠組みであることはいうまでもない。本書の中核をなす第一章から第六章にかけての部分はゆるやかに時系列で構成されているが、それぞれの章はかならずこれら三次元から成り立っている。その配置にこそ意味があると思い、私は目次構成に最後まで修正を加えていた記憶がある。

私はこの構成を、トム・ウルフ、トルーマン・カポーティ、ゲイ・タリーズ、デビッド・ハルバースタムといった、取材対象と深く関わり合い、分厚い記述をする、アメリカのニュー・ジャーナリズムの手法にならった。学術的な先行研究を参考にしなかったわけではない。ただ、取材対象の全体性、総合性を失わず、それらに深く分け入ろうとするニュー・ジャーナリズムの影響は強かった。さらにいえば、ニュー・ジャーナリズムに深く影響を与えていた文化人類学のエスノグラフィの記述方法も念頭にあった。いま考えてみると、アメリカ放送史の金字塔と呼ばれる三部作を書いたエリック・バーナウ、『オンリー・イエスタディ』のフレデリック・L・アレン、ニューヨーク・タイムズ社のある一日を切り取り、さまざまな部署がどのような営みをしているかをルポした『ニューヨーク・タイムズの一日』のルース・アドラーなどは、修論執筆当時から読んでいたが、彼ら／彼女らはいずれも新たなジャーナリズムやルポルタージュの技法を模索する、広い意味でのニュー・ジャーナリズムの流れのなかにいたといえるかもしれない。本書の土台には、こうしたジャーナリズムの手法がある。

第三に、アマチュアやマニアといった専門家でも一般人でもない、あるいは送り手でも受け手でもない中間者たちに焦点をあてたことである。私は当初、たんに放送の起源をたどるためにアメリカのラジオに注目した。しかし史料を探っていくうちに、放送メディアの起源に放送はなく、ラジオの起源はラジオではなく、そこには北米各地に散らばる数多くのアマチュア、マニアの若者たちと、その若者たちを結びつける手紙、雑誌、そして無線コミュニケーションが見出せたのだった。当時、マス・コミュニケーション研究や社会学はもちろん、科学技術社会論でもほぼ皆無だったこうした中間者への注目を私がなし得たのには、いくつかの理由があった。第一に、一九八〇年代半ばくらいから若者の新たなメディア文化が社会に迫り出し、そのなかに私がいたことである。奥野卓司がパソコン少年と呼び、中森明夫がオタクと称した同年代の若者たちに、私は東京大学本郷キャンパスから歩いていける秋葉原においてリアルに触れていた。第二に、私がプロダクト・デザインの仕事を通して、デザイナーやアーティストの創作の現場に幾度も立ち合っていたことがある。工業製品は大量生産されるが、その原型は人が生み出している。そうした人々は内外のさまざまな人々とネットワークをしてデザインを進め、世界を変えようとしている。その経験は、一次史料のなかから中間者を見出すことに自然と結びついていた。このことと付随して最後に、私が本書の土台となった修論も、原著も、アップル・コンピュータ（現在はアップル）のマッキントッシュというパーソナル・コンピュータで仕上げていたことを指摘しておきたい。世界最大の資産を持つ超巨大企業となった現在のアップルとは違い、一九八〇年代から九〇年代にかけてのアップルは、ごく一部のデザイナーや教育関係者しか使わない、マニアックで思想性を帯びたマシンだった。日本で最初期にマッキントッシュを導入したデザイン事務所から中古で譲り受けたマシンはただの道具ではなく、それを使うこと自体が少し大げさにいえば思想的実践だった。そうしたマシンをつくった人々とパーソナル・コンピュータの思想は、まちがいなく無線少年たちの理念と通底していたのである。

いずれにしても、アマチュアやマニアへの着目は、メディア技術をブラックボックスとしてとらえないための、そして無線からラジオへのダイナミズムを貧弱な技術中心主義に帰着させないための一つの戦略的パースペクティブだったといえる。

私は以上の理論枠組みやパースペクティブを、いまでも基本的に有効なものだと考えている。当時は、デザイン事務所で仕事をしながら、アメリカの放送史から無線技術史を調べていたなかでこれらを生み出したが、その過程は孤独だった。ただ結果としてそれらは、同時代の多様な知的動向や思潮と結びつき、社会構築主義からメディア・リテラシーにいたるさまざまな拡がりのなかに位置づけられることになった。

■マス・コミュニケーション論と新たなメディア論の勃興

一九九三年に原著が出版された当初、日本の人文・社会科学にはメディア論、あるいはメディア研究(以下、メディア論)という領域は存在しなかった。マクルーハンははるか昔、一九六〇年代後半に吹き荒れた過去の旋風の如きものであり、彼のことをまともに論じる研究者は、後藤和彦や野崎茂を除けば皆無に等しかった。私がおもに関わっていた学会は約二年前に日本新聞学会から日本マス・コミュニケーション学会へと名称を変えていて、私の仲間が棲息する学問領域はマス・コミュニケーション論と呼ばれていた。この領域には、新聞論、放送論、広告論などと個別産業別に分化した研究と、それらを総称するマス・メディア論やジャーナリズム論が隣接していた。マス・コミュニケーション論は、マス・メディアが人々によっていかに受容され、人々に対していかなる効果をあげるかを、量的調査をもとに実証研究する領域として制度的に確立していた。

そのようなマス・コミュニケーション論界隈で、原著はほとんど話題にならなかった。もちろんこの領域の先輩研究者らから、単行本を出版したことへのお祝いの言葉はいただいた。しかしアメリカの放送史、しかもテレビよりさらに古いラジオの歴史は特殊な領域ととらえられていた。当時のリスナーがどのようにラジオを聴いていたかの実証的な跡づけが弱いなどと、お叱りの手紙もいただいた。この種の批判は、原著の前年秋、私が吉見俊哉、若林幹夫とともに出した『メディアとしての電話』に対してもあった。この本は、日本語で書かれた最初の本格的な電話のメディア論だった。それまでのマス・コミュニケーション論ではほとんど論じられることがなかった電話とそれを介したコミュニケーションについて、身体と、個室、リビングルーム、都市など幾重にも拡がる空間との関わりから、伝言ダイヤルなど当時新たに始まった電話サービスが生み出すメディア文化や電話技術の歴史までを論じた内容だった。『メディアとしての電話』に対しても、若者の電話コミュニケーションの量的実証調査が不足していることや、調査方法のあり方への批判が少なくなかった。

いずれの批判も、マス・メディアが人々に与える影響や効果を量的実証調査で把握することを中心的研究課題とする、マス・コミュニケーションの受け手研究の研究者からなされたものであった。彼らの関心はマス・メディアのインパクトと、その科学的な因果関係の把握にあり、メディアそのもの、すなわち本書でいうところのメディアの社会的様態にはなかったのである。

ところが少し経つと、『メディアの生成』は私の思いも寄らぬ人びとの間で話題になるようになった。原著が出版された一九九三年は、アメリカのクリントン政権が情報スーパーハイウェイ構想を提唱し、インターネットの一般化、商用化が始まった年だった。そのことを背景として、まずは放送局で多角経営やマルチメディア戦略を担当していた幹部の人々からアプローチがあった。一九九〇年代初頭、とくに民放キー局の切れ者幹部には、テレビがデジタル化の進展によって根本的な挑戦を受け、自らのあり方を変化させていかなければならないことが見えていた。そして一九五〇年代から半世紀近くにわたって発展させてきた放送業界の技術や産業のあり方をいかに改革するかを考え、放送番組のインパクトの把握よりも、放送というメディアの社会的様態をとらえなおし、いかにして財源を確保するしくみをつくるかを模索していたのである。

また、コンピュータ雑誌の編集者、ジャーナリストなどから原稿依頼が相次いだ。

とくに、日本語ワードプロセッサ『一太郎』などで一時代をなした徳島のソフトウェア会社、ジャストシステムは、マイクロソフトが本格的に日本へ進出するまでの間、コンピュータやインターネットの雑誌、書籍の出版、イベントの開催をさかんにおこない、私はそのネットワークに入ることになった。そのおかげで私は、コンピュータ・ハッカー、メディア・アーティストなどと交流できるようになった。彼らが私に興味を持ったのは、『メディアの生成』の一つのポイントが、無線技術に関するアマチュアやマニアに注目していたことにあった。新しいメディアは国家や大企業が計画的に研究開発し、喧伝することで整然と発達するのではない。二〇世紀初頭の無線少年のような若者たちが、新たな技術の可能性に想像をめぐらせ、技術を開発し、仲間たちの間でネットワーク的な文化が展開されるなかから、メディアは生成する。そのようなロマンティックなイメージが、インターネット草創期の文化とマッチしていたのである。

このようななかで私が出会ったのは、岩井俊雄、藤幡正樹、安斎利洋、中村理恵子らのメディア・アーティスト、橋本典明のようなハッカー、桂英史、黒崎政男、原克、西垣通といった研究者であり、ジャーナリスト・編集者の歌田明弘、服部桂、仲俣暁生、西田裕一らであった。少なくとも日本におけるメディア論は、マス・コミュニケーション論から発達したのではなく、むしろそこから排除され、しかしここにあげたような人々のネットワークのなかから、より幅広い知的文脈のなかで勃興したのである。ここではポストモダンの哲学、コンピュータ文化、ポップカルチャーなどの知識や実践がゆるやかに共有されていた。

ちなみにカルチュラル・スタディーズの本格的な波が日本に来たのは、原著が出版されて数年後のことであり、以上のようなネットワークとカルチュラル・スタディーズのメディア論が結びつくことになるのは、一九九〇年代末以降のことである。

■インターネットをまだ使っていなかった

つぎに、二〇二二年現在の観点からして本書の限界を確認しておこう。三つをあげることができる。

第一に、歴史資料の限界である。一九八〇年代半ば過ぎ、私は指導教員であった高木教典先生、ＮＨＫ放送文化研究所の山口秀夫氏らの教えを受けて、アメリカの一次史料や主要文献を可能な限り収集し、読み込んだ。しかし現地に赴き、たとえば歴史のある放送局の一次史料を収集するようなことはできなかった。私にとってアメリカはまだ遠かったのである。

また、その後のアメリカ放送史、放送技術史の進展のなかで、私が依拠したいくつかの主要文献が産業的、政治的に片寄った内容であることが明らかになってきた。たとえば、Banning（1946）や、Archer の一連の著作などがそれであり、それぞれに業界の利益を代表するような観点が練り込まれていたことが批判的に明らかにされている。また、アメリカにおける電信の起源や、本書ではデービッド・サーノフが提案したとしている「ラジオ・ミュージック・ボックス」についても、ここでの記述とは異なる史実が明らかになっている。以上のような点からすれば、本書の資料は一九九〇年代初頭の段階のものだという限界をはらんでいるといわざるを得ず、ご留意願いたい。

第二に、理論的な限界である。本書は、二〇〇〇年代前半になると、ラジオの歴史を社会構築主義、あるいは社会構成主義（以下、社会構築主義）の観点から跡づけた研究と位置づけられるようになった。そのことにまちがいはないが、しかし執筆当時、私はまだこのマジックワードを知らず、約一〇年後の評価から学んだ。本書で私は明確に社会構築主義的なアプローチをしているが、その言葉を知らなかったのだ。

また修論執筆時から技術史、科学技術社会論の領域には目配りをしていた。しかし当時のこれらの領域では、先端科学技術や、原子力発電、宇宙開発などの巨大科学技術が中心的に論じられていて、ラジオなどのメディアや家電製品、あるいはパーソナル・コンピュータ（以下、PC）でさえ、研究の対象となることが少なかった。

私は、メディアのような日常的な科学技術に興味があり、大学院に入ってからは、日本やアメリカの初期のラジオ受信機のカタログや雑誌広告を集めようとした。プロダクト・デザインの方法論からすれば、当たり前のことだった。しかし、放送業界の人々や放送研究者からは、なぜモノに注目するのかと怪訝な顔をされた。モノへの興味を最初に深く理解してくれたのは、先にあげたドイツ史の原克だった。

いずれにしても本書で提示されている社会構築主義的な態度は、いまだ技術と社会を二項対立的にとらえているようにも見え、そこでいう技術の成り立ちや構成についてさらに深い探究が必要であろう。そのことは、現在のSNSなどデジタル・プラットフォームやAI（人工知能）をブラックボックスとして取り扱わないためにも重要な課題だということができる。

最後にあげられるのは、原著がインターネット前夜に出版された点にある。本書を書くにあたってインスピレーションを与えてくれた『オンリー・イエスタディ』の序章における著者アレンの語り口を真似るならば、三〇年前の私はインターネットを使っていなかった。インターネットの一般利用はまだはじまっていなかったからである。私は、すでにパソコン通信はさかんに用いていたが、まだワールド・ワイド・ウェブを知らないし、HTMLという言語の名前を聞いたことがなかった。私がそれらに接するのは出版直後のことだった。私は本書のなかで、ハイパーテレビという、浜野保樹のいうハイパーメディアに影響を受けた言葉を用いている。それらはどこかでまだ一点から社会へと情報をまき散らすマスメディア的な意味合いを帯びており、三〇年前の私は自律分散型のネットワークがもたらす根本的な変化を意識できていない。

ただ、一九九六年に小説家の松本侑子と対談した記録があり、そこで私がインターネットをどのようにとらえていたかを読むことができる（主要関連文献を参照）。それによれば、当時の私がアップル・コンピュータ、IBMやマイクロソフトの動向、衛星通信やコンピュータ・ネットワークの情勢、メディア・アートやハッカーの活動によく注目しており、インターネットを来るべきものとしてとらえていたことがわかる。とくに一九八〇年代後半、アップル・コンピュータが世に出したアップルトークという通信プロトコルのシステムや、ハイパーカードというカードを単位とするハイパーテキスト・ツールを理解して活用することと、インターネットを学び、使うことは、少なくとも私のなかでは地続きのことだった。対談集の見出しには「新しいメディアは周縁部から立ち上がる」「インターネットよ、マスメディアになるな」「デジタル・アナーキズムを目指せ」などがあり、それらは本書の内容と深く関わっている。

■メディアそのものを問う系譜

四点目のトピックとして、本書以降の研究の系譜などを概説しておきたい。日本においては一九九〇年代半ばころから、メディア論が勃興することになった。そのなかでメディア史、あるいはメディアの歴史社会学と呼ばれる領域は大きく発展することになった。この領域は、おおまかに二つに分けてとらえることができる。

まず、歴史学、あるいは歴史社会学の手法に則って、メディアに掲載された記事や広告、番組などに照準して批判的に検討するアプローチがある。たとえば雑誌記事に表象された女性像や労働者像を探ったり、ビラやチラシ、映画のプロパガンダの内容に照準することで歴史上のある時期の庶民の感情や世界認識を明らかにするタイプの研究がそれだ。日本では佐藤卓己、福間良明、吉見俊哉らがリードし、日本メディア学会（旧日本マス・コミュニケーション学会）の学会誌や飯塚浩一らが刊行する『メディア史研究』などでその成果を見ることができる。それらと地続きの、メディアを素材とした文化史の領域でも豊かな成果をみることができる。

一方で、メディアに表象されたなにものか（メッセージ、コンテンツ、テクストなど）をあつかうのではなく、メディアそのものの物質的、システム的なあり方とその社会的生成および歴史的変化を問うタイプの研究がある。前者と後者はたがいに連関していて判然と分かれるものではないが、本書はこちらの系譜に属している。メディアが何を伝えたか、いかなる影響を人々に与えたかではなく、なにものがいかなる経緯からメディアとなり得たのか、その相貌が時間経過のなかでいかに変化し、いかなるものは滅び、いかなるものが発展して制度的に定着したのか、そこに照準する。メディア理論でいえばハロルド・イニスやフリードリヒ・キットラーの系譜にあり、デザイン史、技術史と重なっている。本書が用いる社会的様態、可能的様態といった概念は、メディアそのものの社会的造型のあり方に照準するための概念装置だといってよい。

ここではこの後者の系譜、すなわちメディアの社会的様態をめぐるデザイン史としての歴史研究の系譜に絞って、原著以降の状況を跡づけておきたい。この系譜をここではさらに、アメリカにおける無線やラジオに関わる歴史研究と、より一般的な歴史研究の系譜に分けておく。

まず、アメリカにおける無線やラジオに関する研究として、それらの社会的様態を総合的にとらえようとするクリストファー・スターリングの功績は大きい。彼は、貴重な一次史料や論考を収集、共有するために長大な事典や復刻版シリーズを編んでいる。ミシェル・ヒルメス、スーザン・ダグラスらは、ジェンダー論的な観点があったからこそ、いわゆる放送の予定調和的な通史に対して違和感を持ち、草創期のラジオのあり方に対して新たな観点を提示している。この領域の論文は、おもに*Journal of Broadcasting & Electronic Media*と*Historical Journal of Film, Radio and Television*に掲載されているが、二〇〇〇年代半ば以降はやや停滞気味だという印象を受ける。メディア環境や産業の中心がインターネット、デジタル・メディアに推移し、放送研究全般をノスタルジックなヴェールが覆ってしまっている感がある。しかしスターリングがいうとおり、放送史において本当に新しいことはわずかしかない。放送史の蓄積のなかには、未来のメディアの新たな可能的様態を見出す契機が絶えず存在することを忘れてはならない。

日本においてアメリカの草創期のラジオ史に注目した研究は数少ないが、そのなかで吉田右子がアメリカの公共図書館史研究において、その草創期にさかんだったラジオ活動に注目した研究や、仁井田千絵がアメリカの映画史をさまざまなメディアとの相関のなかで明らかにするなかで、音声メディアとしてのラジオを取り上げている研究は注目に値する。吉田の専門は図書館情報学、仁井田は映画史と、差し当たりは整理ができる。しかしいずれの研究も越境的、脱領域的で、たんなる図書館史、放送史として既存の制度や業界を固定的な前提としてとらえていない点がスリリングである。まさに、なにものがいかなる経緯でメディアとなったかという、より根源的な議論を展開している。

一方の、メディア技術と社会的様態をより一般的にとらえる歴史的観点は、英米圏に限ってみてもデビッド・モーレイ、ジョン・ピーターース、J・デビッド・ボルター、ジョナサン・スターン、ブライアン・ウィンストン、ワレン・サックなど数多くの研究者がいる。インターネットの発達とデジタル技術の進展が社会のなかに大きく迫り出してきたことが、このアプローチへの注目を促すことになったのだろう。二〇一〇年代後半以降、メディア理論の中心点がテクストからインフラストラクチャーへ、マテリアルなものへと移動しつつあることは、この系統の研究のさらなる発展と結びつくことだろう。

日本では、二〇一〇年代以降、出版、映画、ラジオ、ビデオ、テレビ、コンピュータ、音楽など多様なメディアの技術と社会的様態を探る歴史研究が出てきている。そのなかで二点だけあげるとすれば、飯田豊の編著『メディア技術史――デジタル社会の系譜と行方〔改訂版〕』と、梅田拓也・近藤和都・新倉貴仁の編著『技術と文化のメディア論』である。いずれも論文集であり、二冊の本を構成する著者はみな、モノ、技術、身体、空間をめぐる新しいメディア理論に基づいた通時的研究に取り組んでいる。飯田の編著の副題「デジタル社会の系譜と行方」からは、彼らが歴史を知ることがこれからのメディアのあり方を想像し、創造することと太く結びついていると考えていることが読みとれる。

■おわりに

最後に私自身の今後の研究の展望を、最初のトピックとして取り上げた三つの理論枠組み、パースペクティブにリンクさせて論じておきたい。社会構築主義的な観点で書かれた本書のなかで私は、「ふたたび生起しつつあるメディアの生成の場をただ眺めているだけではなく、私たちは主体的に参加していかなければならない」であるとか、「社会がメディアを生成するのであれば、その社会に生きる私たちには、メディアのありように主体的にかかわっていく責任があるはずだ」などと説いている。なんとも青臭く生意気な物言いだが、私は実のところ、いまだにこのスタンスを取っていて、微動だにしていない。これらのフレーズは、社会科学的な知的理解であると同時に、メディア状況へのデザイン・マインドのある実践的な知的介入を企図している。

かつてマスメディアは世界の一部であり、情報を広くまき散らすことで社会にインパクトを与えていた。だがデジタル・メディアはいまや世界の一部ではなく、世界を下支えし構成するインフラストラクチャーやプラットフォームと化している。国家や巨大資本が生み出すデジタル・メディアを、私たちが関与できないブラックボックスの情報技術としてとらえるのではなく、それらの文化的背景や政治性を批判的に問いつつ、その未来のあり方をデザインする場に積極的に介入していくべきであろう。私は、中間者としてのアマチュアやマニアへの着目から、メディアと人間の固定化した関係のあり方をもみほぐし、新たなあり方を模索する活動としてメディア・リテラシーに取り組んだ。そのことはさらに、新しいメディアの生態系を市民参加型で生み出していくようなデザイン実践へと展開しつつある。

他方で、デジタル・メディアを多元的にとらえ、とくにインフラストラクチャーやプラットフォームに着目した研究および教育実践もおこなってきている。この流れは、ロボットやAIなどの情報技術環境、そして建築物、空港、鉄道システムなどの人工物環境、さらには動植物や自然環境などが複合するなかに人間を位置づけた、マルチスピーシーズ人類学ならぬ、マルチスピーシーズ・メディア論のようなものへと発展させることができるのではないかと考えている。前者をさらに進めつつ、後者を学際的、社会共創的に進めていきたい。

最後になったが、文庫化にあたっては、松井貴子氏にていねいに原著をチェックしていただいた。そして筑摩書房の天野裕子氏とのご縁がなければ、この企画は実現しなかった。天野氏と私を結びつけたのは、ハロルド・イニス著／久保秀幹訳『メディアの文明史――コミュニケーションの傾向性とその循環』の文庫版解説を書く機会をいただいたことだった。その点で、イニスにも敬意を表したい。

この本が、メディアの社会的生成の現場で、当事者としてデザイン・マインドを発揮しようとする人々に読まれることを望んでいる。

二〇二二年一一月

六甲山を眺める研究室にて

主要関連文献

Douglas, Susan, *Listening in: Radio and the American Imagination*, Minneapolis: University of Minnesota Press, 2004.

Hilmes, Michele, *Radio Voices: American Broadcasting, 1922-1952*, Minneapolis: University Minnesota Press, 1997.

Sterling, Christopher H. ed., *The Museum of Broadcast Communications: Encyclopedia of Radio,* Vol. 1 to 3, New York: Fitzroy Dearborn, 2004.

Sterling, Christopher H. ed., *The Rise of American Radio* (Routledge Library of Media and Cultural Studies) Vol. I to VI, Oxford: Routledge, 2006.

飯田豊編著『改訂版メディア技術史――デジタル社会の系譜とその行方』北樹出版、二〇一七年。

梅田拓也・近藤和都・新倉貴仁編著『技術と文化のメディア論』ナカニシヤ出版、二〇二一年。

仁井田千絵『アメリカ映画史におけるラジオの影響――異なるメディアの出会い』早稲田大学出版部、二〇一二年。

水越伸「インターネットをめぐる『ヘン』なひとたち」（松本侑子との対談）松本侑子・鈴木康之著『インターネット発見伝』ジャストシステム、一九九六年、二八一四一頁。

吉田右子『メディアとしての図書館――アメリカ公共図書館論の展開』日本図書館協会、二〇〇四年。